今日から
モノ知り
シリーズ
トコトンやさしい

サーボ機構の本

『指令通りの想定した動作』を、『繰り返し高速・高精度で実現する』サーボ機構。コントローラ(司令部)、サーボアンプ(制御部)、サーボモータ(駆動・検出部)など、その技術的ポイントを楽しく紹介する。

Net-P.E.Jp 編著
横田川 昌浩・秋葉 浩良
中島 秀人・西田 麻美 著

B&Tブックス
日刊工業新聞社

はじめに

インターネット上で知り合った数名の機械部門技術士が集まって、『Net-P.E.Jp』専用のサイトを2003年6月に開設(http://www.geocities.jp/netpejp2/)しました。そこからネット上の交流を中心に、オフ会や勉強会、技術士試験対策本の出版などを行ってきました。

今回、日刊工業新聞社のフラッグシップモデルである〝(通称)トコトン〟シリーズの『機械設計』、『機械材料』に続いて、『サーボ機構』を執筆させていただくことになりました。

〝トコトン〟シリーズは、その名のとおり図やイラストなどをふんだんに使って、テーマについてトコトンやさしく解説した技術の本です。本書はその『サーボ機構』の本として、サーボ技術の特に機構部分に主眼をおいて、実務に役立つ内容をできる限り幅広く取り上げて、わかりやすく解説しています。ひとくちに〝サーボ〟といっても電気、制御的なアプローチもありますが、本書は〝サーボ機構〟としてどちらかというと機械系の技術者が実務上必要な〝サーボ技術全般〟に関して解説しています。

また前著『機械設計』や『機械材料』の対象者は、機械技術者になったばかり、またはこれから機械技術者を目指す方々でした。これに対して、本書籍はそれらの知識を活用して実務をこなし、さらにステップアップしていくのに必要な内容になっています。そのため、機械技術者としては馴染みが少ない内容も含まれています。

機械技術者にとっては『機械設計』や『機械材料』の知識は当然習得しておくべきもので、技術力のベースになります。これに対して、『サーボ機構』に関わる〝アクチュエータ〟や〝センサ〟、それらを扱う電気や制御の知識を習得することで技術の幅が広がり、より創造的な検討が可能になります。機械装置をどのように動かすのか、それをどのように実現するのかを考えることは、機械技術者にとって重要なことといえます。

執筆するにあたっては、できる限り「教科書的」なものではなく「実務」に役立つ内容にしたいと考えました。サーボ機構全体のイメージから、それらを構成する要素、制御、アクチュエータ、センサなどについて、初めて扱う若い機械技術者や専門外の方にもできる限りわかりやすく具体的に解説しています。さらにサーボ機構に関するトラブルの現象やサーボ機構が実際に採用されている応用例、各章の最後にちょっとした話題をコラムとして提供しています。

この本を読むことによって、「サーボ機構」に関するひととおりの知識を得ることができ、科学技術立国を支える機械系技術者の役に立てることを願っています。

平成28年7月

著者一同

目次 CONTENTS

第1章 サーボ機構とは

第2章 サーボ機構のための物理

第3章 サーボ機構のための機械要素

第4章 サーボ機構用モータ

第5章 センサ

第6章 サーボアンプとコントローラ

第7章 サーボ機構のための制御とその理論

第8章 サーボ機構に関するトラブルの現象

第9章 サーボ機構の応用例

【コラム】

キーワード解説

本書中に登場したキーワードで、
用語解説が必要だと思われるものを取り挙げています。

●アクチュエータ

アクチュエータとは、「働かせる」「 作動させる」という意味で、オン／オフする装置を指してこう呼びます。アクチュエータには、電気、油圧、空圧などのエネルギー（動力源）があり、直進運動や回転運動に変換して機械的な仕事をさせることができます。つまり、力や熱、風量などといった作用の大きさを変えることができる装置はすべてアクチュエータなのです。アクチュエータには、各種モータや空圧・油圧シリンダなどがあります。

●メカニズム、負荷、機械装置

本書では、機械的な機構や内部構造を「メカニズム」、アクチュエータに連結させたメカニズムを「負荷」、メカニズムにアクチュエータを連結して負荷を動かすものを「機械装置」として表現しています。

●モータドライバ、サーボアンプ

モータドライバとは、モータに流す電流量、方向、タイミングを変えて、モータを駆動する集積回路（ＩＣ）のことです。ＡＣモータ、ＤＣモータ、ステッピングモータを駆動する場合に用いられて、モータの種類によって駆動回路が異なります。

一方、サーボアンプとは、主回路と制御回路を持ち、主回路でサーボモータを駆動させます。制御回路でコントローラからの指令とセンサからのフィードバック情報との差が少なくなるように制御します。

なお、油圧サーボや空圧サーボを駆動する場合には、ソレノイドバルブを用います。

サーボアンプに関する詳細は第６章を参照してください。

●センサ、検出器

センサとは、機械的・電磁気的・熱的・音響的・化学的な情報を電気信号に変換するものです。一般的によく用いられています。

一方、検出器は、自動制御系の中で信号の伝達を表すブロック線図で使用されることが多いですが、センサをより広義でとらえたものといえます。

実際にはどちらの用語もほとんど同じ意味として使用されています。

センサに関する詳細は第５章を参照して下さい。

キーワード解説

●臨界摩擦

静止摩擦力が最大になった状態で、これ以上の力が働くと物体が動き出して動摩擦力が作用する状態のことです。

●自励振動

振動を起こす外力が振動体自体の運動によって発生して、振幅が増大するか持続するものです。

●バックラッシ

ボールねじや歯車のかみあい部に適正な隙間を設けるもので、これによってボールねじや歯車が滑らかに無理なく運動できるようになります。一方、逆回転させたときに、動力伝達に遅れが生じたり衝撃が発生します。

●チャタリング

リレーやスイッチなどの機械的な接点がぶつかって弾んだり（バウンド）、擦れたりして信号がオンーオフを繰り返す現象のことです。

●ピッチング、ヨーイング、ローリング

直動運動する際に傾く方向の種類で、進行方向に対して前後に傾く場合をピッチング、回転しようとする場合をヨーイング、左右に傾く場合をローリングといいます。

第 1 章

サーボ機構とは

1 サーボ機構とは

繰り返し高速・高精度で指令通りに動かす

「サーボ（Servo）」とは、奴隷を意味する〝servus〟というラテン語に由来しています。〝奴隷〟とは「主人の指示に忠実に従って忠実に働く」という意味があります。単に「サーボ」といえば、〝サーボモータ〟や〝サーボアンプ〟というように、電気的、制御的なイメージが強いですが、力学的な要素も重要視されています。

一方、「機構」とは機械装置の内部構造のことで、いわゆる〝メカニズム〟のことを示します。

3項の図1（P15参照）のように、サーボ機構を用いた機械装置を動かしたい場合には、メカニズムに連結したアクチュエータに指令を与えて負荷を動かします。ただアクチュエータに指令を与えただけでは、機械装置が実際にどのような動作をしたかがわかりません。そのため、位置や速度またはトルクを測定するセンサを用いて、実際に指令通りの想定した動作をしたかどうかを確認します。これらの指令や確認は、コントローラから指示を受けたサーボアンプによって行われます。

測定した結果、想定した動作と違いがあった場合には、同じになるような指令をアクチュエータに与えて修正します。このような動作を実現するシステムをサーボ機構といい、それを自動的に操作・調整する方法をフィードバック制御（44項参照）といいます。

サーボ機構は、機械装置に指令通りの想定した動作をさせるだけでなく、繰り返し高速・高精度で実現させるものです。速度や精度を向上させ、できる限り信頼性の高い機械装置の実現を目指しています。そのためには、サーボ機構を構成するそれぞれの要素が、それぞれの役割を十分に果たすことが大切です。

以上より、本書では「サーボ機構」を次のように定義します。

『指令通りの想定した動作を、繰り返し高速・高精度で実現するシステム』

要点BOX
- ●速度や精度を向上させる
- ●信頼性が高い機械装置を実現

サーボ機構

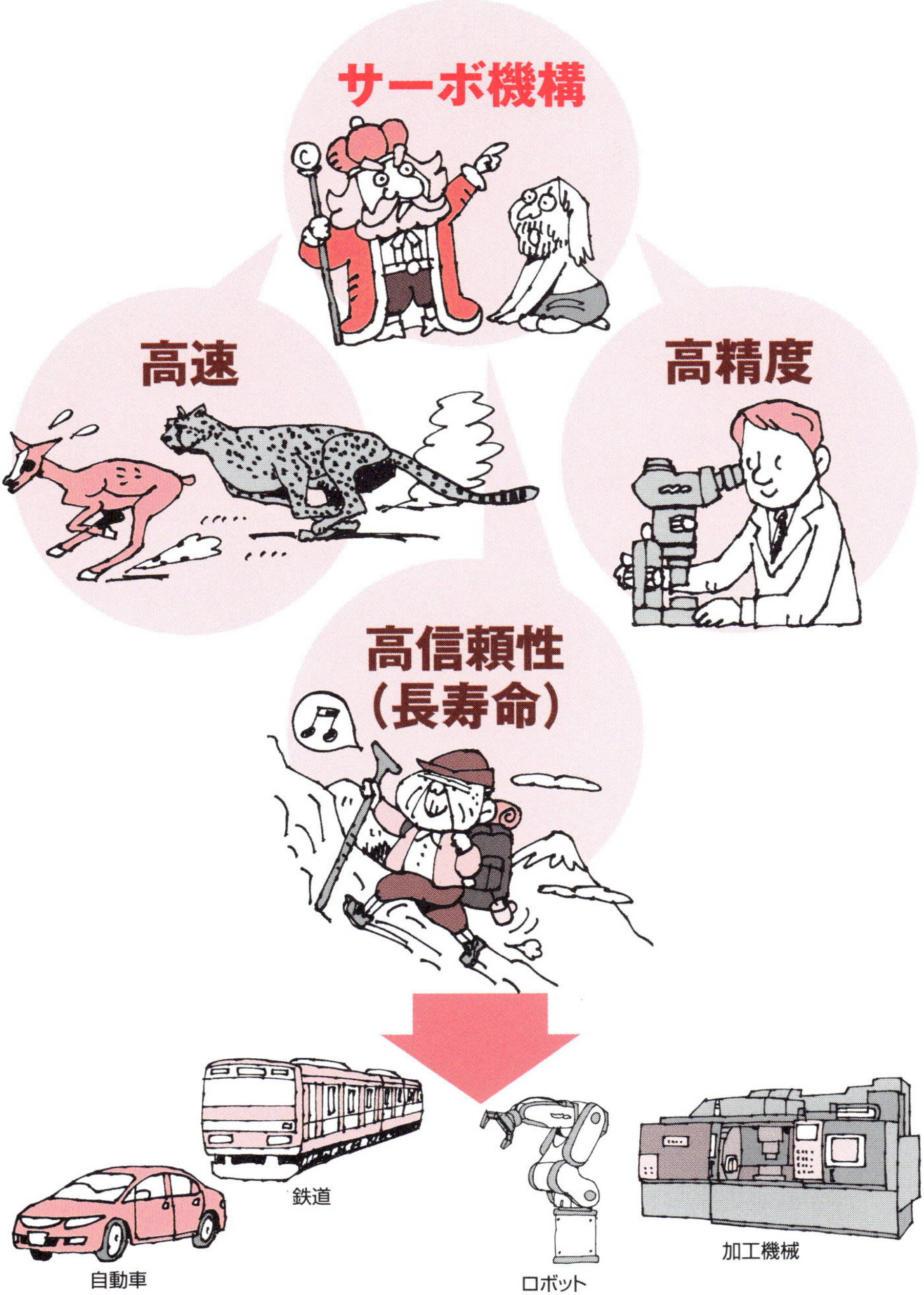

サーボ機構
高速
高精度
高信頼性
（長寿命）
鉄道
自動車
ロボット
加工機械

2 サーボ機構の特徴

指令値に対して追従できる機構

サーボ機構の特徴は、制御対象が時々刻々と変化する状況に合わせ、追従できるように、機械装置の位置、角度、姿勢などを精度よく制御する構成となっていることです。サーボ機構では、コンピュータからの「指令値」と、制御対象の「現在値」を比較して、その誤差を小さくするようにしながら機械を動かします。

それには、センサは欠かせません。単純に回転する汎用モータでも、センサを配置して、その測定結果に応じて機械装置の位置や姿勢をコントロールさせます。そうすることで高速・高精度な動きを実現できるサーボ機構になります。そして、フィードバック制御（44項参照）を実現するサーボ機構として主に用いられているアクチュエータが、あらかじめセンサを搭載しているサーボモータです。

サーボモータは、制御用として作られたモータで、位置・方向・姿勢など機械装置の力学的な条件を制御の目的としています。その負荷は大きな慣性を持っているものとみなされています。停止状態から加速して動かす場合や、動いている状態から減速して停止させる場合に、通常のモータよりも高い制御能力を発揮できるように作られています。また低速から高速までの幅広い速度領域、目的の位置に正確に停止できるような工夫もされています。そのため、この目標値は一定である「定値制御」と、変化する「追従制御」に分類されています。

一方で、フィードバック制御しないで、アクチュエータ自身が指令値に追従するシステムもあります。その代表が、ステッピングモータを使ったサーボ機構です。サーボモータは、負荷慣性モーメントの大きさや機械の剛性に合わせて、その都度、ゲイン（51項参照）を調整する必要があります。これに対して、ステッピングモータでは、ゲインの調整なしで比較的簡単にシステムを組むことができます。

要点BOX

- ●検出器（センサ）を装備したフィードバック系
- ●忠実に精度よく機械を動かすためのサーボ構成を考える

例）空調による温度制御

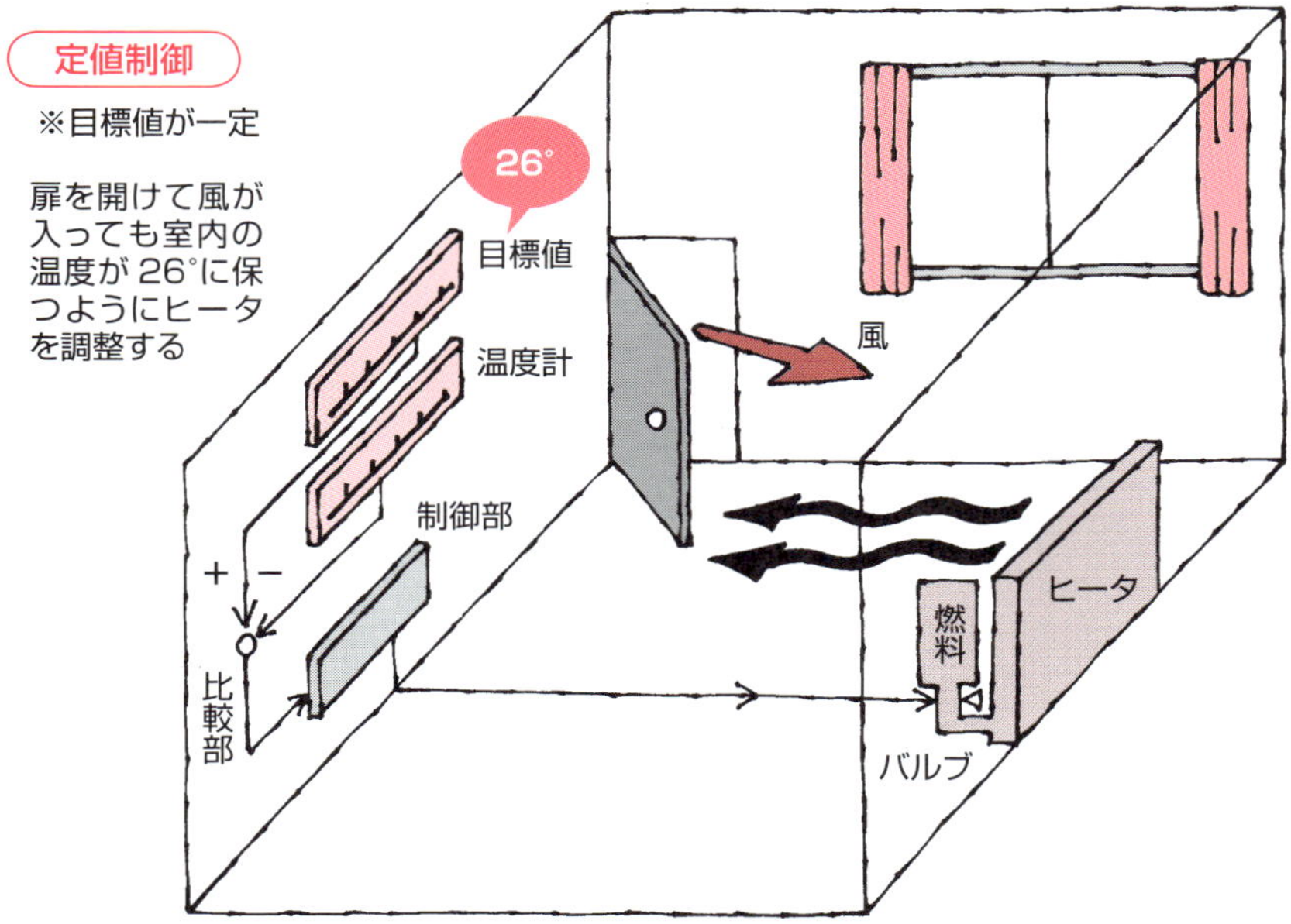

例）任意に動くボールを追う制御

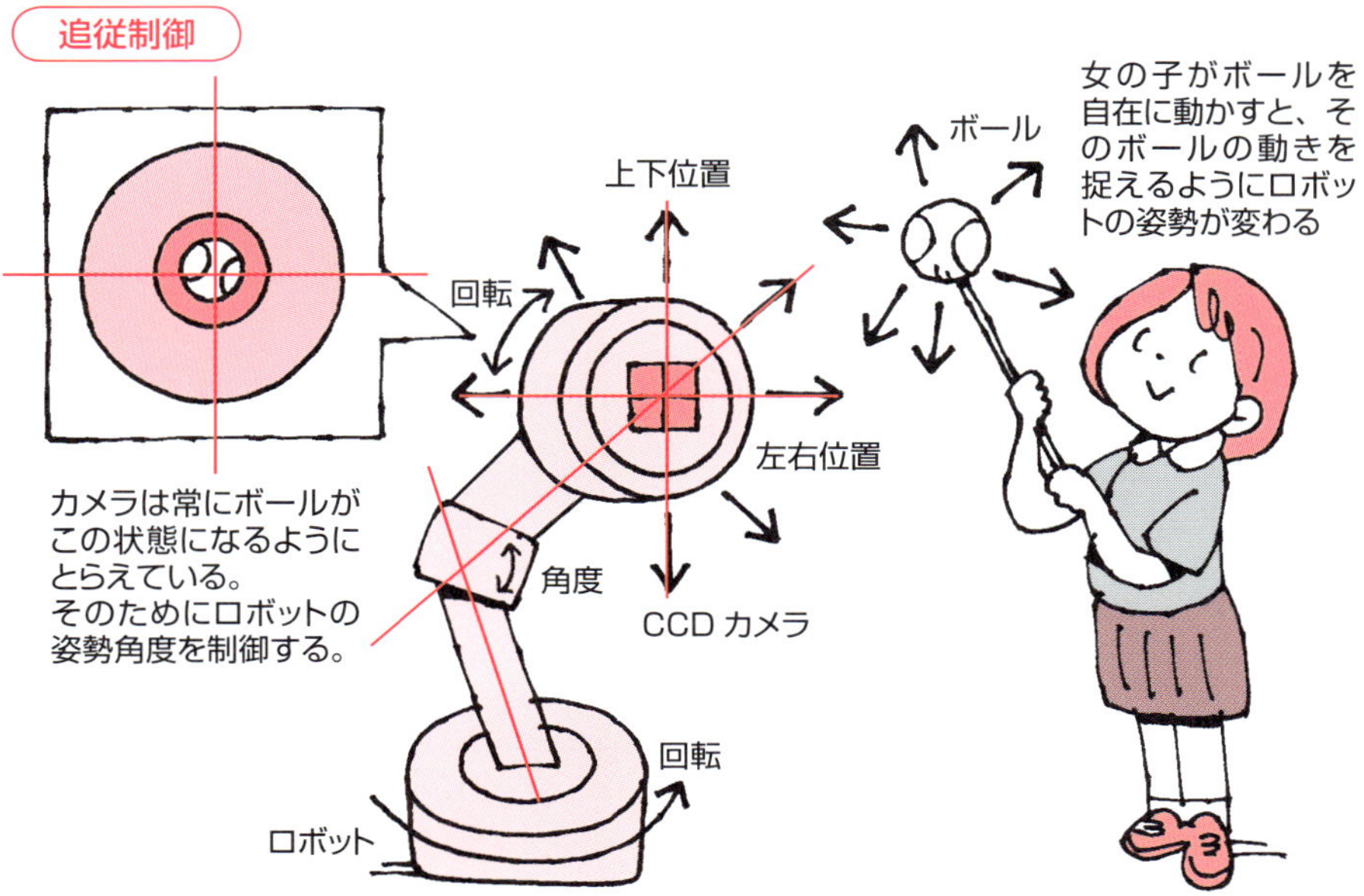

3 サーボ機構の構成

サーボ機構の基本的な構成の紹介

サーボ機構の構成を次頁図1のような簡単な搬送装置を例に紹介します。まず、この搬送物をどこまで運ぶのかを指示するのは「コントローラ」となります。コントローラからの指示は、「サーボアンプ」に送られ、指定された位置に達するまで「サーボモータ」を動作させます。サーボモータの回転運動が、「カップリング」を介して、「ボールねじ」へと伝わり、「テーブル」に載せられた「搬送物」が水平方向に移動します。搬送物の位置は、「エンコーダ」によって測定され、その結果がサーボアンプにフィードバックされます。

そのような制御を行うことにより、高精度の制御を実現することができます。「リニアガイド」は、テーブルを支えるために使用されます。また、この搬送装置には、「電磁ブレーキ」が装着されていますが、これは搬送物を確実に停止させるために使用されています。

サーボ機構の構成は、使う装置の目的によって変わります。この搬送装置は、搬送物を水平方向に移動させることを目的としているため、ボールねじが使用されていますが、遮断機の様に回転運動が要求される場合は、歯車を用いた構成が採用されます。

また、高度な停止精度が要求されない場合は、ボールねじの代わりにベルト駆動が利用されることもあります。サーボ機構の構成を考える際は、目的やコスト、要求精度などを考慮し、様々な構成要素の中から最適なものを選択することが大切です。

また、装置の信頼性、メンテナンス性、安全性に関する配慮も欠かすことができません。サーボ機構を構成する部品は信頼度の高いものを選定すると共に、保守性を向上させることにより、故障時に装置を長時間停止させずに運用できる工夫が必要です。さらに、システム構築の際に、機械装置に必要な安全性要求を定義し、装置を安全に運用するための仕組みを講じることも大切な点になります。

要点BOX

- ●目的により最適な構成を選択
- ●コスト、性能も重要なファクター
- ●信頼性、安全性、メンテナンス性の考慮も必要

図1　サーボ機構の構成

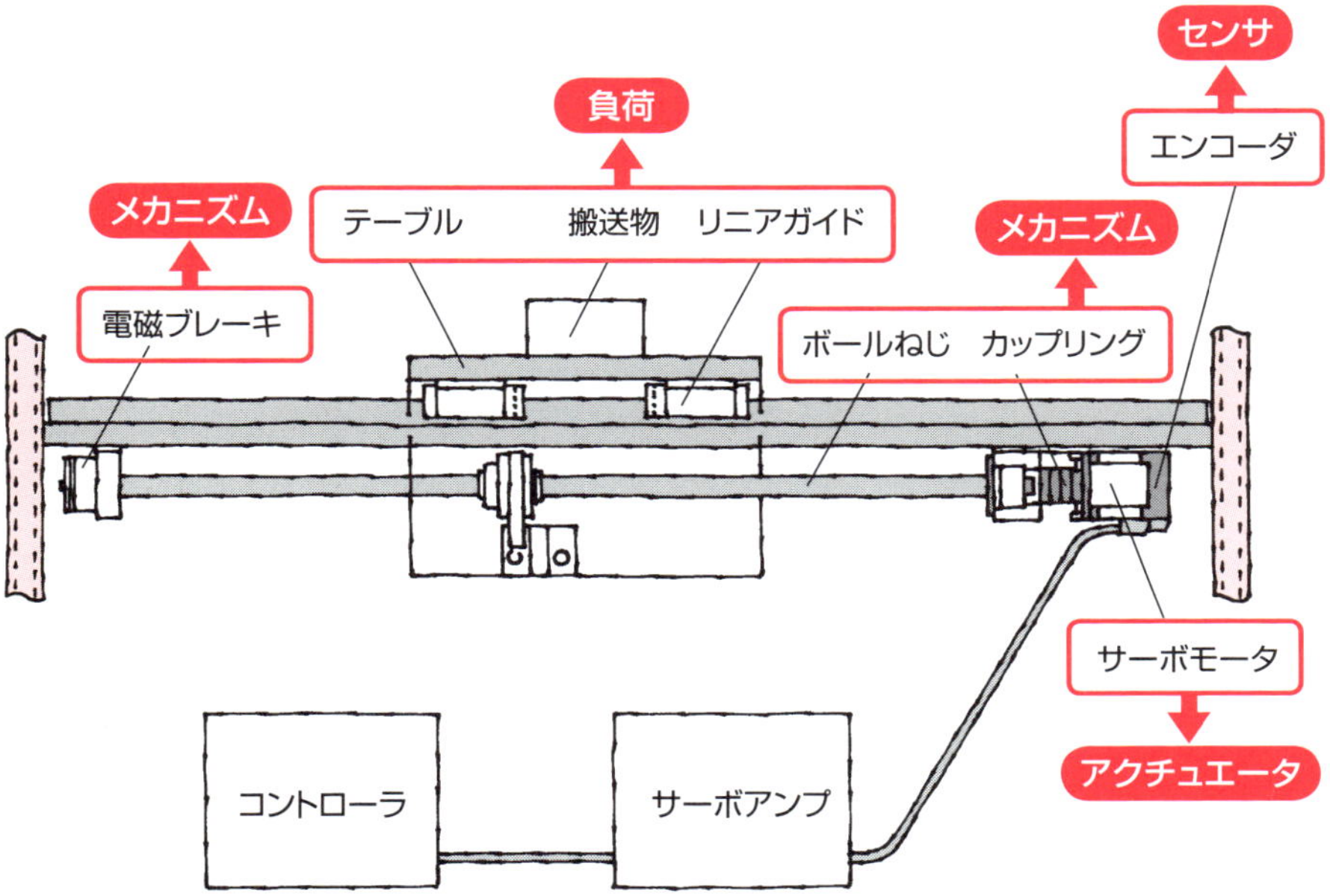

サーボ構成のイメージ

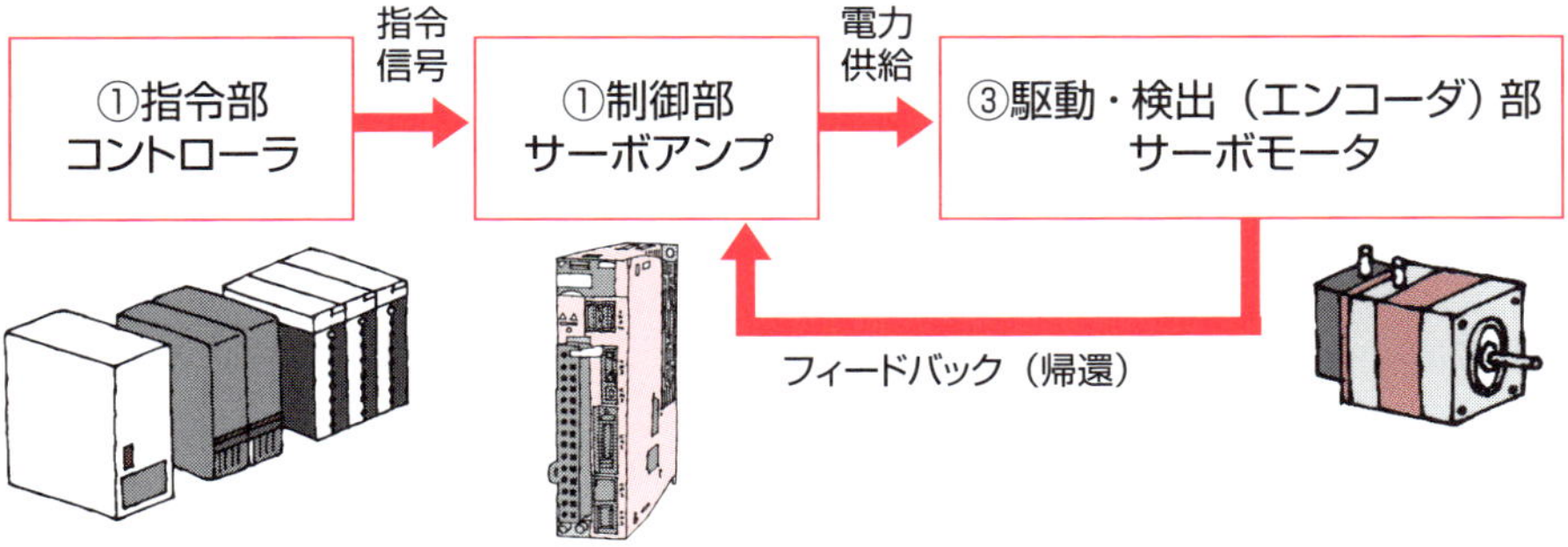

① 搬送物の動作を指示するコントローラ
② コントローラの指示どおりにモータを動かすサーボアンプ
③ 搬送物の位置を測定する検出部を持つサーボモータ

4 サーボ機構の要素

サーボ機構を構成する機械、電気、制御部品

サーボ機構の要素は、前頁で解説した「サーボ機構の構成」を成り立たせる機械、電気、制御部品が挙げられます。それぞれの要素が正しく構成されて問題なく動作することによって、高速・高精度なサーボ機構が成り立ちます。

まずはそれぞれの要素がどのような役割を持って、どのように動作してサーボ機構に関わっているのかを、知ることから始まります。その要素については、本書籍の第3章、第4章、第5章、第6章にて詳細を解説しています。

・第3章サーボ機構のための機械要素：軸受、ボールねじ、ガイド、カップリング、ラック&ピニオン、ローラフィード、ベルト、チェーン、減速機、ブレーキなど
・第4章サーボ機構用モータ：ステッピングモータ、DCサーボモータ、ACサーボモータ、ダイレクトドライブモータ、油圧サーボ、空圧サーボなど
・第5章センサ：エンコーダ、レゾルバ、タコジェネレータ、ポテンショメータなど
・第6章サーボアンプとコントローラ：サーボアンプ、コントローラ、モーションコントローラ

これら各々のサーボ機構を構成する要素の構造や原理、働きを正しく理解して、目的の仕様を達成するために最適な要素を組み合わせることが重要です。それによって、コストに見合ったシステムになり、最終的に満足度が高い機械装置になります。

また、長期間に渡って高い信頼性で機械装置を稼働させるためには、メンテナンスが必要です。対象部品については、あらかじめ交換時期を明確化して、不具合が生じる前に対処します。

以上のように、サーボ機構を構成する要素についてその特徴を正しく理解することが大切です。それらを適切に用いることで、仕様を満たした機械装置が、長期間に渡って安定した能力を発揮することが可能になります。

要点BOX
●機構部品や制御部品で構成される
●さまざまなアクチュエータで動作
●いろいろな種類のセンサで検知

サーボ機構の要素

第3章
サーボ機構のための機械要素

軸受
ボールねじ、ガイド
カップリング
ラック&ピニオン
ローラフィード
ベルト、チェーン
減速機、ブレーキ

第6章
サーボアンプとコントローラ

サーボアンプ
コントローラ
モーションコントローラ

第4章
サーボ機構用モータ

ステッピングモータ
DCサーボモータ
ACサーボモータ
ダイレクトドライブモータ
油圧サーボ
空圧サーボ

第5章
センサ

エンコーダ
レゾルバ
タコジェネレータ
ポテンショメータ

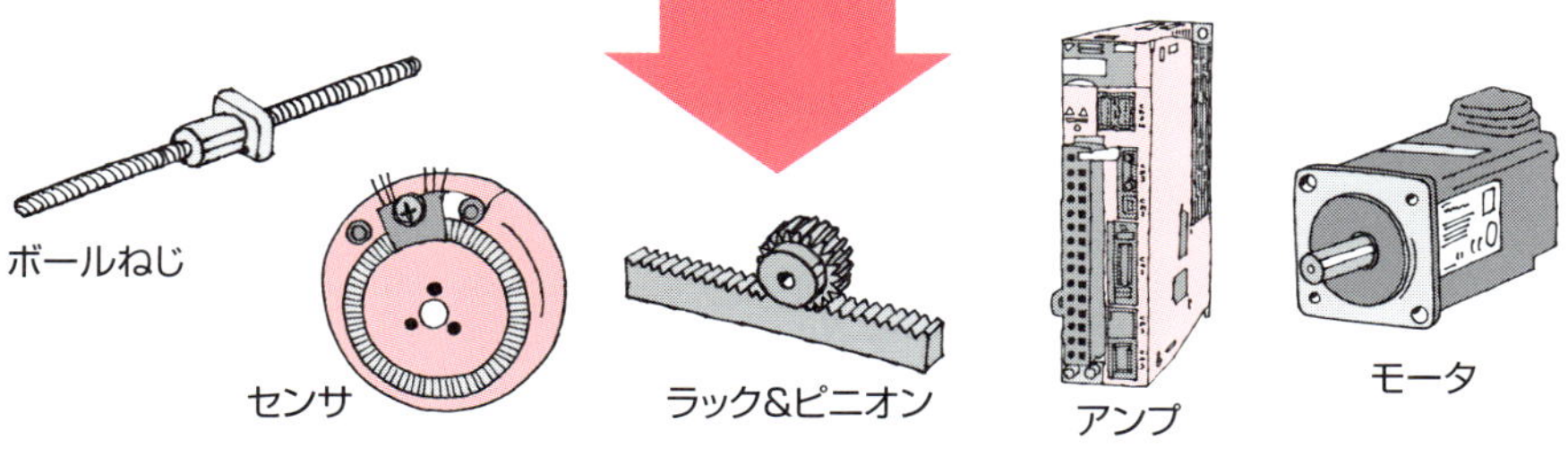

仕様を満たした機械装置が…
長期間に渡って安定した能力を発揮!

5 サーボ機構の適用

サーボ機構はどのようなものに使われているか

サーボ機構は機械装置を目標の位置や角度または姿勢に、繰り返し正確に高速で動かすという特徴を活かし、様々な産業の機械で利用されています。

例えば、毎日目にする新聞や雑誌の紙ですが、まず、紙を作り、ロール状に巻き取られます。次に印刷され裁断されます。紙を巻き取る機械の巻き取り量の調整、しわやよじれがないように巻き取るための張力調整にもサーボ機構が使われています。紙を決まった寸法に切る際も、サーボ機構を用いて紙を決まった分だけ送り裁断しています。

また、電車、飛行機あるいは産業機械、建設機械などの製造部品、修理用の部品の倉庫なども自動化されています。そのような自動棚は、目的の棚の番号を入力すれば、その棚から部品を自動で出し、指定した位置まで運ぶ、あるいは、保管する棚まで運び自動で収納する機能を持っています。この機能は、サーボ機構を組み込んだ台車などが、自らの位置をセンシングし目的の棚まで、高精度に高速で移動することで実現されています。

食品の製造ラインで決まった作業を繰り返す機械、工場の製造ラインでの溶接や組立てロボットも、位置、速度あるいはトルクの制御を、サーボ機構を用いて正確で高速に行うことで実現される事例です。

宅配便の配送センターや空港の荷物の搬送に用いられるコンベアーなどは、サーボ機構を組みこむことで、自動で行先別に振り分けを行うことも実現しています。

何かの位置、速度、トルクを制御する必要がある機械の多くには、サーボ機構が利用されています。サーボ機構は、日常生活ではすぐに目に見える場所にありませんが、我々の生活に必要な物の製造、移動などの多くに適用されています。

要点BOX

●位置、速度、トルク制御機能を付加
●ものの製造、保管、移動などに適用

サーボ機構の適用（様々な場所でサーボ機構が使われている）

組み立て・溶接

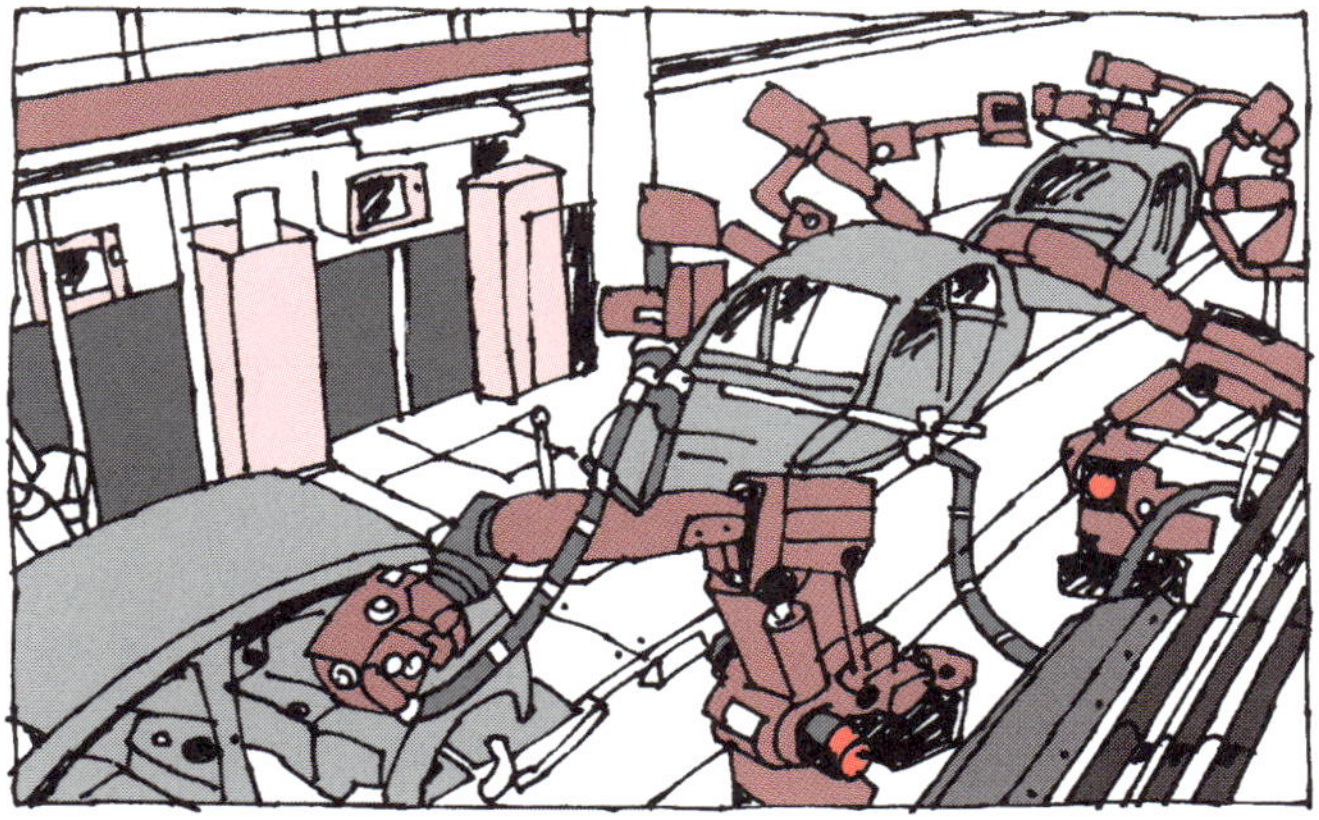

産業用ロボット

部品を製作する

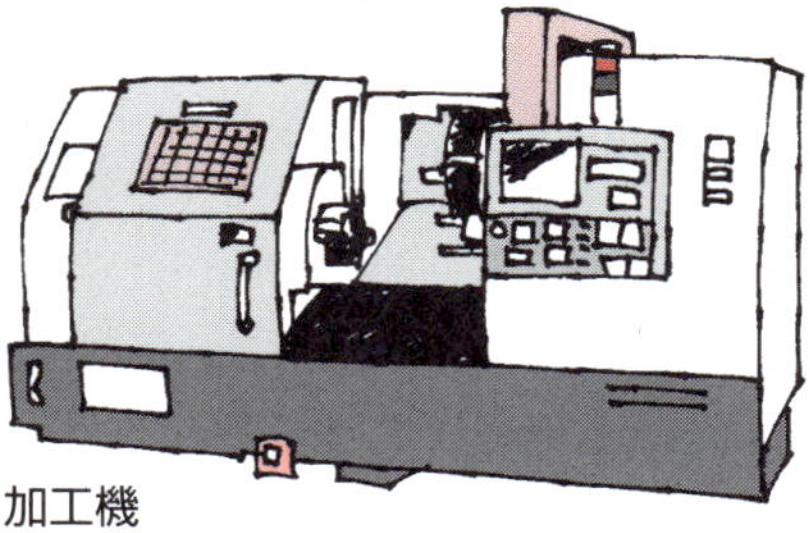

加工機

搬送と振り分け

ベルトコンベア

保管する・取り出す

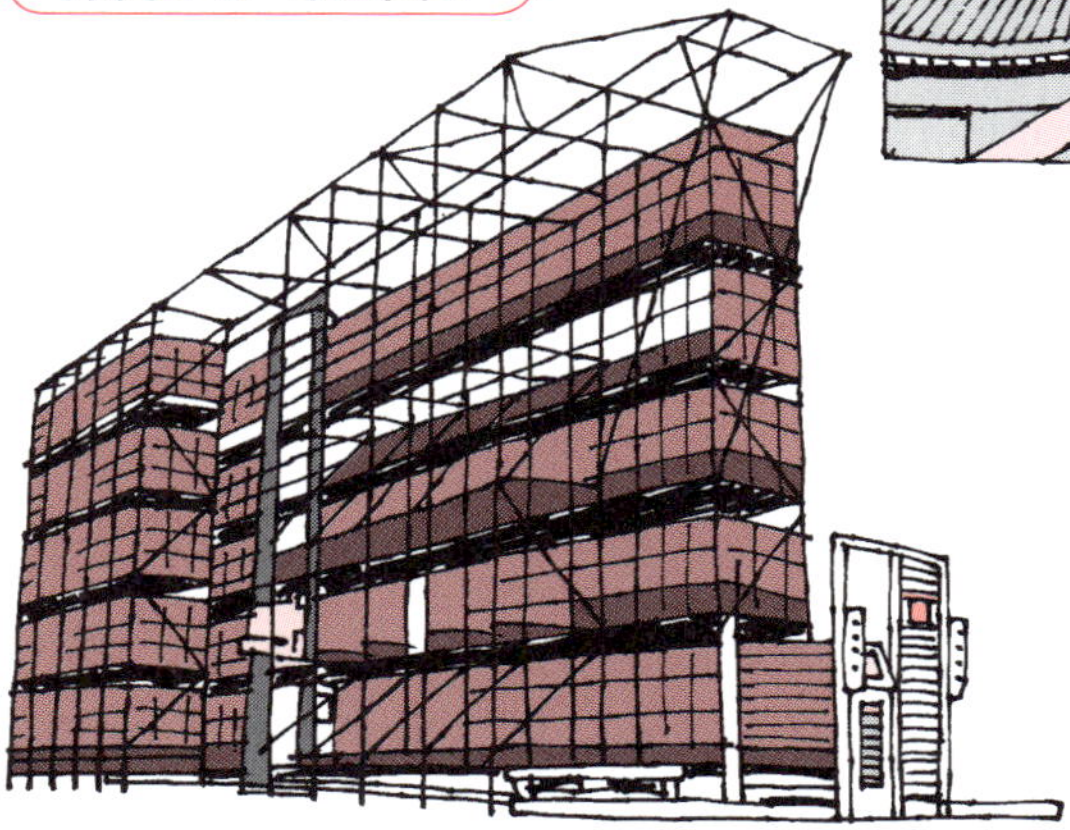

自動倉庫

Column

電動機に関する規格

さまざまな種類の電動機が世界中あらゆる場所で使用されています。そのため、共通の決まりを設けて、標準化するために「規格」が制定されています。「規格」とは、電動機を検査したり、製造したり、使用するうえで必要な技術的事項を定めたものです。

電動機の規格は、国際規格、国家規格、団体規格に大別されます。

国際的な標準機関で定めた「国際規格」としては、IEC（国際電気標準会議）、ISO（国際標準化機構）があります。

それぞれの国で適用されている「国家規格」としては、JIS（日本工業規格）、ANSI（アメリカ）、DIN（ドイツ）、CSA（カナダ）、BS（イギリス）などがあります。

また、学会、工業会、官庁などの団体が制定した団体の構成員の間で適用する「団体規格」には、次のものがあります。JEC（電気学会規格調査会標準規格）、JEM（日本電機工業会標準規格）、IEEE（国際電気電子技術者協会）、MIL（米軍規格）、UL（アメリカ保険業者安全試験所）、NEC（米国電気工事規格）、NEMA（アメリカ電気工業会）、VDE（ドイツ電気技術協会）などです。

これらの「規格」は常に見直し、追加、廃止が行われているので、参照する場合には最新の「規格」であることに注意する必要があります。

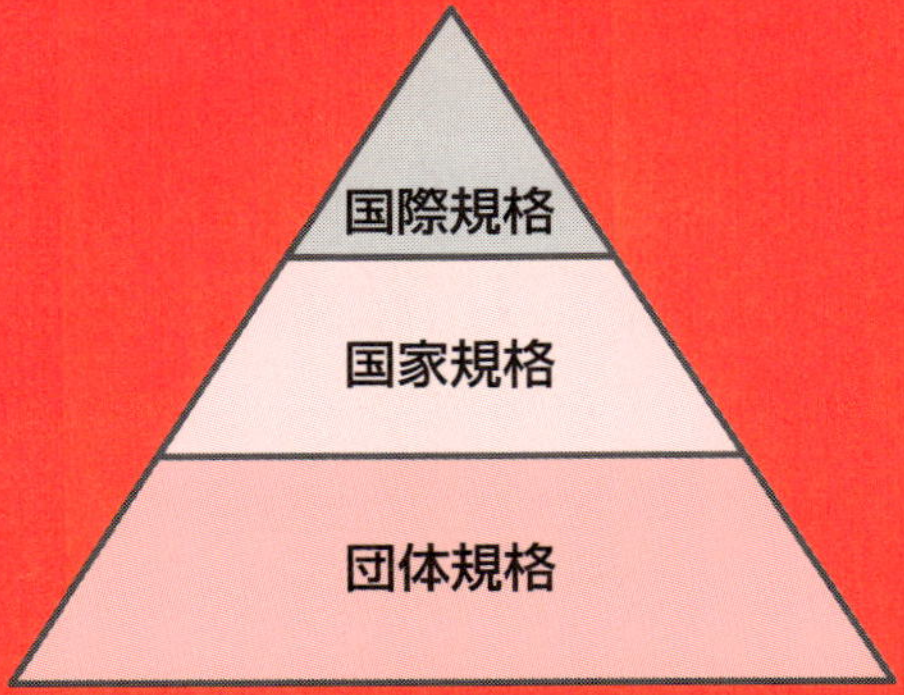

第2章 サーボ機構のための物理

6 速度と加速度

直線運動をどうように表現するか

　ものが同一直線上にある地点から、他の地点まで移動する直線運動について考えます。直線運動を行うと、ものの位置が変わっているのですが、どのように移動したかはわかりません。どのように動いたか、あるいは、どのように動かすかを伝える手段として、移動中の速度の変化を示す方法がよく用いられます。

　速度とは、移動した距離を移動にかかった時間で除した平均の移動距離のことで、いい換えれば単位時間当たりの移動距離となります。一定の速度で移動していれば、移動した時間と速度の積が移動距離となります。

　ものが移動するときは、一定の速度で動き続けるだけでなく、止まっている状態あるいは現在の速度から速度を増していく加速と、現在の速度から、速度を減らしていく減速の動作も行います。この加速と減速の度合いを表す量として、加速度があります。加速度は速度の変化をある時間で行ったときの単位時間当たりの速度の変化量のことです。

　サーボ機構を用いてものの移動を行う際には、図に示すような横軸に時間、縦軸に速度を取ったグラフがよく用いられます。図は止まっている状態から目標の速度まで加速し、一定の速度で動かした後、減速して止まるといった移動の課程を示しています。この図において、速度の線の傾きが加速度を示し、速度の線と時間軸で囲まれた面積が移動距離を示します。このような図を用いることで、直線運動をさせようとするものをどのように動作させ移動させるかが明確になります。

　サーボ機構では、動かす対象物をどのように動作させるかで、動力源となるアクチュエータの動作と仕様が決まります。サーボ機構で目的の動作を行うために、対象物の動作速度をどのように変化させ動かすかを明確にしましょう。

要点BOX
- ●速度：時間当たり移動量
- ●加速度：時間当たりの速度の変化量
- ●速度を用いて移動の過程を表現

直線運動

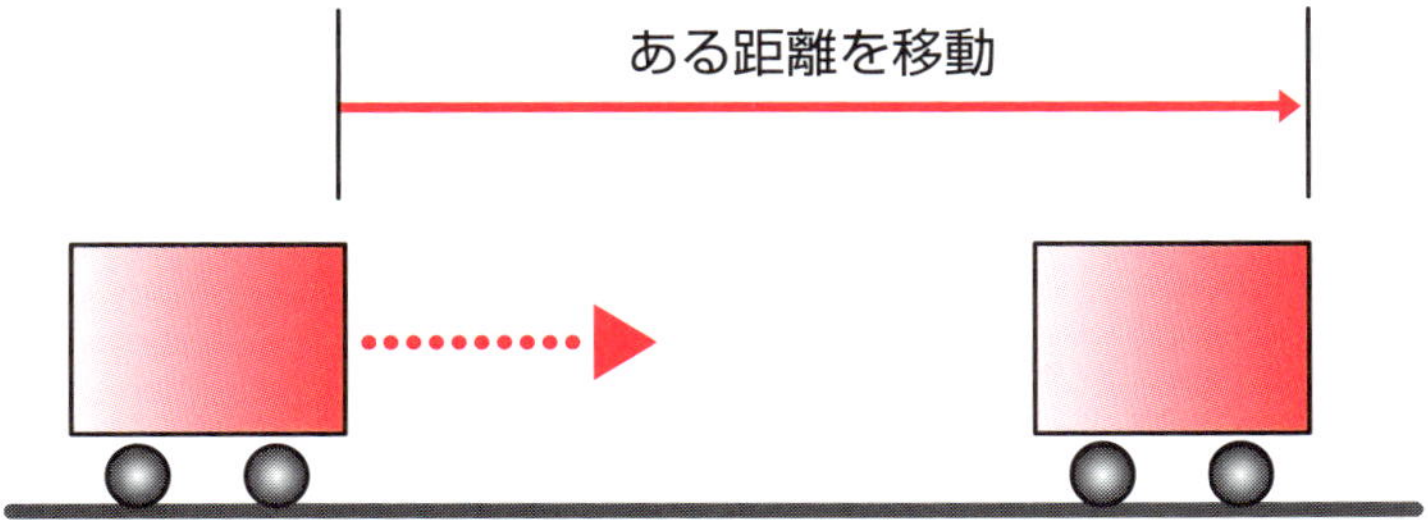

ものがある距離を移動した。
どのように移動したのか？

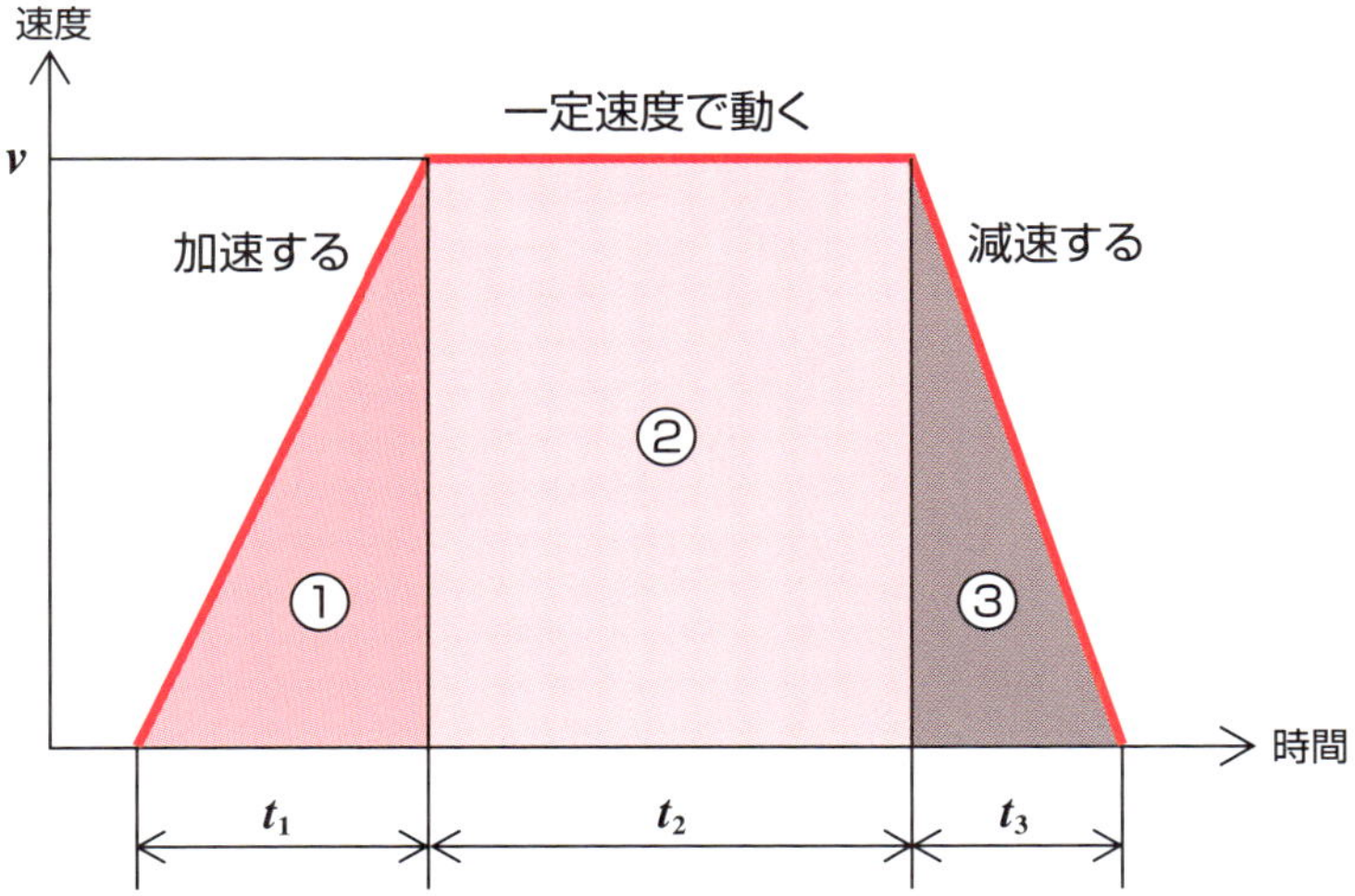

	速度	時間	加速度	移動距離
① 加速	$0 \rightarrow v$	t_1	v/t	$\frac{1}{2}vt_1$
② 等速	v（一定）	t_2	0	vt_2
③ 減速	$v \rightarrow 0$	t_3	$-v/t$	$\frac{1}{2}vt_3$

7 角速度と角加速度

回転運動をどのように表現するか

サーボ機構を用いて動かそうとする対象のものの動作は、直線な運動だけとは限りません。ものを回転させる移動もあるため、回転運動をさせることも考えなければなりません。また、対象物が直線運動を行う場合でも、動力となるアクチュエータにモータなどを用いる場合は、何らかの手段でアクチュエータの回転運動を直線運動へ変化させる必要があります。そのため、直線運動の動作計画でも、多くの場合は回転運動を考慮しなくてはなりません。

直線運動では、どのように速度を変化させるかで、動作の計画を立てました。回転運動では、直線運動の速度に代わる物理量の角速度を用いて動作の計画を立てていきます。角速度は単位時間当たりの回転量あるいは回転角のことです。また、直線運動の加速度に代わる量として、角加速度を用い、角加速度は単位時間当たりの角速度の変化量となります。

サーボ機構でものを回転させる際には、横軸に時間、縦軸に角速度を取ったグラフがよく用いられます。図は止まっている状態から目標の角速度まで加速し、一定の角速度で動かした後、減速して止まるといった回転の過程を示しています。この図においても直線運動の図と同様に、角速度の線の傾きが角加速度を示し、角速度の線と時間軸で囲まれた面積が回転角あるいは回転量を示します。図に表すことで、どのような回転運動かを把握することができます。

サーボ機構では、ものを回転させる機構と直線運動を行うために回転するアクチュエータを用いる場合があります。どちらも、回転運動の角速度をどのように変化させるかを決定する必要があります。動かす対象物をどのように動作させるかで、動力源となるアクチュエータの動作と仕様が決まります。回転するアクチュエータ並びに回転運動を直線運動に変換する機構を理解して、対象とする回転運動の動きを明確にしましょう。

要点BOX

●角速度：時間当たり回転角（回転量）
●角加速度：時間当たりの角速度変化量
●角速度と角加速で回転運動を表現する

回転運動

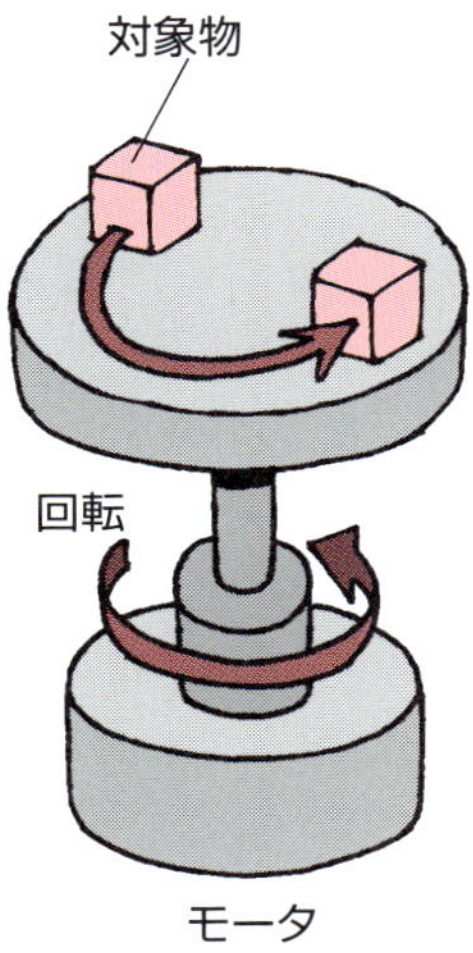

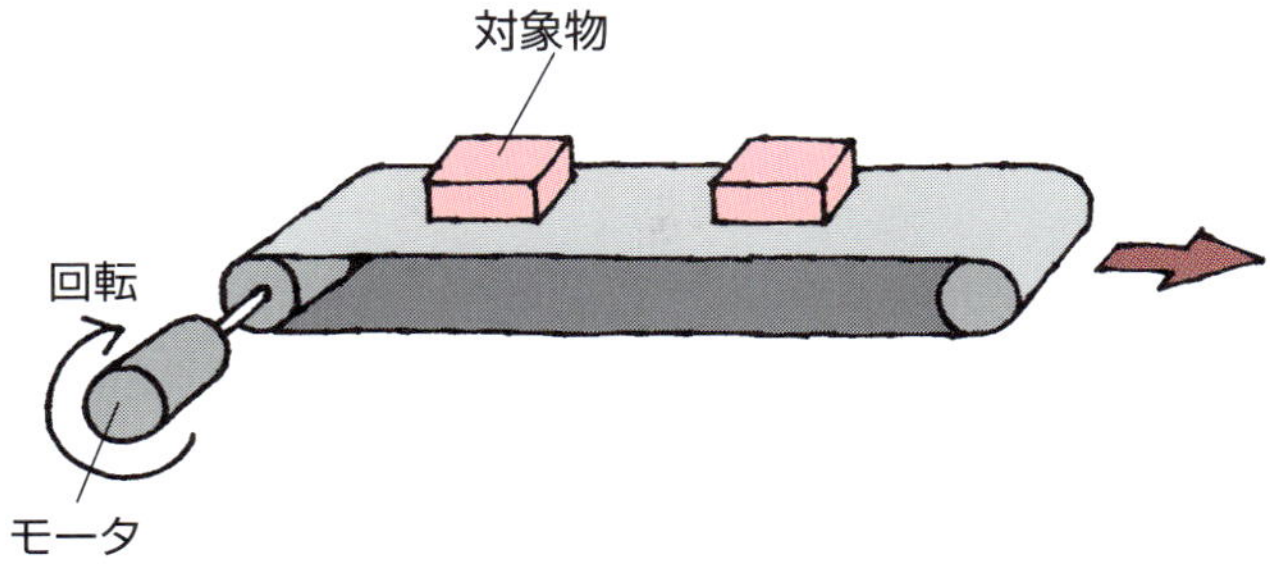

コンベアなどはアクチュエータを回転させ、
直線運動を行う。

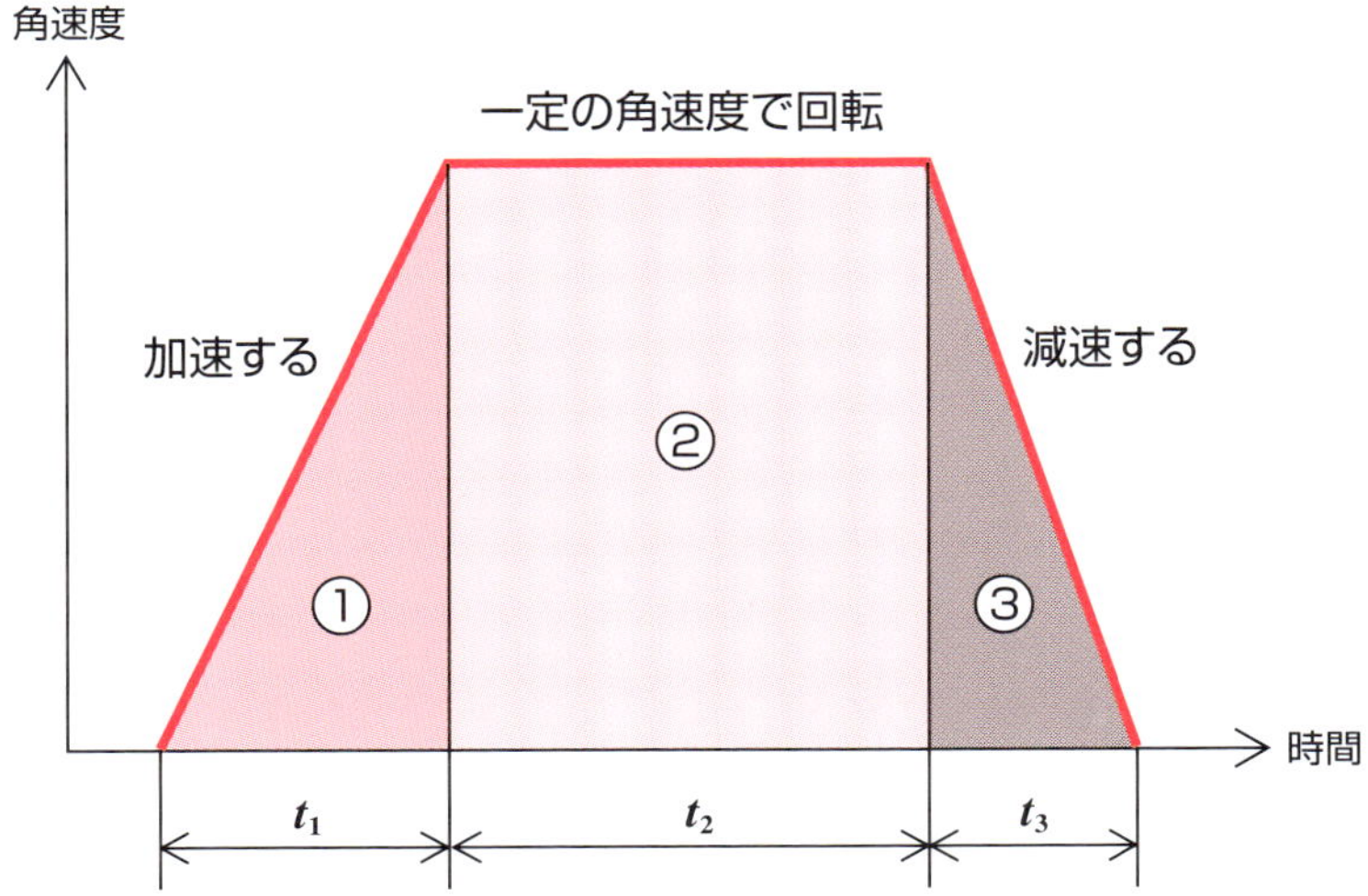

直線運動を行う機構でも、
回転するアクチュエータを用いることが多くあります。

8 力とトルク

ものを動かすために必要なもの

止まっているものを他の場所に移動させるには、止まっているものを動かす必要があります。動かすには止まっているものを、ある速度まで加速させる必要があります。つまり運動をさせるには、ものに加速度を発生させなければなりません。

直線運動の場合、ものに加速度を発生させる役割を担うのが力です。止まっている状態の質量を持つものに一定の力を加えると、ものは力を加えた方向に動き出します。これらは、質量[kg]×加速度[m/s²]=力[N]という関係を持っているからです。この式を運動方程式と呼び、質量を持つものに力を加えると、力に応じた加速度が生じるという関係を表しています。

回転運動の場合、直線運動の力に当たるものは、トルクと呼ばれる物理量です。トルクはどれくらいの大きさで、回転中心の軸でものを回転させようとするかを表す量です。トルクは、回転中心から力が作用する位置までの距離と、その位置での力の積（回転中心周りのモーメント）で計算されます。トルクの単位はNmで与えられます。このトルクを止まっている回転体に加えると角加速度を生じ、ものは回転運動を行います。また、直線運動の質量にあたるものが、慣性モーメントと呼ばれる物理量になります。回転運動に関する運動方程式は、慣性モーメント[kgm²]×角加速度[rad/s²]=トルク[Nm]となります。

サーボ機構で対象物をどのように運動させるかは、速度、角速度をどのよう変化させるかを示せば明確になります。速度を変化させるには、加速度が必要であり、加速度を与えるには、力あるいはトルクが必要です。実際にものを動作させるには、動力源のアクチュエータを動作させることによって、力やトルクを発生させます。このため、実際のサーボ機構の動作は、どのように動かすかということを考えるだけでなく、アクチュエータが出力する力やトルクを検討する必要があります。

要点BOX
- ●力を加えると加速度が発生
- ●トルクを加えると角加速度が発生
- ●ものの動作には力やトルクが必要

直線運動の場合

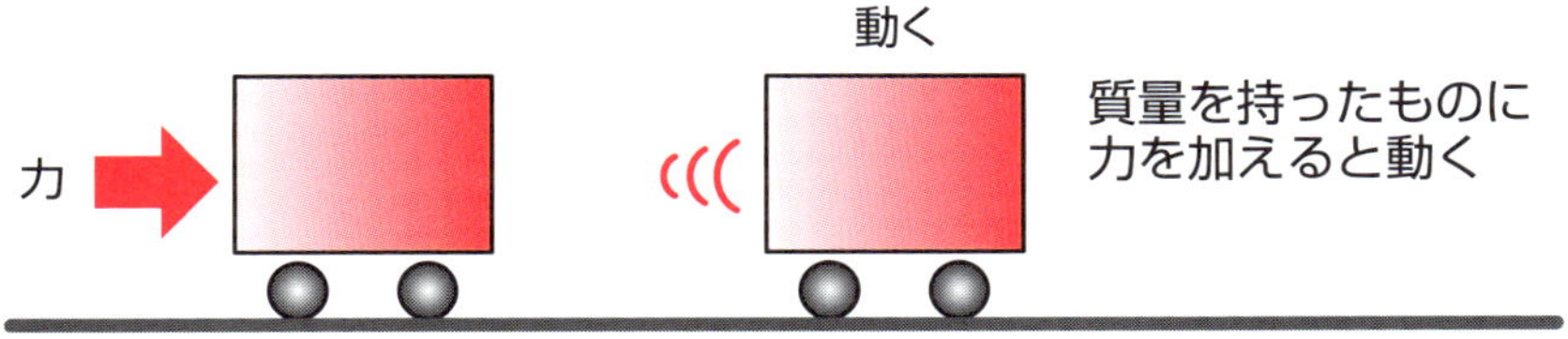

質量を持ったものに
力を加えると動く

運動方程式

質量[kg] × 加速度[m/s²] = 力[N]

回転運動の場合

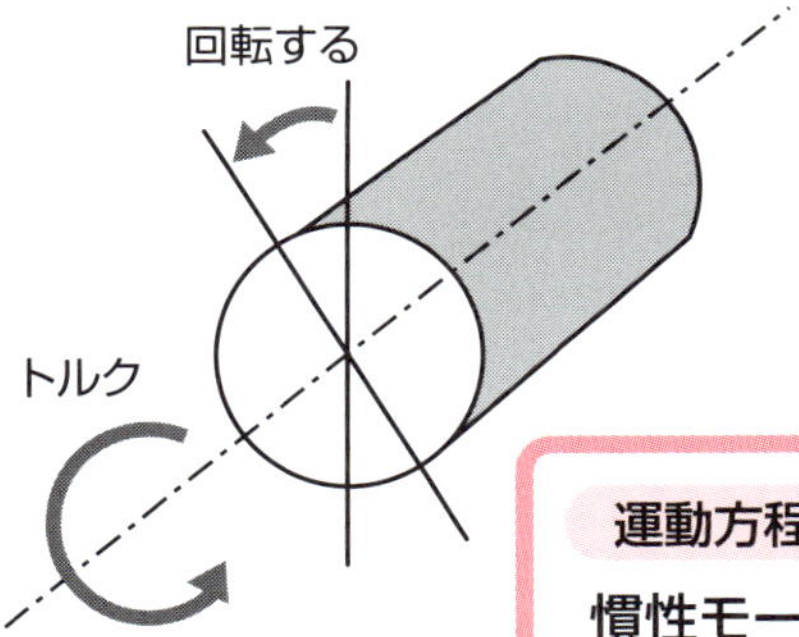

慣性モーメントを持つものに
トルクを加えると回転する。

運動方程式

慣性モーメント[kgm²] × 角加速度[rad/s²]
=トルク[Nm]

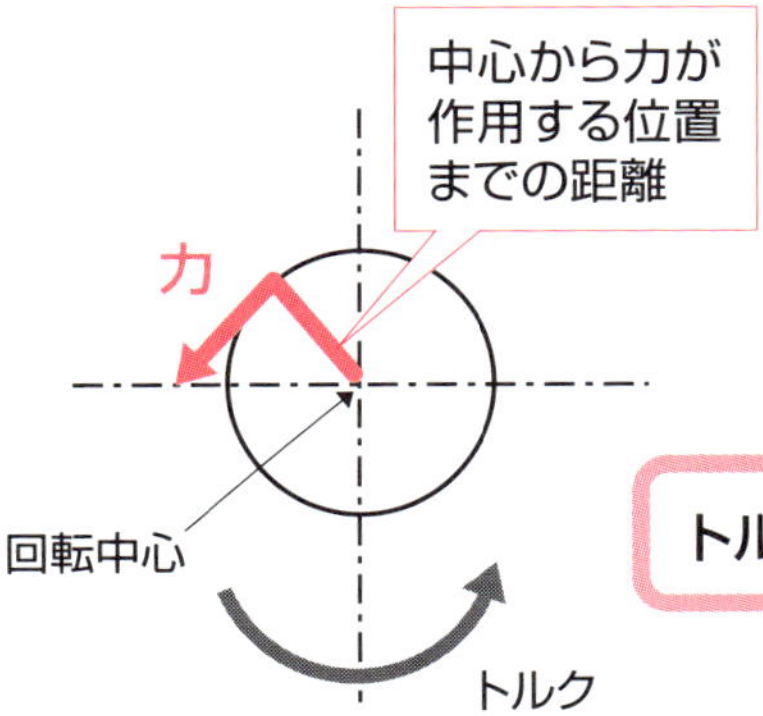

トルク[Nm]= 距離[m] × 力[N]

9 質量と慣性モーメント

運動状態の変化をさせにくくするもの

ある質量を持つものに力を加えると加速度が生じます。これらには、質量×加速度＝力の関係が成り立っています。質量が大きいと同じ力を加えても発生する加速度が小さくなります。質量が大きいと動かしにくいことになります。加速度の単位がm/s^2で、力がNなので、質量の単位はkgですが、書き換えるとN/(m/s^2)ともなります。質量は、単位加速度を与えるのに必要な力とも考えられます。質量はものを動かそうとするときの動かしにくさ、あるいは、運動状態の変化をさせにくい性質を表す量となります。現在の運動の状態を変えないようにすることを慣性と呼ぶことから、質量は慣性質量とも呼ばれます。

回転運動の場合も同様に、慣性モーメントの単位はkgm^2ですが、書き換えるとNm/(rad/s^2)となります。よって、単位角加速度をあたえるのに必要なトルクとなります。慣性モーメントは、回転状態の変化のさせにくさを表す量となります。

質量は同じ質量であれば、形状が異なっても同じ性質を持ちます。一方、慣性モーメントは、質量が同じであっても、形状が異なると値が変わり、質量と形状が同じであっても回転中心が異なると値が変わってきます。代表的な形状の慣性モーメントの計算式を記載します。また、慣性モーメントはSI単位系の表記でkgm^2となりますが、SI単位が導入される前まではGD^2（ジーディースクエア）と呼ばれる値で、慣性モーメントと同様の慣性抵抗を表現していました。資料や書籍によって、慣性モーメント表記あるいはGD^2表記のものが混在していることもあるので注意が必要です。

この慣性質量、慣性モーメントがあるため、力やトルクを入力しても、即座に入力した値で動作しません。サーボ機構を動作させる場合に、質量と慣性モーメントの性質が応答性に影響しますので、動作させる対象物の質量と慣性モーメントの把握は重要です。

要点BOX
- ●質量・慣性モーメントの性質
- ●慣性モーメントの計算式
- ●慣性モーメントとGD^2の混在に注意

慣性モーメントの計算式

円柱

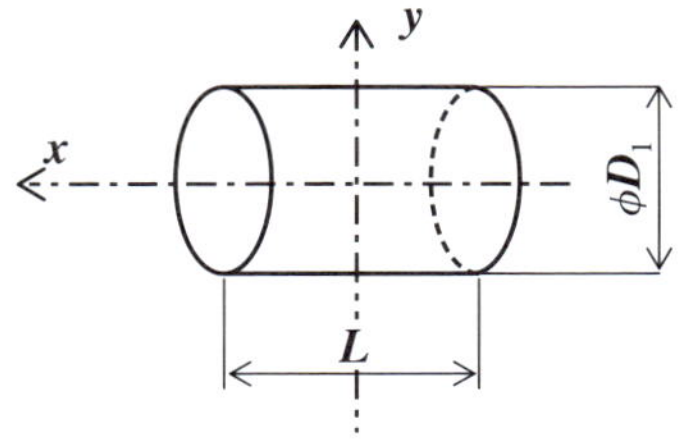

$$m = \frac{\pi}{4} D_1^2 L\rho$$

$$Jx = \frac{1}{8} mD_1^2$$

$$Jy = \frac{1}{4} m \left(\frac{D_1^2}{4} + \frac{L^2}{3} \right)$$

中空円柱

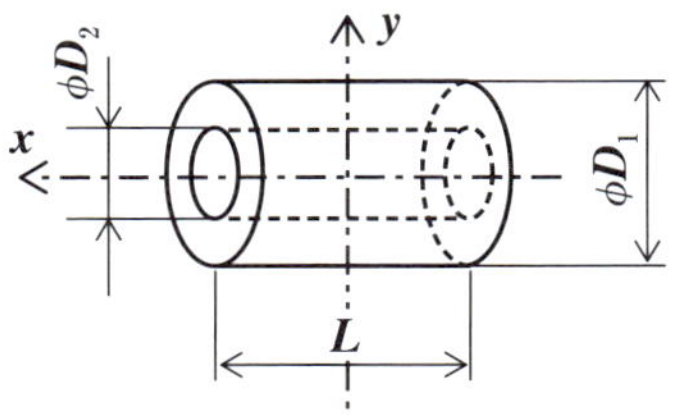

$$m = \frac{\pi}{4} (D_1^2 - D_2^2) L\rho$$

$$Jx = \frac{1}{8} m (D_1^2 + D_2^2)$$

$$Jy = \frac{1}{4} m \left(\frac{D_1^2 + D_2^2}{4} + \frac{L^2}{3} \right)$$

角柱

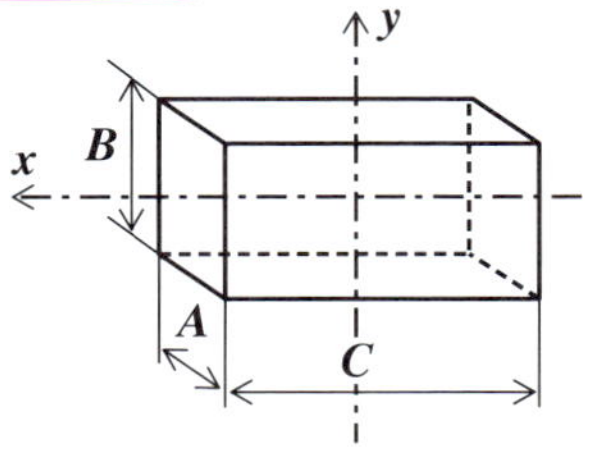

$$m = ABC\rho$$

$$Jx = \frac{1}{12} m (A^2 + B^2)$$

$$Jy = \frac{1}{12} m (B^2 + C^2)$$

平行軸の定理（重心を通らない軸に関する慣性モーメント）

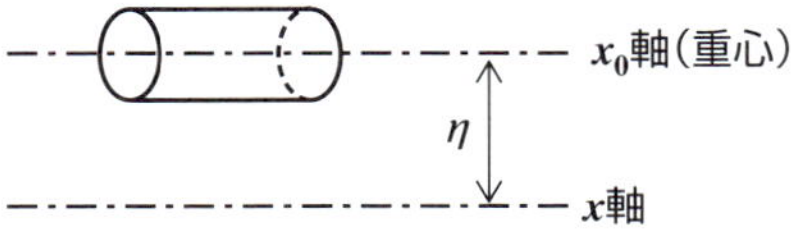

$$Jx = Jx_0 + m\eta^2$$

Jx_0 ：重心軸での慣性モーメント
Jx_0 ：x 軸での慣性モーメント

慣性モーメントJとGD^2の関係　$J = \frac{1}{4} GD^2$

J ：慣性モーメント［kgm^2］（Jxはx軸、Jyはy軸に関するもの）
m ：質量［kg］、ρ ：密度［kg/m^3］、GD^2 ：ジーディースクエア［$kgfm^2$］

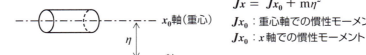

10 摩擦力と摩擦係数

ものが動くときの抵抗となるもの

ものを移動させる際にものが動くと、ものと地面などの接触面から摩擦による抵抗を受けます。摩擦による抵抗を摩擦力と呼びます。摩擦力の大きさは、接触面の滑らかさや、接触面にかかっている力に影響されます。接触面の影響は摩擦係数として、接触面にかかる力は面の垂直抗力として表すと、摩擦力＝摩擦係数×垂直抗力の関係があります。摩擦力は運動の方向とは逆向きに生じる力で、運動をしようとする際の抵抗になります。

摩擦力は止まっているものを動かそうとする場合の静止摩擦力と、動いているときに生じる動摩擦力に分けられます。静止摩擦力と動摩擦力は、止まっているときと動いているときの摩擦係数の違いにより大きさが異なります。それぞれ、静止摩擦係数、動摩擦係数と呼ばれ、静止摩擦係数は動摩擦係数より大きい値となり、動いているときより止まっているものを動かそうとするときの方が摩擦の抵抗が大きくなります。

斜面にものを載せ、徐々に傾けていくとある角度で、ものは斜面から滑り出します。その際の角度は摩擦角と呼ばれ、摩擦角の正接は静止摩擦係数となることが知られています。

実際のものの移動は、地面の上を滑らせるより、タイヤやコロをものと地面の間に配置し転がして行うでしょう。タイヤやコロを用いる場合も摩擦力が抵抗となります。この抵抗を転がり抵抗（転がり摩擦）と呼びます。転がり抵抗は、ものと地面が接触している場合に比べはるかに小さい値です。転がり抵抗は、荷物の重さに比例し大きくなり、同じタイヤの材質と地面であれば、タイヤの中心から地面までの距離が大きくなると抵抗は小さくなります。

摩擦力は必ず発生し、力やトルクを与えても摩擦力を差し引いた分が動力として反映されます。アクチュエータの出力を決定する際、機構の摩擦抵抗を予め把握しておきましょう。

要点BOX

- ●摩擦抵抗は運動方向と逆に生じる
- ●摩擦は摩擦係数と垂直抗力の積
- ●静止摩擦力の方が動摩擦力より大きい

すべり摩擦

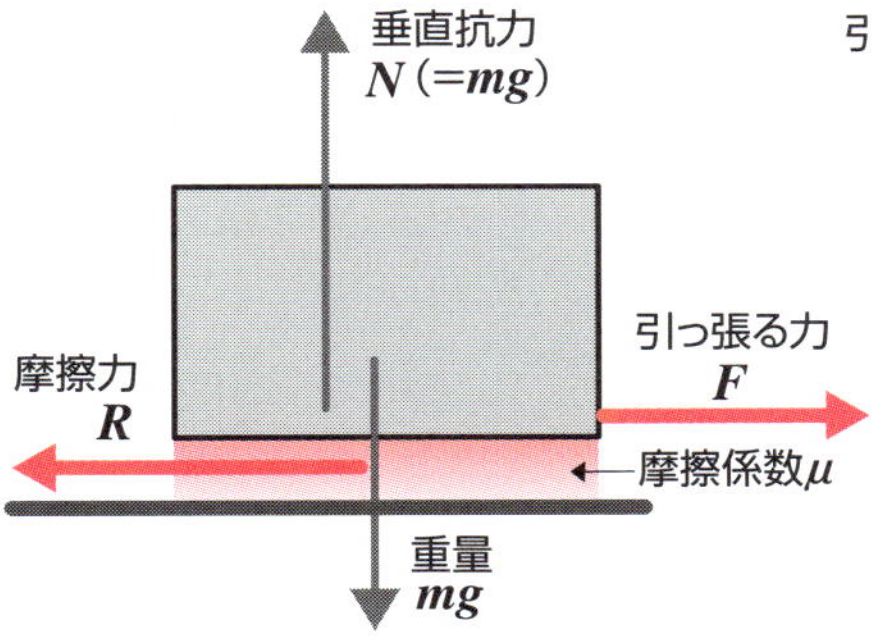

摩擦力 $R=\mu N=\mu mg$

μ：静摩擦係数

静止摩擦力

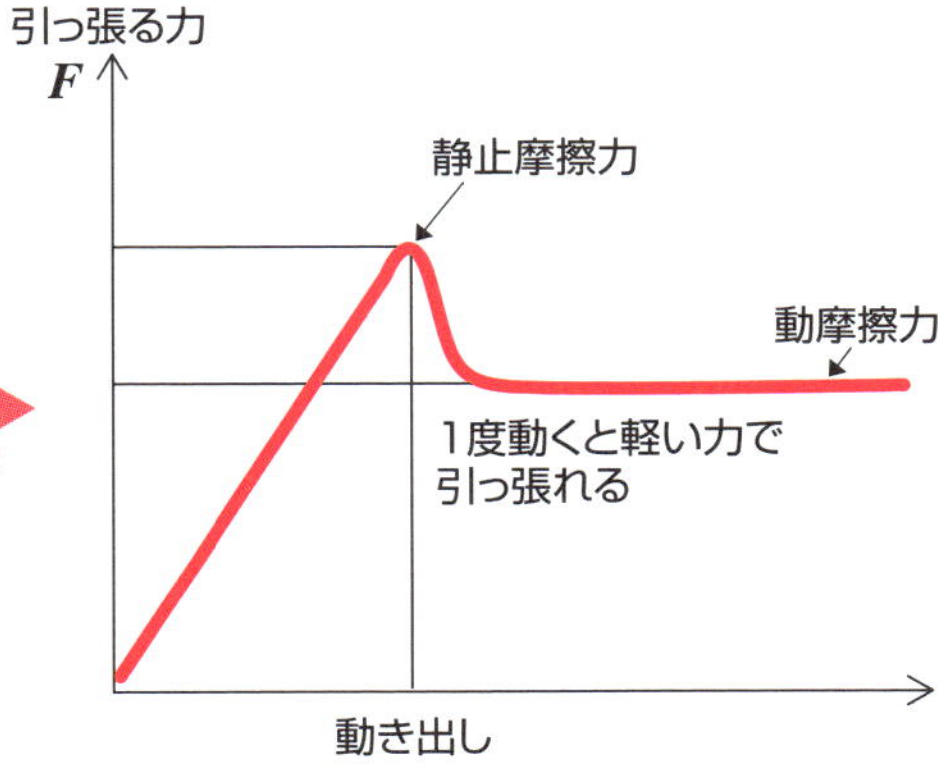

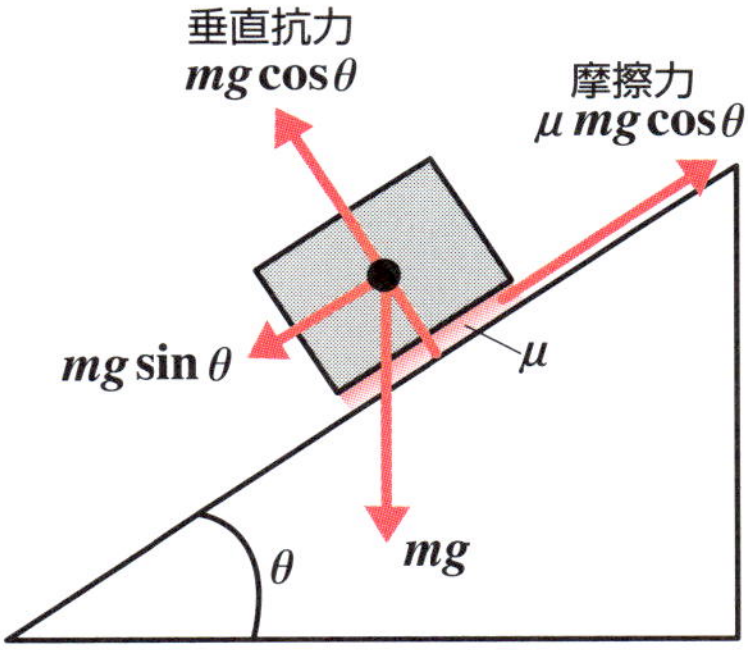

$mg\sin\theta$：斜面を落ちようとする力
$\mu mg\cos\theta$：摩擦力

$mg\sin\theta=\mu mg\cos\theta$ のとき斜面から滑る

$$\mu=\frac{mg\sin\theta}{mg\cos\theta}=\tan\theta$$

すべり落ちる角度θの正接が静止摩擦係数

転がり抵抗（転がり摩擦）

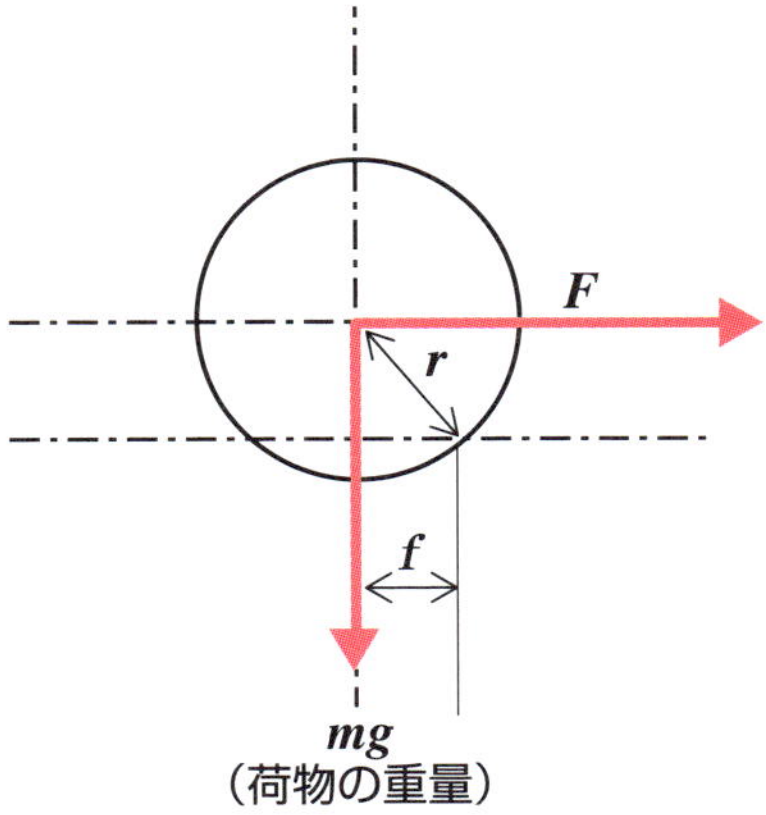

転がり抵抗 F

$$F=f\frac{mg}{r}$$

$$F=\mu mg$$

$\mu=\dfrac{f}{r}$ 転がり抵抗係数

f ： 転がり摩擦係数［mm］

r ： 半径［mm］

11 仕事とエネルギー

仕事と蓄えられるエネルギー

ものを動かすには、ものに力やトルクを加えることが必要です。力を加えていた時間に応じて移動する距離が異なります。人や機械が何かをして、ものをある地点から他の地点まで移動したとき、人や機械がした何かを仕事と呼びます。ものに一定の力を加え続けた場合、ものは力を入れ始めた場所から力を入れるのを止めた場所まで移動しています。仕事は加えた一定の力と移動した距離の積で定義される物理量です。単位は直線運動の場合、力[N]と距離[m]の積で[Nm]となり、これはJ(ジュール)と呼ばれます。また、単位時間当たりの仕事を仕事率[J/s]と呼びます。

仕事がなされものが運動をした結果、仕事に応じたエネルギーがものに蓄えられます。台車などに仕事をした場合、力を加えることを止めても、台車はその時点の速度で運動し続けようとする能力を持っています。この運動する能力を運動エネルギーと呼び、1/2×質量×速度の2乗で計算されます。対象のものは、仕事(力×距離)を受け、運動エネルギー(1/2×質量×速度の2乗)のエネルギーを蓄えます。

回転運動をする場合はどうでしょうか。回転運動の場合、仕事はトルクと回転角の積となります。単位はトルク[Nm]×回転角[rad]となり、これも[J]となります。運動エネルギーは1/2×慣性モーメント×角速度の2乗で計算されます。

直線運動、回転運動とも、仕事とエネルギーの単位はJで計算式も類似しています。仕事は、力あるいはトルクと動いた距離あるいは角度の積、エネルギーは質量あるいは慣性モーメントを持ったものをある速度で動かし続けさせる能力を示す量です。力を加え仕事をして、ものに運動エネルギーを与えることもでき、ものが持つ運動エネルギーを仕事に変えることもできます。仕事とエネルギーは同じ値になり、仕事＝運動エネルギーという関係が成り立ちます。

要点BOX
- ●仕事は力と移動量の積
- ●エネルギーはものが持つ仕事をする能力

仕事

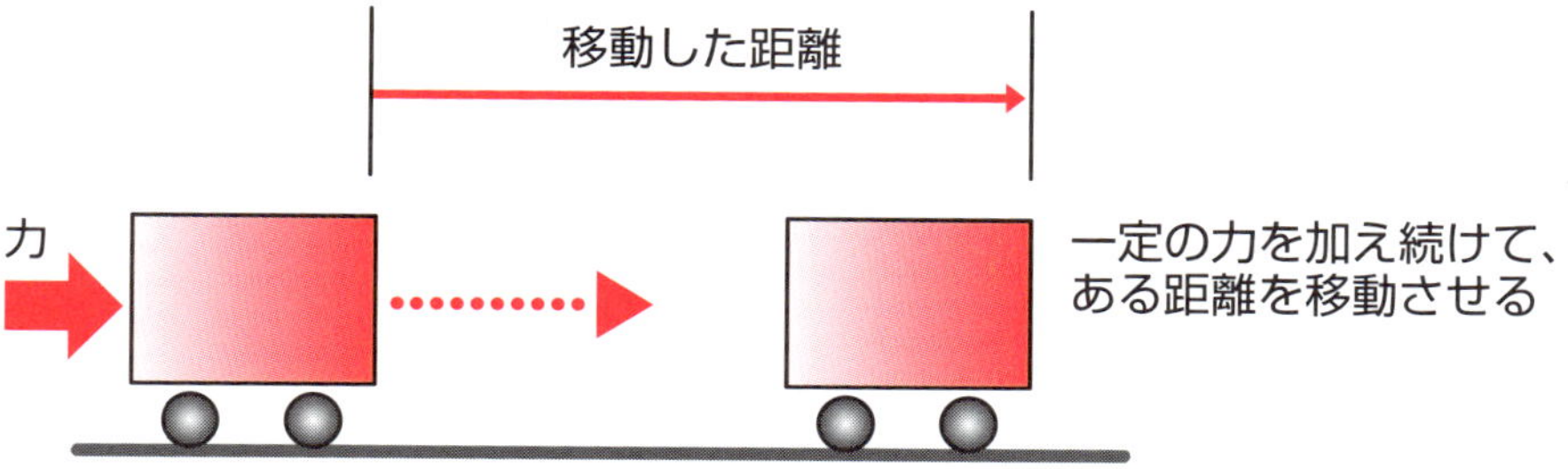
移動した距離
力
一定の力を加え続けて、
ある距離を移動させる

直線運動：仕事[J] ＝ 力[N] × 移動距離[m]
回転運動：仕事[J] ＝ トルク[Nm] × 回転量[rad]
単位は N・m ——→ J　ジュールとなる

運動エネルギー

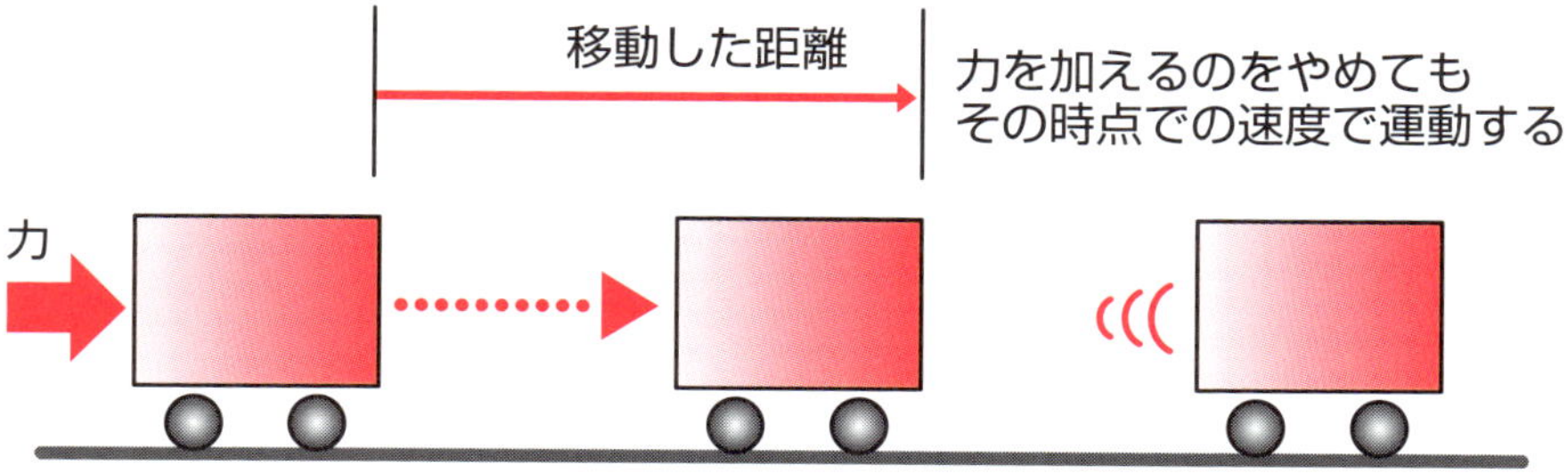
移動した距離
力を加えるのをやめても
その時点での速度で運動する
力

直線運動：運動エネルギー[J] ＝ $\frac{1}{2}$ × 質量[kg] × 速度^2[(m/s)^2]

回転運動：運動エネルギー[J] ＝ $\frac{1}{2}$ × 慣性モーメント[kgm^2] × 角速度^2[(rad/s)^2]

仕事をすればそれと同じ大きさの運動エネルギーを持つ

Column

衝撃荷重の見積り方の一案

動いているものをストッパに当て止める、そしてものの質量と加速度がわかっている。台やストッパの強度検討するとき、質量と加速度を掛け合わせた力に耐えればよいのだろうか? 業務でこのような質問を多く受けます。衝突荷重の見積り方は、動的倍率、安全率などと呼ばれ、測定あるいは会社ごとに経験値や基準を用いていると思います。簡便な見積り方法として、次のような考え方も一案ではないかと考えコラムを書いてみます。

衝撃を受け止める装置や構造部を次のようなバネ-マス系と考えます。

衝突時に系に入力される力Fがどのような入力になるかを検討します。入力の最大値が同一のランプ、インパルス、ステップ入力を考えた場合、最も大きな応答を示すのは、ステップ入力となります。

運動方程式と出力xの解とそのグラフは図のようになります。力Fをバネに静的にかけた静たわみx_{st}に対し、最大2倍の変位となることがわかります。変位が2倍になれば、装置などに生じる力や応力も2倍になります。実際には、鋼材やゴムなどはバネ要素だけでなく、ダンパの要素も含まれ、この値より低くなります。安全目の評価を考えれば、衝撃を受ける場合、理論的には入力される力や加速度の2倍を想定して検討すればよいとなります。試作品、実機あるいは類似の装置などで、実測で確認しながら、見積り精度を高めてください。

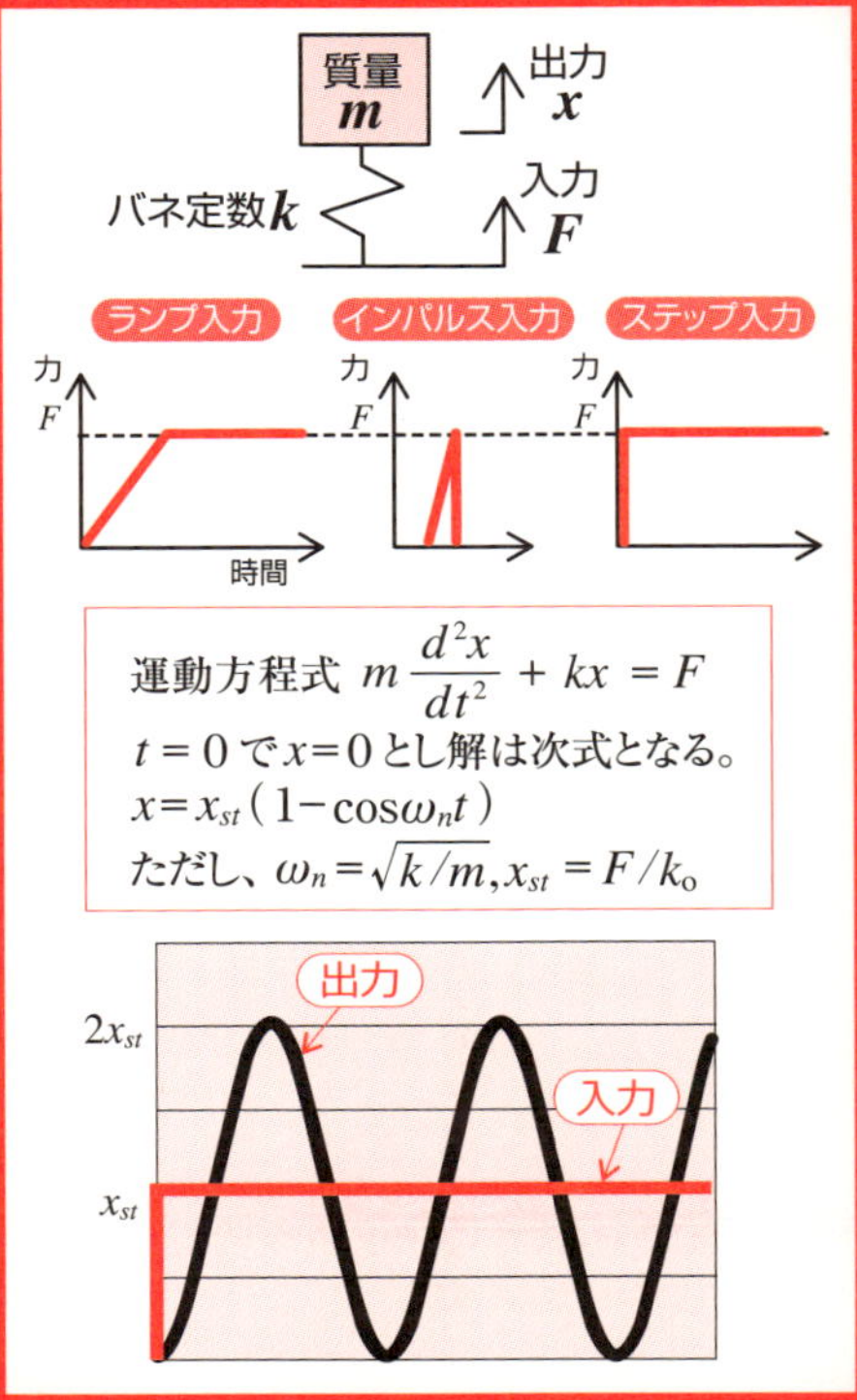

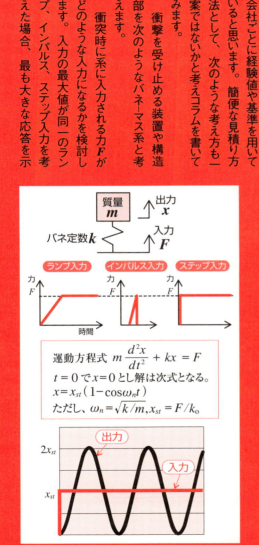

第3章

サーボ機構のための機械要素

12 サーボ機構のメカニズム

サーボ機構の基本的なメカニズムの紹介

サーボ機構のメカニズムを、水平運動と回転運動を実現するための簡単な構成例を挙げて紹介します。

最初に、高い精度が要求される機械装置において、搬送物を水平方向に動かすケースを考えてみます。この場合、剛性が高いボールねじを選定します。**図1**にボールねじを使用した搬送装置の構成例を示します。モータ軸とボールねじをカップリングにより接続し、精度の高いガイド部品を組み合わせていることが特徴です。このような構成を選定することでμmオーダーの精度で搬送物を移動させることができます。このような例は、高い精度と信頼度を必要とする工作機械に用いられます。

次に、高い位置精度が要求されない機械装置の例を紹介します。ベルト駆動方式は、振動等によるベルトの振れの影響を受けるため、μmオーダーの精度を期待することはできません。ミリ単位の精度であれば、保守性が高く安価な装置を実現するのに有効です。

図2にベルトを用いた搬送装置の構成例を示します。モータ軸に取り付けられたプーリと、ある一定以上の距離が離れた軸に取り付けられたプーリの間を、ベルトでつなぐ構造となっていることが特徴です。このような例は、高い信頼性と保守性を必要とする自動ドアに利用されています。

最後に、アームや遮断棒などを回転させる装置を紹介します。**図3**に示す装置は、モータと減速機がカップリングにより接続されていることが特徴です。装置の小型化を図る場合は、減速機が組み込まれた一体型のモータが使用されます。この装置を考える上で重要になるのは、モータと減速機の組み合わせです。例えば、長尺の遮断棒を回転させるためには、大きなトルクが必要になりますが、速い速度で回転させる必要がなければ、小出力のモータと減速比が大きい減速機を組み合わせることにより、鉄道の踏切遮断機などの装置を実現させることができます。

要点BOX

- 目的や用途によって構成が異なる
- 精度の確保には、最適な駆動部の選定が必要
- 回転運動では減速機とモータの組み合わせが重要

図1　駆動部品にボールねじを使用した構成例

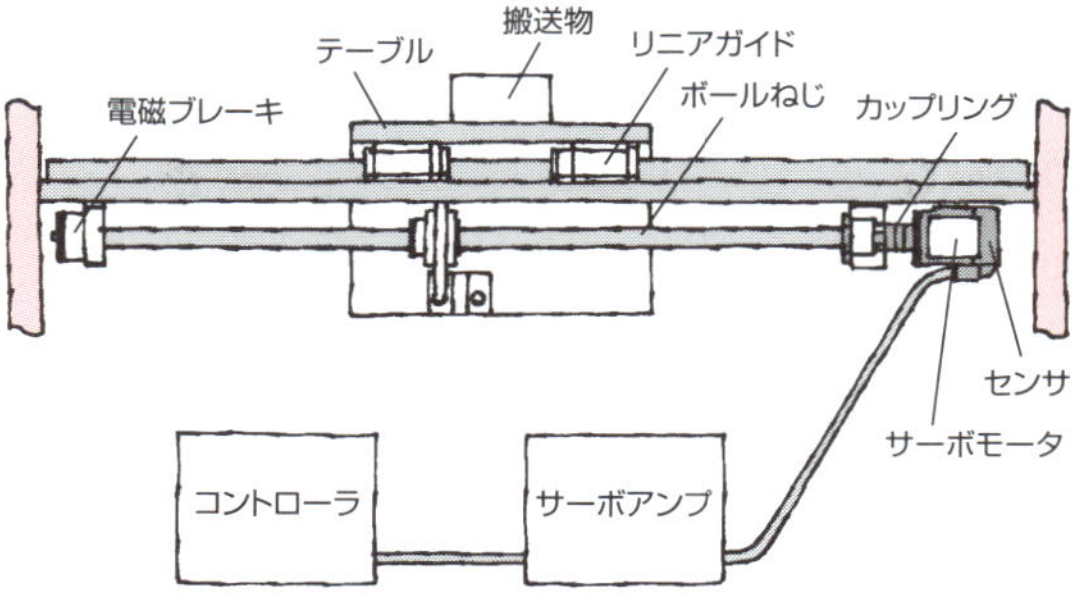

図2　駆動部品にベルトを使用した構成例

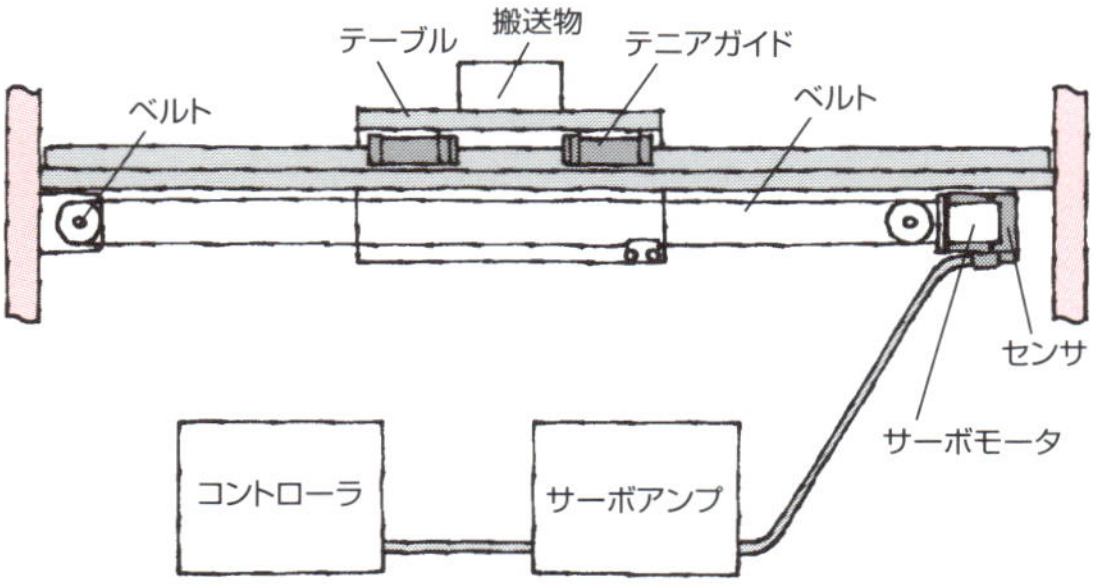

図3　減速機を使用し、回転運動を実現する構成例

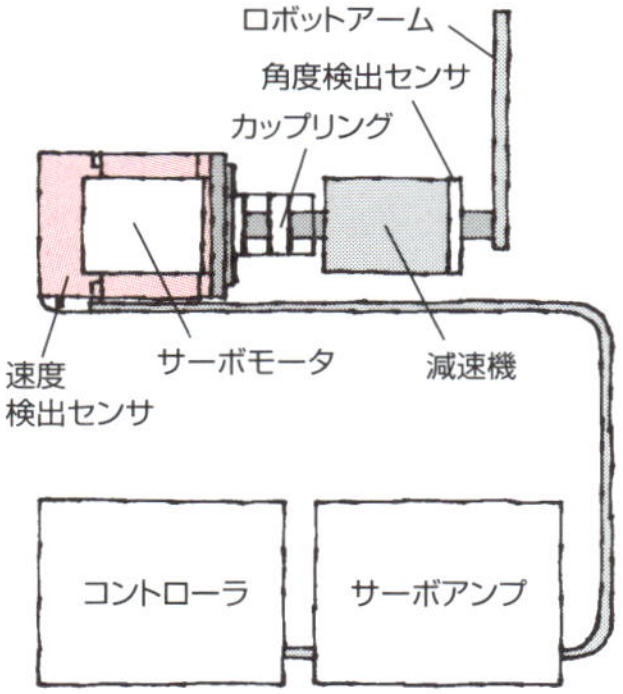

表1　代表的なサーボ機構のメカニズム

機械要素	特徴	精度	コスト	主な用途
ボールネジ駆動	回転運動を直線運動に変換 バックラッシが少ない 潤滑の必要あり	◎	△	工作機械
ベルト駆動	軸間距離の制約を受けずに動力を効率よく伝達可能 潤滑の必要なし	△	◎	自動ドア、工作機械
チェーン駆動	軸間距離の制約を受けずに動力を効率よく伝達可能 潤滑の必要あり	△	○	立体駐車場等の昇降装置
ラックアンドピニオン	回転運動を直線運動に変換 バックラッシの影響あり 潤滑の必要あり	○	△	自動車の操舵装置
モータ+減速機	小出力で大トルクが必要な回転体を動作可能	○	○	ロボットアーム 踏切遮断機
ロールフィード	ローラの回転により、板厚の薄い材料を搬送	○	○	紙や薄板の搬送装置

13 軸受

軸受の種類と特徴

軸受とは、機械装置の軸を支持して、軸の回転運動や往復運動を実現するための機械部品のことを指します。英語では、ベアリングと呼びますが、この方がなじみが深いかもしれません。ベアリングは、大別すると「滑り軸受」と「転がり軸受」に分けられます。

「滑り軸受」は、図1に示すように軸と軸受の面が油膜を介して直接、接している部品です。軸と軸受の接触面積を大きく取ることができるため、高速、衝撃荷重に対して強く、振動や騒音が少ないのが特徴で、自動車や船舶等のエンジンに使用されています。

「転がり軸受」は、図2に示すように外輪と内輪で構成される軌道輪、玉やローラで構成される転動体、転動体を保持する保持器で成り立つ部品となります。内輪と外輪の間に一定間隔で配置された転動体が、保持器によって保持されながら転がることにより、スムーズな動作を実現します。転がり軸受は、摩擦が小さく、円滑で高速回転が可能で保守が簡単なことから工作機械やロボット等の広い分野で使用されています。

「転がり軸受」は転動体の形状により、玉軸受ところ軸受に大別されます。また、軸に対して受ける荷重の方向によりラジアル軸受とスラスト軸受に分けられます。

一般的に最も、広く使用されているのは、構造が簡単な玉軸受ですが、より大きな荷重を受けるような用途では、剛性が高いころ軸受を使用します。また、玉軸受も予圧を与えることによって剛性を高めることもできます。

主な軸受の分類を表1に示します。用途によって様々な軸受がありますが、装置に要求される荷重や方向などの条件を考慮して最適な物を選ぶようにしましょう。

要点BOX

- ●「滑り軸受」と「転がり軸受」に大別される
- ●荷重や方向の条件により、最適な軸受を選定する

図1　滑り軸受

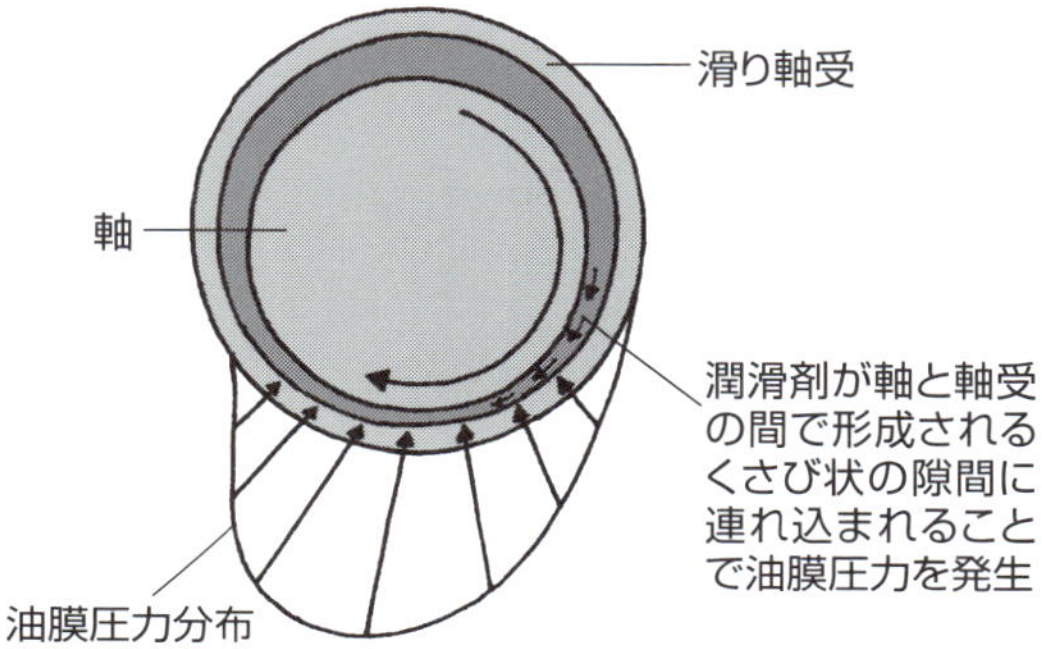

図2　転がり軸受

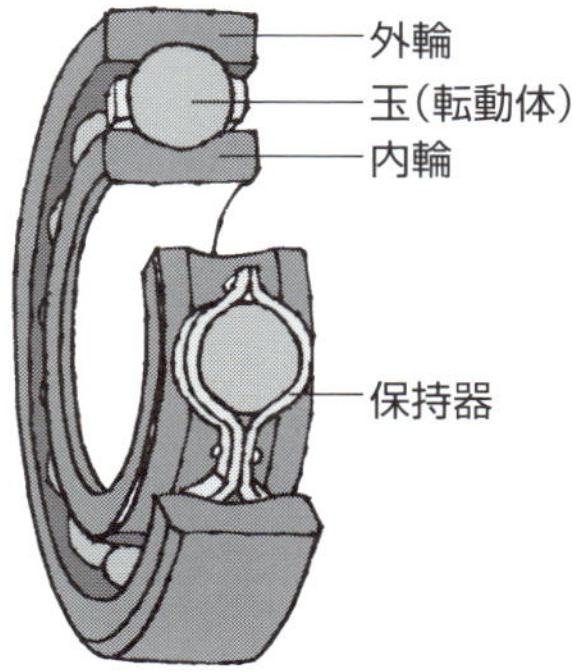

表1　主な軸受の分類

軸受	転がり軸受	玉軸受	ラジアル玉軸受	深溝玉軸受
				アンギュラ玉軸受
				自動調心玉軸受
				その他
			スラスト玉軸受	平面座スラスト玉軸受
				調心座金付スラスト玉軸受
				複式スラストアンギュラ玉軸受
				その他
		ころ軸受	ラジアルころ軸受	ニードルベアリング
				円筒ころ軸受
				円すいころ軸受
				自動調心ころ軸受
				その他
			スラストころ軸受	スラストニードルベアリング
				スラスト円筒ころ軸受
				スラスト円すいころ軸受
				その他
	滑り軸受			メタル、ブッシュ、その他

（資料提供：日本トムソン株式会社）

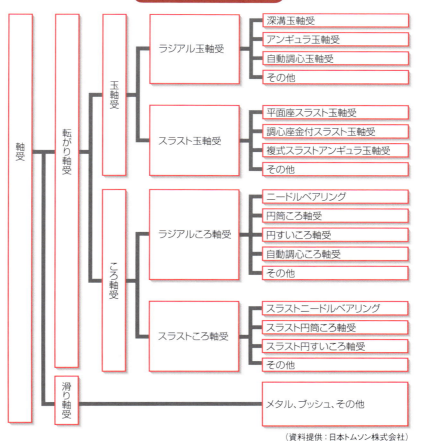

14 ボールねじ、ガイド

駆動部を構成する基本要素

ボールねじは、図1に示すようにねじ軸、ナット、ボール等の部品から構成され、モータの回転運動を直線運動に変換する機械要素部品です。ナットとねじ軸の間に挿入された多数の金属製のボールが、ねじ溝とナットの間を転がることにより、摩擦が少ないスムーズな動作を実現できます。摩擦係数が少なく、機械効率が高いというメリットがある一方で、ねじ部の異物の侵入に弱く微振動による騒音が避けられないという欠点もあります。一般的に、工作機械等の高い精度を必要とする装置に使用されます。

ガイドは、ボールねじやベルト等で構成された、駆動装置により搬送されるテーブルなどを支えるための部品となります。ガイド自体は、動力を持ちませんが、搬送物を決まった方向のみに動作させ、搬送物の姿勢が変化しないように拘束する重要な役割を持ちます。また、ガイドには、滑らかに動作し、荷重や振動に耐え、高い精度を持つことも要求されます。ガイドは、その機能から案内とも呼ばれ、構造の違いにより、滑り案内と転がり案内に大別されます。

滑り案内は、図2に示すように案内面としゅう動体で構成され、潤滑油を利用して滑らせることにより、搬送物を動かします。

転がり案内は、図3に示すようにブロック、レール、ボール等で構成され、ブロックとレールの間でボールが転がることにより動作します。転がり案内の代表的な物がリニアガイドと呼ばれる物です。リニアガイドは、摩擦抵抗が少なく高速で動作させることが出来ることから、工作機械、工業用ロボット、各種搬送装置などの幅広い分野で活用されています。

加えて、装置の高精度化が要求される用途では、リニアガイドやボールねじに予圧を与えたタイプも使用されます。

精度が要求される装置を実現する場合には、選定のファクターとして考慮しましょう。

要点BOX
- ●精度が必要な装置には、ボールねじが有効
- ●ガイドは、装置の動作を定める重要部品
- ●精度確保のためには与圧を考慮する

図1　ボールねじ外形

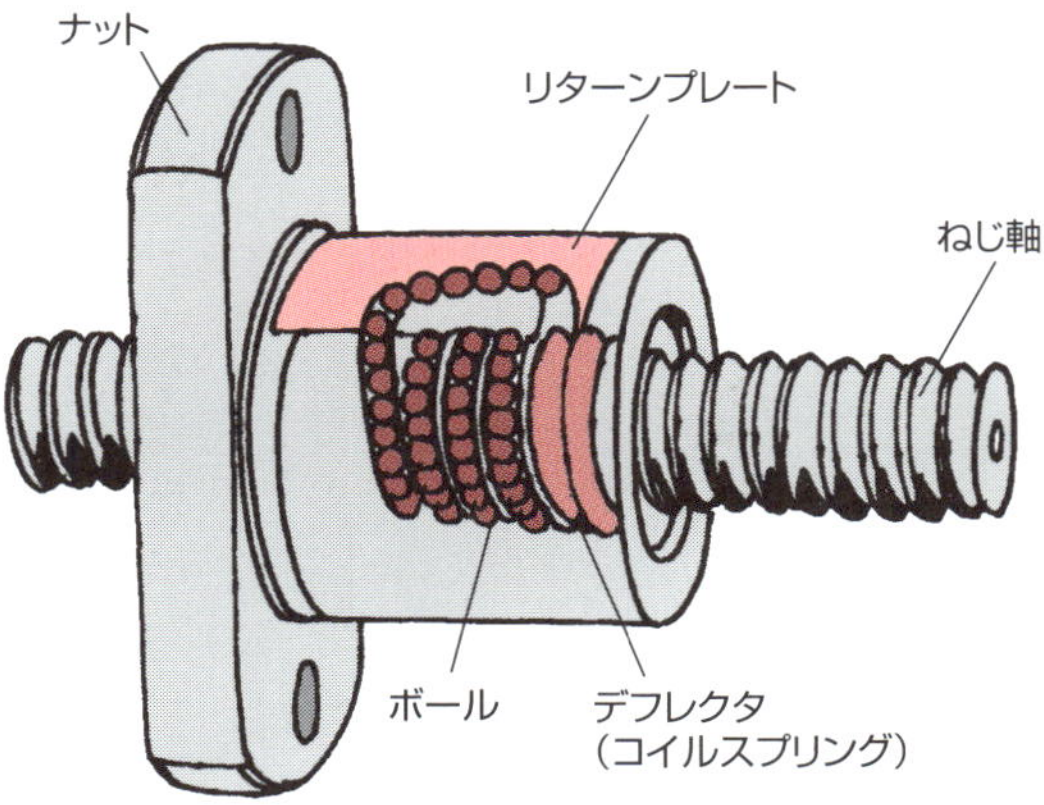

図2　滑り案内

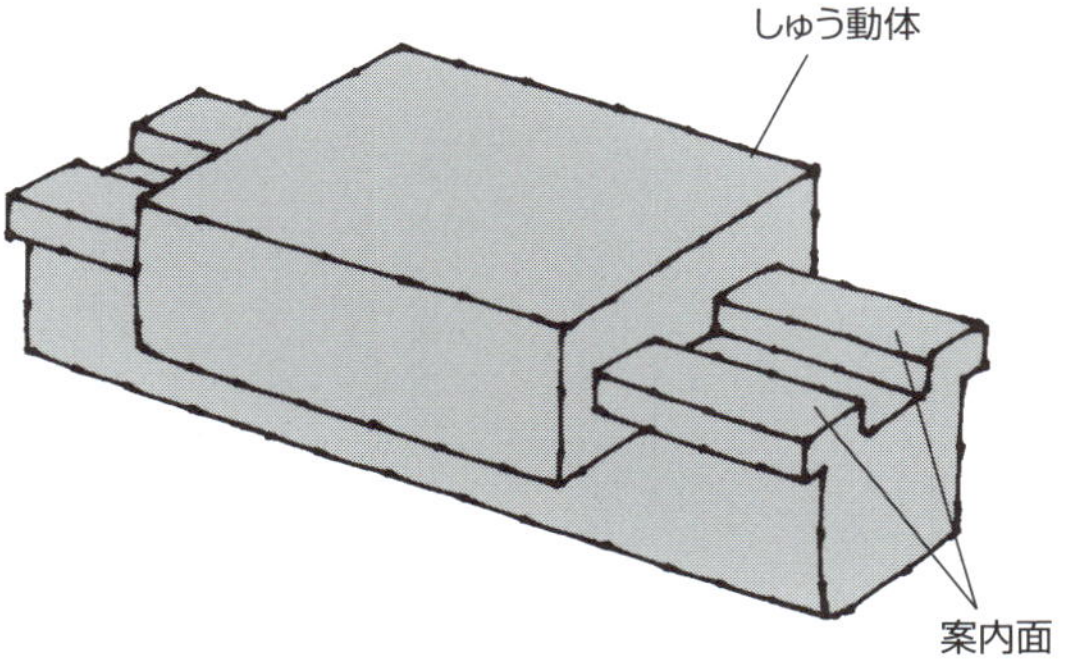

図3　転がり案内

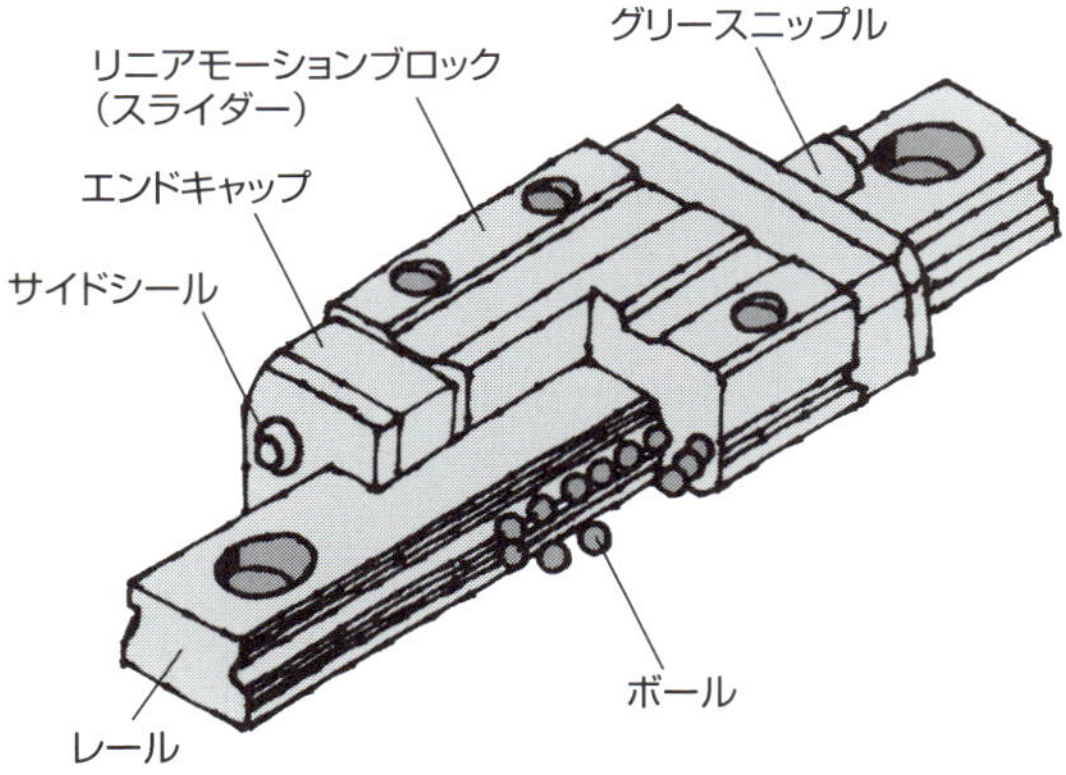

15 カップリング

カップリングの種類と特徴

カップリングは、モータなどの駆動軸とボールねじ等の従動軸をつないで、動力を伝えることを目的とした部品です。カップリングには、その目的によって、両軸間の芯ずれを許さないもの、結合部に弾性体を介してわずかな軸心の狂いを吸収できるもの、角度が異なる軸を接合するものなど様々な部品があります。目的によって最適なものを選びましょう。

1. リジットタイプ

継手本体を直接、ボルトによって締め付けて結合するシンプルなカップリングです。取り付ける部品は、高い精度が要求されますが、軸間に軸心の違いを吸収する部品を持たないため、強固なトルク伝達を可能とするメリットがあります。

2. オルダムタイプ

駆動軸と従動軸が平行で中心線が合っていない場合に使用できるカップリングです。**図2**に示すように回転時に自由にずれることができるフローティングカムを継手の間に挿入した構造となっています。他のタイプと比較し、軸の誤差に対する許容範囲が大きいのが特徴です。

3. ゴムを使用したタイプ

ゴムを使用することにより、その圧縮やせん断などの弾性効果を利用したカップリングです。ゴムの形状によりジョータイプ、高減衰タイプなど様々な部品があります。潤滑が不要で運転中の騒音がなく、各軸間の絶縁が取れるメリットがありますが、他のタイプと比較し、大型で許容伝達トルクや回転数の性能が落ちるデメリットもあります。

4. 金属バネを使用したタイプ

板ばね、コイルばね、ベローズなどをたわみ材として使用するカップリングです。このタイプも駆動軸と従動軸の若干の軸心の違いを許容することができます。たわみ材に生じる応力を疲労限度以下に設計することにより、使用寿命を長くすることができます。

要点BOX
- ●駆動軸と従動軸は、カップリングで接続可能
- ●選定の際は、トルク伝達を考慮する
- ●軸心の許容差等も考慮し、部品を選定する

図1　リジットタイプ

継手本体を直接、ボルトによって締め付ける。精度が要求されるが、強固なトルク伝達が可能

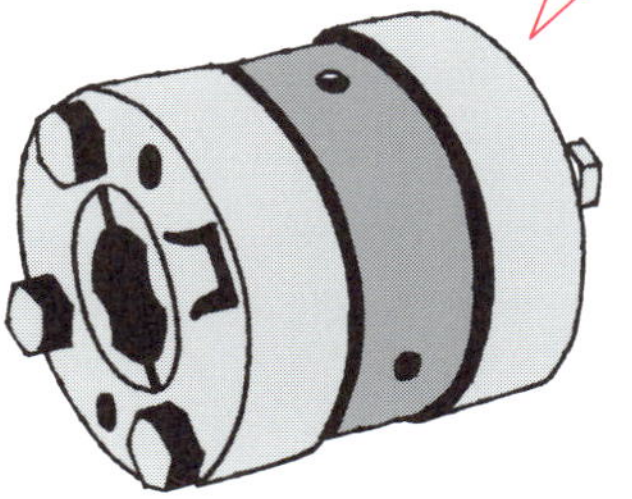

図2　オルダムタイプ

継手の間に挿入されるフローティングカムにより誤差を吸収

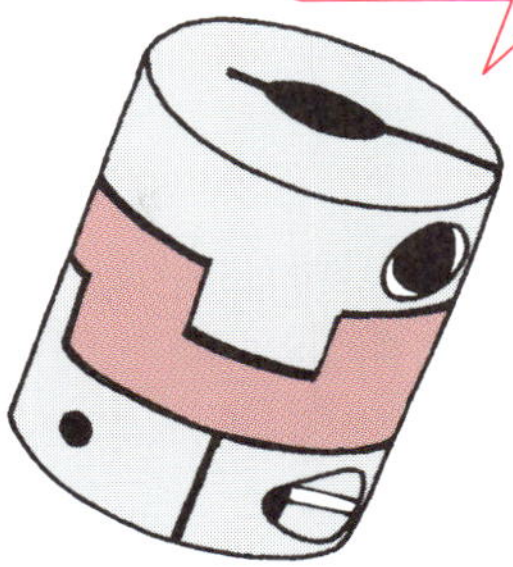

図3　ゴムを使用したタイプ

継手の間に挿入されるゴムにより誤差を吸収

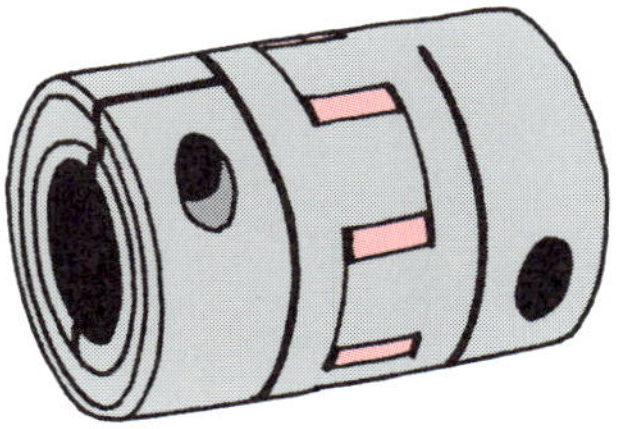

図4　バネタイプ

継手の間に挿入されるばねにより誤差を吸収

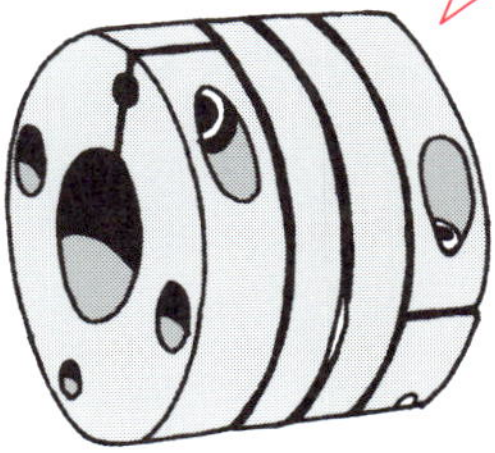

図5　その他のタイプ

他に従動軸と駆動軸のたわみを吸収するためにスリットを設けるタイプやディスクを用いるタイプ、更に角度が異なる軸通しを締結できるユニバーサルタイプなど様々なものがあります。

スリットタイプ
継手の間のスリットにより誤差を吸収

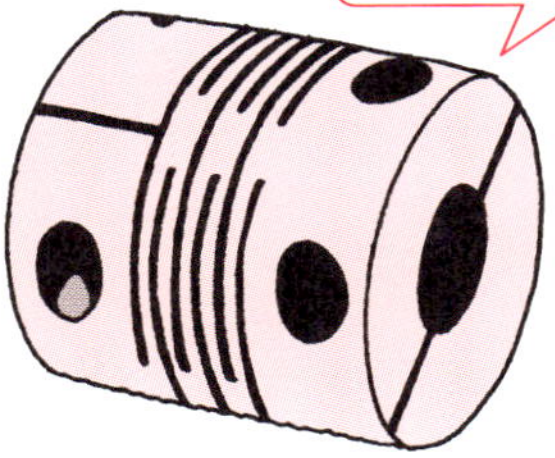

ユニバーサルタイプ
角度が異なる軸にも対応可能

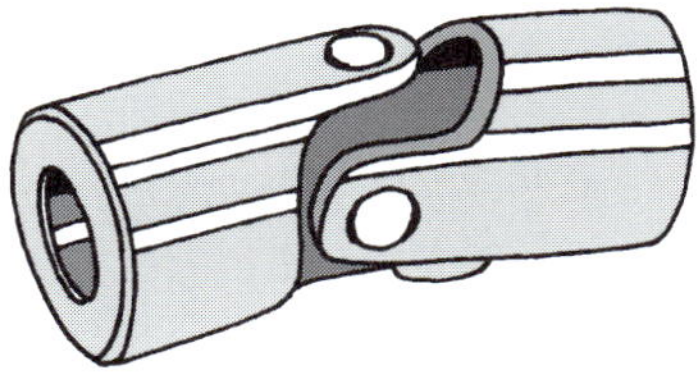

16 ラックアンドピニオン、ロールフィード

ラックアンドピニオンは、歯車伝動装置の一種で、回転運動を直線運動に変換する装置です。図1にその構造を示します。この装置は、ピニオンと呼ばれる小径の平歯車と平板形状の棒に直線歯形を切ったラックを組み合わせた構造です。ピニオンを回転することにより、ラックを平行に動かすことができるので、回転運動を直線運動に変換できます。本装置は、比較的精度が良く高い信頼性を持つ一方で、歯車を利用しているのでバックラッシ（巻頭のキーワード解説参照）の影響を受けるデメリットもあります。

最近では、このデメリットを解消するため、2～3箇所のローラ形状の歯を同時に接触させる構造を有した、ノンバックラッシタイプのピニオンが製品化されています。歯車ではなくカムとローラで構成されているため、ボールねじ並みの送り精度と位置決めの精度を達成できます。ボールねじでは困難な長尺送りが可能な上、毎分180m以上の高速走行が実現できます。

また、ラックアンドピニオンを利用した装置としては、自動車の操舵装置が有名です。また、高い信頼性が期待できることから搬送装置や列車のドア装置などにも利用されています。

ロールフィードは、紙や板などの素材をローラの回転によって移動させることができる装置です。図2に構造を示します。モータと搬送ローラに接続されたプーリをベルトでつなぎ、モータの回転により搬送ローラを回転させることで搬送物を移動させることができます。プリンタなど限られたスペースに実装しなければならない装置では、ベルトとプーリの代わりに歯車を使用することにより、小型化を図っています。

ロールフィードは、簡単な構造で平板形状の搬送物を効率良く移動させることができることから、大規模な搬送装置からプリンタまで幅広い用途に利用されています。

要点BOX
- ●ラックアンドピニオンは、回転運動を直線運動に変換する装置
- ●ロールフィードは、薄板形状の搬送物移動用

図1　ラックアンドピニオン

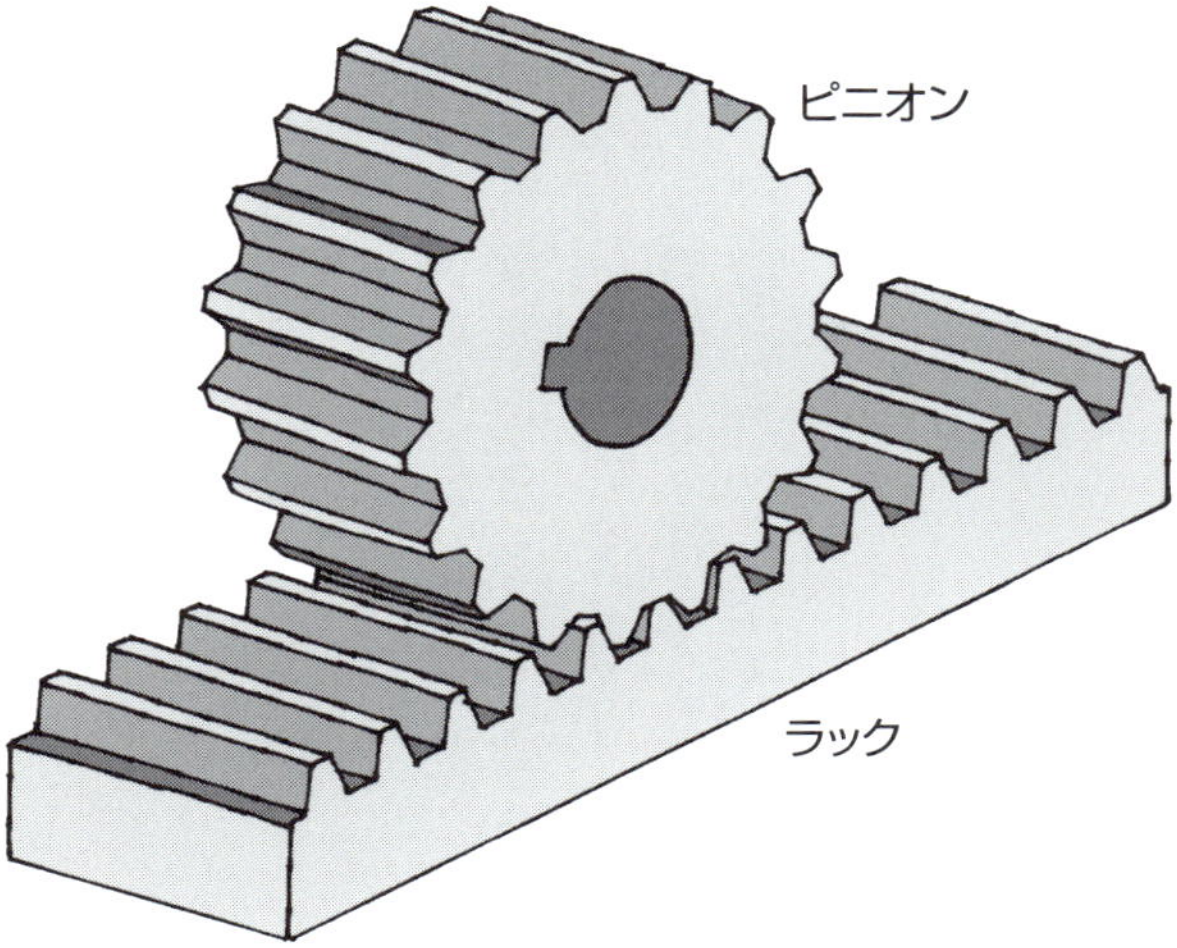

図2　ロールフィード

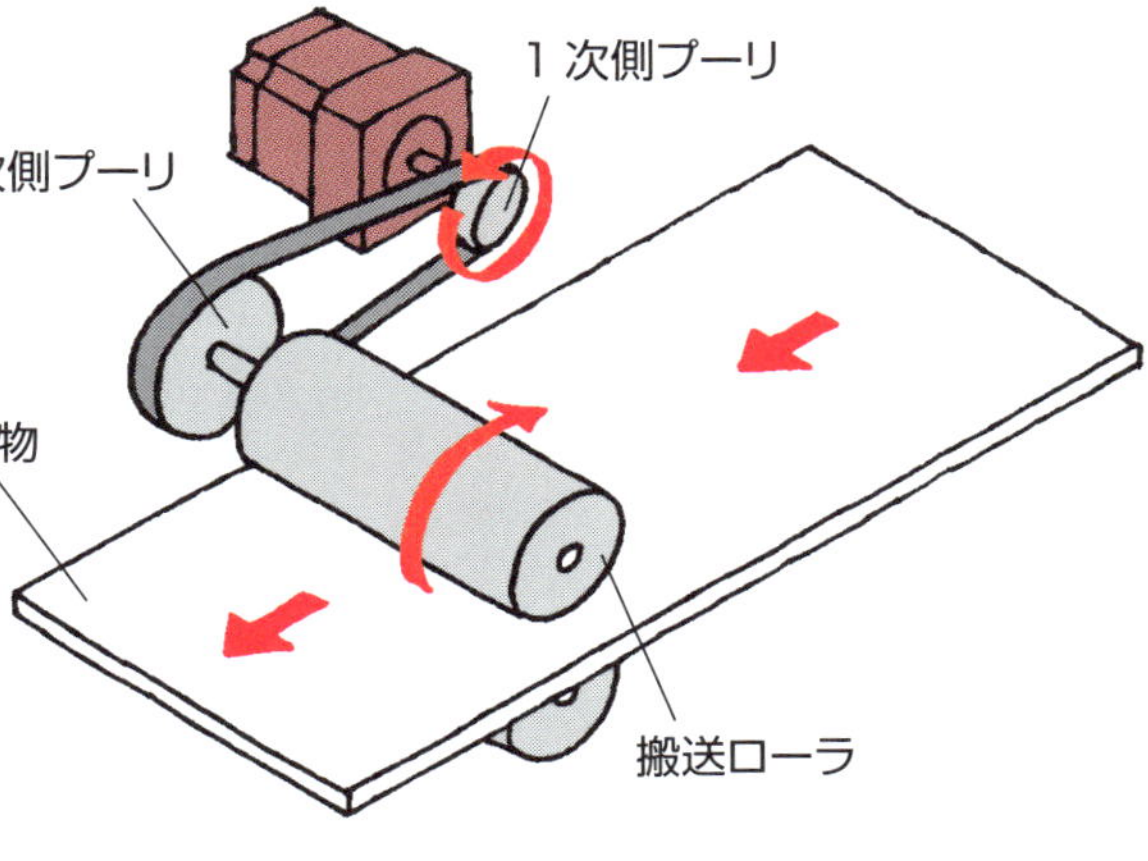

17 ベルト、チェーン

駆動部を構成する基本要素

ベルトは、**図1**に示すように一定間隔の開いたプーリ間に取付けることによって、動力を効率よく伝導することができる部品です。他の伝動方法と比較し、①軸間距離の制約が少ない、②振動を吸収でき、騒音が少ない、③グリス等による潤滑の必要がない、④装置が簡単かつ軽量に構成できる、といった特徴があります。その一方で、ベルトは運転中に帯電するリスクがあることから、火気のリスクを伴うような環境で使用する場合には、帯電防止ベルトを採用する必要があります。

ベルトは、主にベルトとプーリ間の摩擦力により動作する摩擦伝動タイプと、ベルトとプーリの歯のかみ合いにより動作するかみあい伝動タイプに分けられます。摩擦伝動タイプには、平ベルト（**図2**）、Vベルト（**図3**）が使用されます。かみあい伝動タイプには、歯付ベルトが使われます。摩擦伝動タイプと比較し、かみあい伝動タイプのタイミングベルト（**図4**）は、①張力を低く抑えることができる、②軸受に対する負担が少ない、③装置間の同期をとることができる、などのメリットがあることから自動ドアや工作機械等の様々な装置に使用されています。

チェーンは、図1に示すようにチェーンとスプロケットのかみ合いによって動作する部品です。その構造は、**図5**の様に内リンクと外リンクが交互に組み合わされ、それぞれのピンがプレートに圧入され、割りピンやクリップで固定されています。構造上、滑りがなく、張力が小さくてすむため、軸受の負担を少なくできます。その上、コンパクトな断面積で、装置間の同期を取ることができ、大荷重を伝達できるのが特徴です。

その一方で、潤滑が必要で騒音を発生するデメリットもあります。このような特徴からチェーンは、立体駐車場の昇降装置など大荷重が必要な用途に使用されています。

要点BOX
- ●ベルト、チェーン駆動は、装置を簡単に構成可能
- ●ベルトは、潤滑不要、チェーンは必要

図1　チェーンとベルト

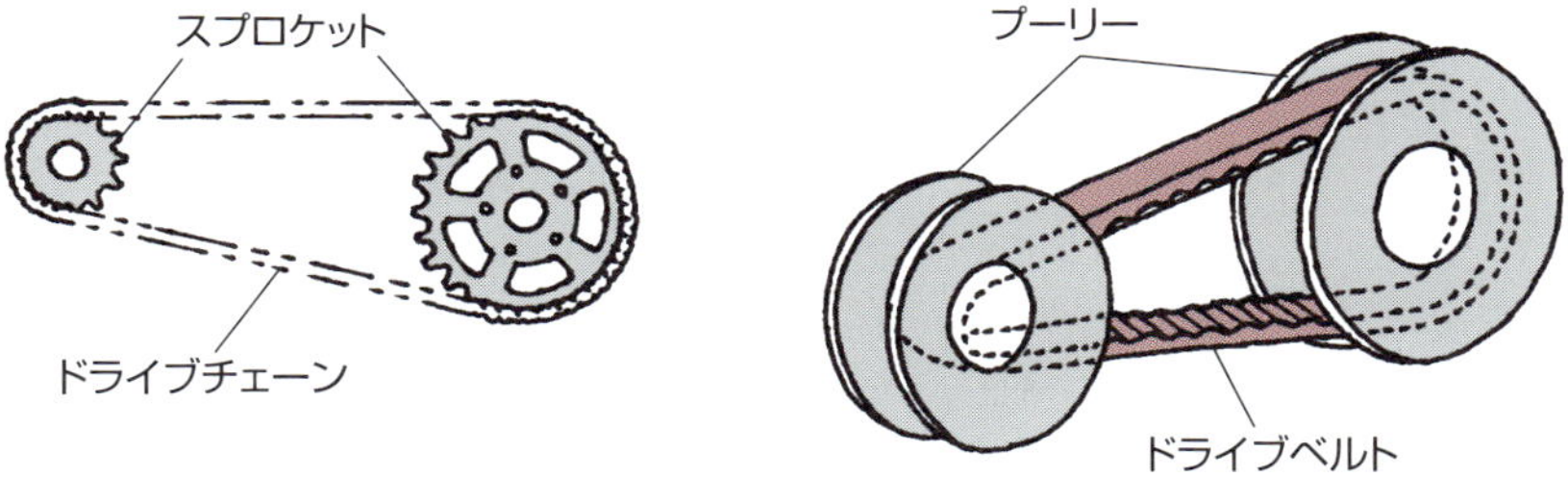

図2　平ベルト

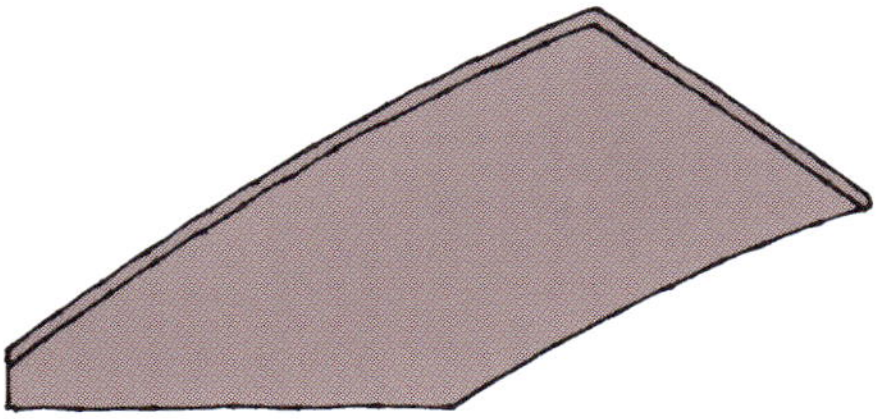

図3　Vベルト

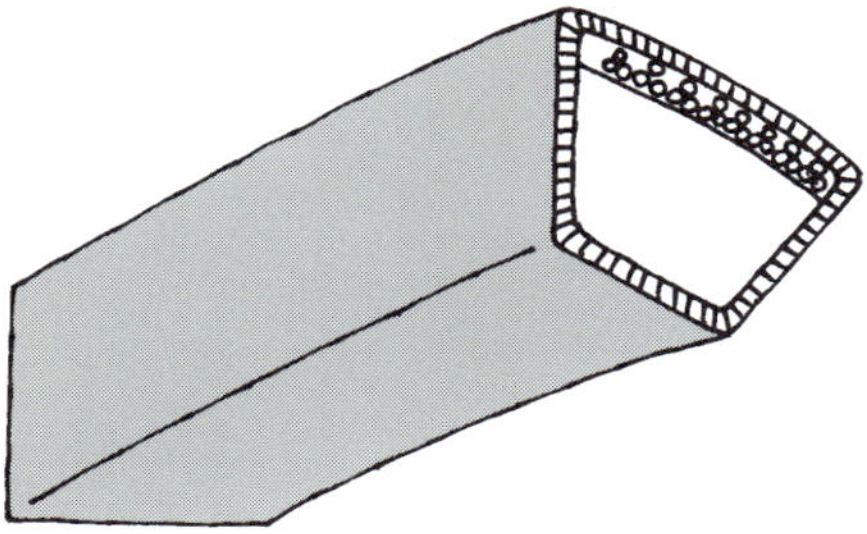

図4　タイミングベルト

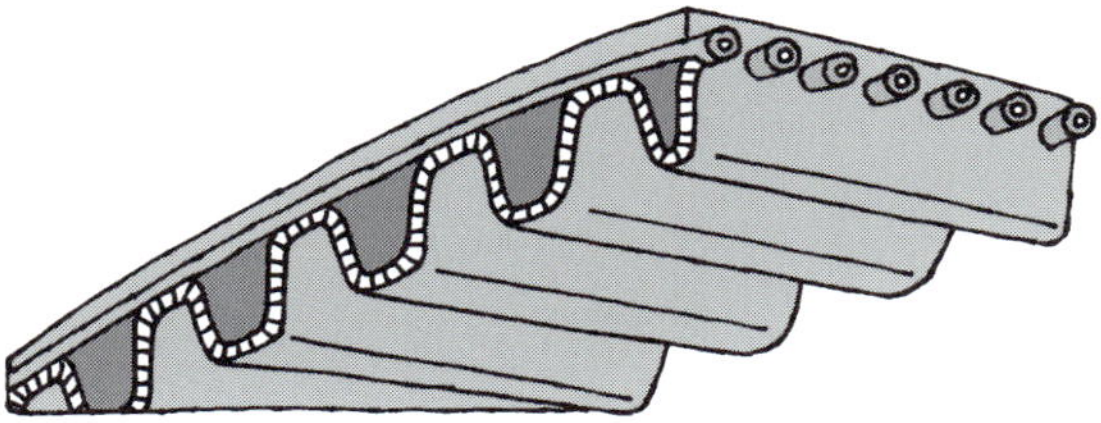

図5　チェーン

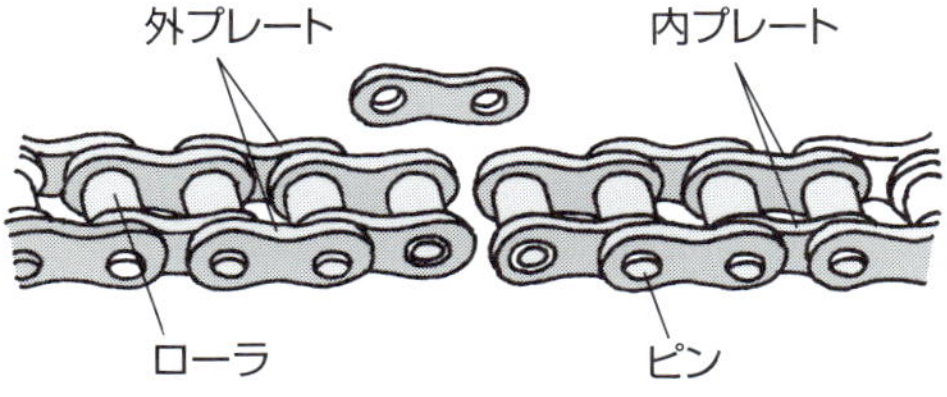

18 減速機

減速機の種類と特徴

減速機は、モータなどの動力源とプロペラなどの被動機の間に設置され、歯車などの部品を利用して回転速度を落とすことを目的とした装置です。その際、出力は、回転速度を落とした量に反比例したトルクを得ることができます。例えばモータの回転速度を2分の1にすると2倍のトルクが得られることになります。

図1に減速機の原理を示します。減速機は、エレベータやエスカレータをはじめ工場の搬送装置やロボットにも使用されています。モータの使用される場所には、必ず減速機があると言っても過言ではありません。限りあるスペースを効率良く活用するため、モータと減速機を一体にしたギヤモータという装置もあり、産業用ロボットの間接部や工作機械の駆動部等に使用されています。歯車を使用する減速機は、入力と出力の回転軸が同じ方向であるものや入力と出力の回転軸が直交しているものなど様々なタイプがあります。

また、回転軸が同じ方向であっても同軸のものや、軸の位置をずらして使うものもあります。用途に応じて最適な装置を選定しましょう。主な減速機の種類を次に紹介します。

1．遊星歯車減速機

図2に示すように、太陽歯車を中心として複数の遊星歯車を回転させることにより、減速させる機構を持つ装置です。伝達動力が複数の遊星歯車により配分されるため、歯車荷重が小さいため、歯車の摩耗やギヤ欠けが少ない上、大きなトルクが伝達できるメリットがあります。

2．ウォーム減速機

図3に示すようにウォームとウォームホイールを組み合わせた機構を利用した減速機です。入力軸と出力軸が直角に交わるため、軸の配置を選択できるほか、バックラッシ（巻頭のキーワード解説参照）が小さく、振動や騒音が少ないメリットがあります。

要点BOX

●減速機により、少ない力で大トルクを得る
●装置小型化のために、モータと減速機が一体化されたものを使用

図1　減速機の原理

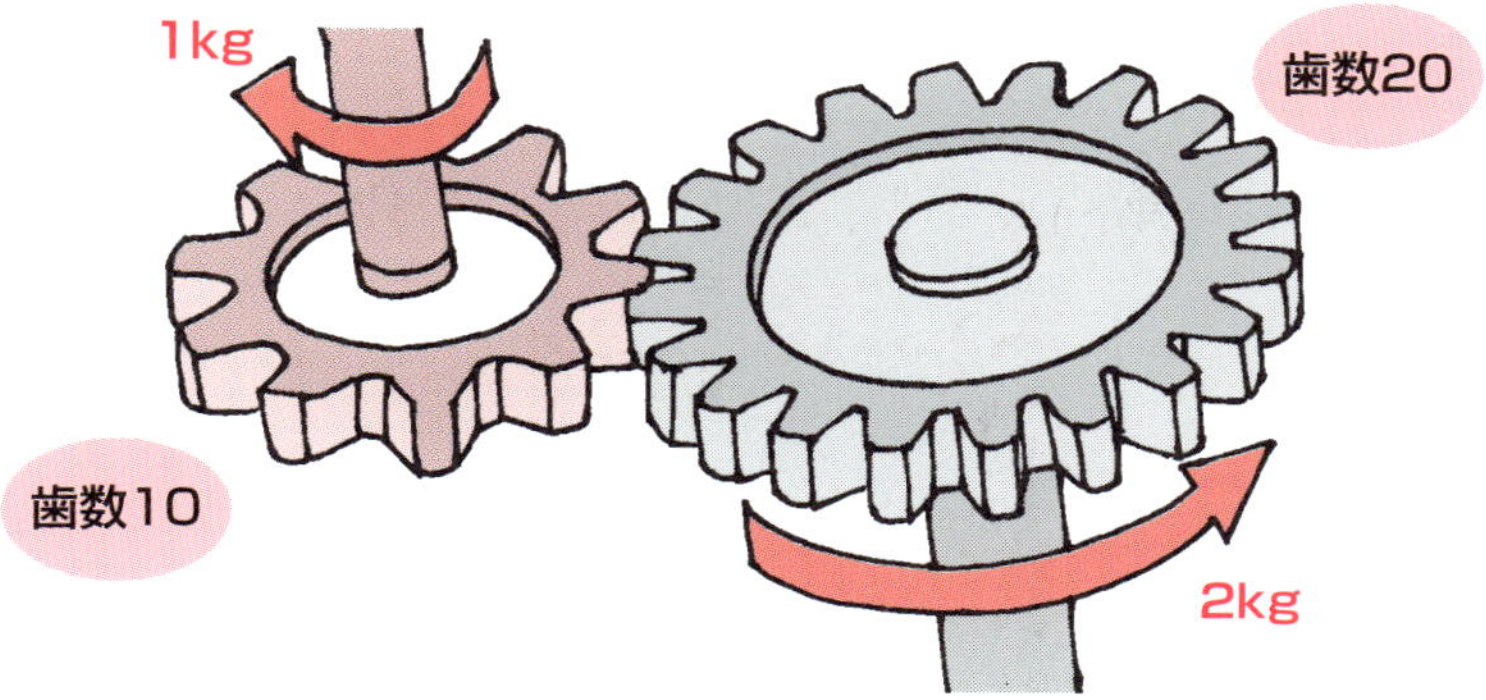

図2　遊星歯車減速機

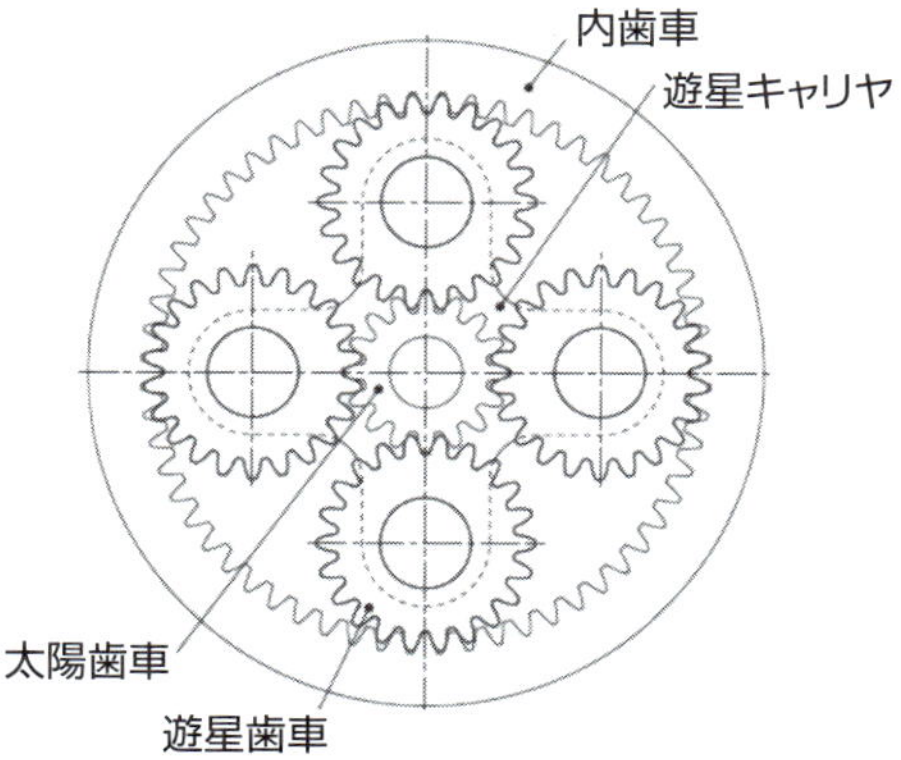

図3　ウォーム減速機

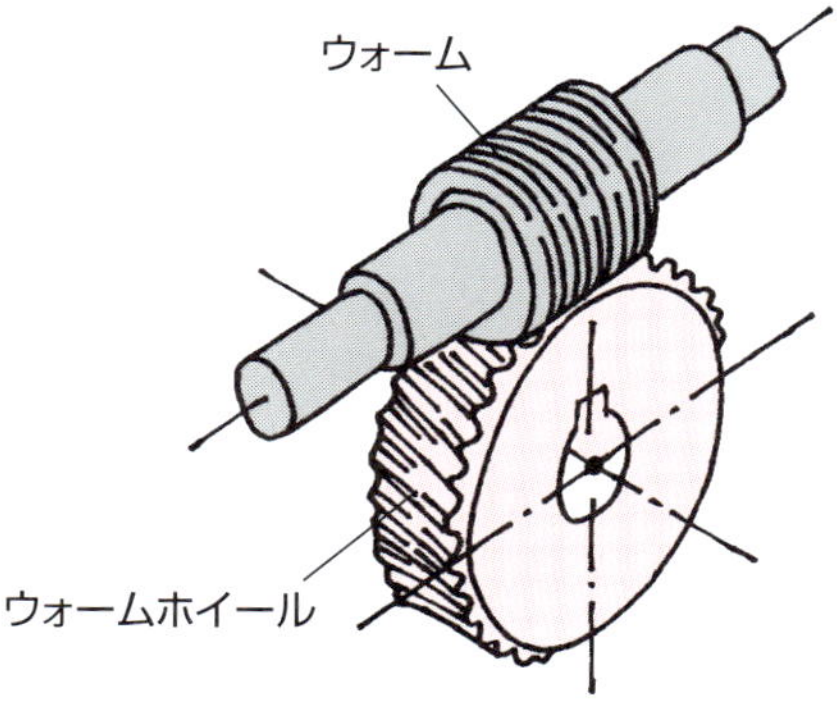

19 ブレーキ

電磁ブレーキの種類と特徴

ブレーキは、機械装置の速度制御や停止のために使用される部品です。また、その停止状態を保持する重要な役割も持ちます。一般的には、自動車のドラムブレーキやディスクブレーキのような摩擦力を利用したものが使用されますが、中には、鉄道車両の渦電流ブレーキや空気抵抗を利用した航空機のスポイラーなどのブレーキもあります。この項では、サーボ機構によく使用される電磁ブレーキを例に挙げ、その構造を解説します。

電磁ブレーキは、電磁石に電流が流れることにより動作し、ブレーキがかかるタイプと、ブレーキを開放するタイプに分けられます。その動作の違いから、前者を励磁作動型、後者を無励磁作動型と呼びます。ここでは、無励磁作動型の電磁ブレーキを例に挙げます。図1に代表的な無励磁作動型の電磁ブレーキの構造例を示します。このタイプの電磁ブレーキは、電気が流れていないときは、コイルスプリングにより、摩擦板と回転軸が可動板と固定板の間で固定されているため、ブレーキが常にかかっている状態となります。そして、励磁コイルと呼ばれる電磁石に電圧が印加されると、可動板が吸引され、ブレーキが開放された状態になります。そのため、摩擦板と回転軸が開放された状態となり、モータを回転させることができます。

電磁ブレーキは、回転軸と直結しているため、瞬時に回転運動を止め、その状態を保持することができ、位置制御の精度を要求されるサーボ機構には最適です。また、緊急時や停電になった際に、瞬時に保持力を得られることも重要な特徴です。停電時や緊急事態において、即座に保持力を保たなければならない工作機械等の装置に使用する場合は、無励磁作動型を使用します。停電時に緊急脱出しなければならないドア装置等に使用する場合は、励磁作動型を使用します。また、スペースを活用するために、モータと一体になったタイプも広く使用されています。

要点BOX
- ●ブレーキは、装置の速度制御や停止に使用
- ●主に、励磁作動型と無励磁作動型がある
- ●緊急時に要求される動作によりタイプを選択

無励磁型電磁ブレーキの構造例

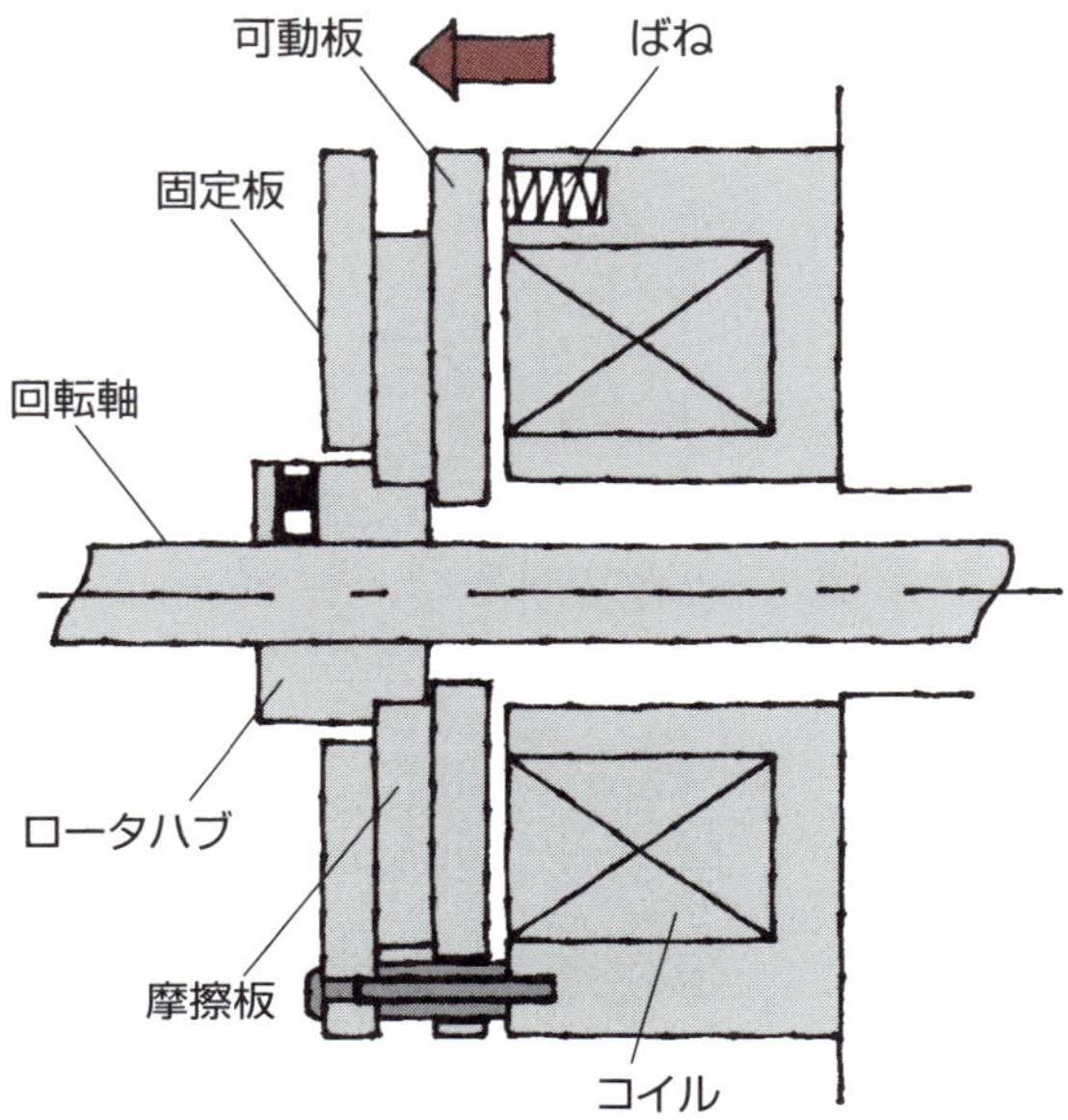

通常時は、ばね力により、回転軸が可動板と固定板の間で固定されている。

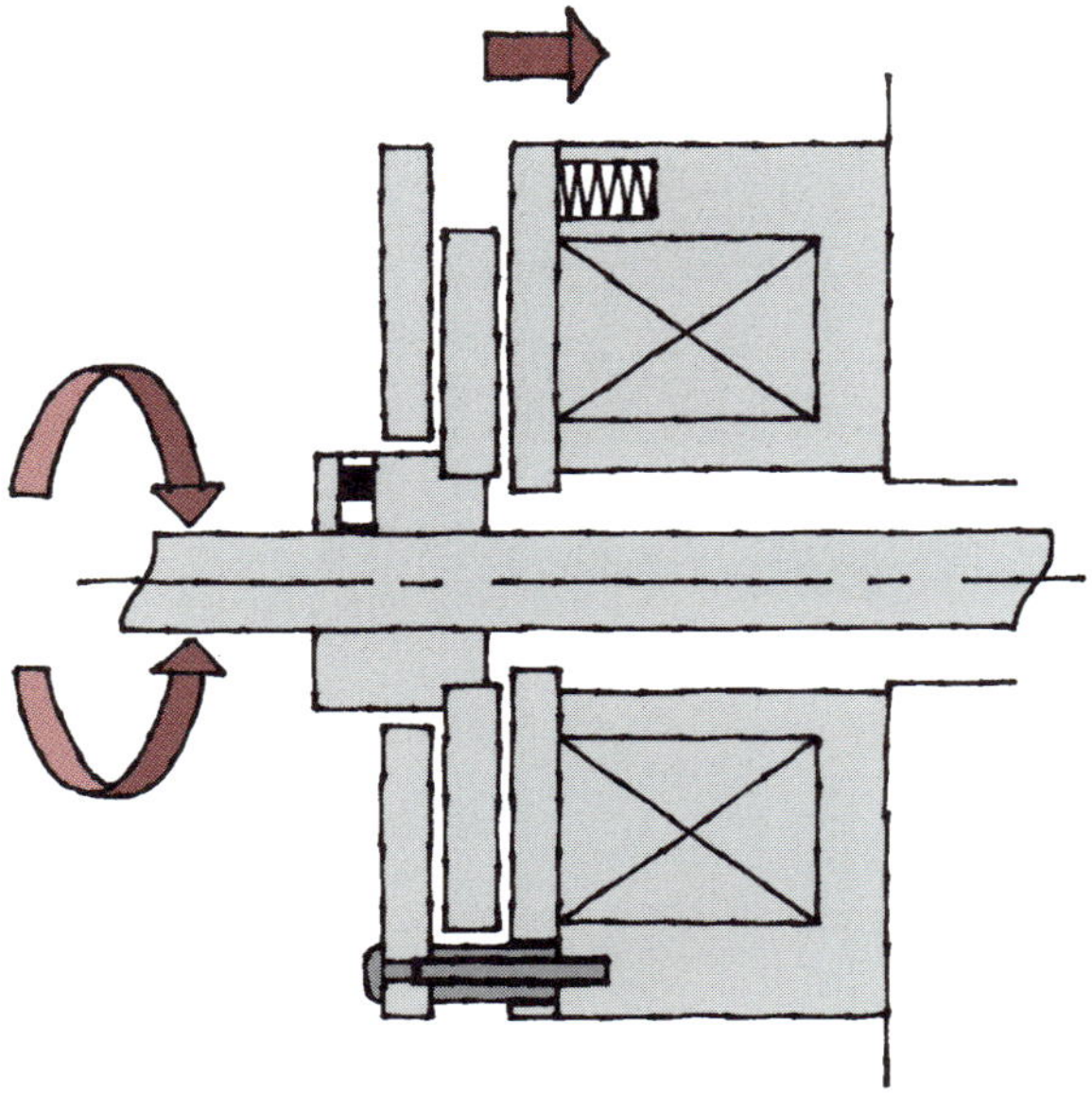

コイルに通電され、可動板が引っ張られることにより、回転軸が動作できる。

Column

アッベの原理

機械部品の信頼度を確保するためには、構成されている部品の精度が確保されていることが必要です。厳しい精度を要求されない部品の測定であれば、測定方法にまで神経を尖らせる必要はありませんが、μmオーダーの精度が求められるような場合は、細心の注意を払わなくてはなりません。高い精度が要求される部品の不良が大量に発生した場合に、その原因を調べてみると、測定方法が適切でなかったというようなことがしばしばあります。そのような際に考慮しなければならない考え方の一つがアッベの原理となります。

アッベの原理は、寸法を測定する際の精度に密接に関係する原理です。測定方法や測定器を選定する際にも重要な考え方になります。「測定精度を高めるためには、測定対象物と測定器具の目盛を測定方向の同一線上に配置しなくてはならない」という内容となります。

身近な測定機器を例にとると、マイクロメーターの場合、目盛と測定位置が同じ位置にあるのに対して、ノギスは目盛と測定位置が離れています。そのため、マイクロメーターは、アッベの原理に従っていますが、ノギスは、その原理に従っていないことになります。実際の測定精度は、マイクロメーターは、その名の通り、ミクロンオーダーの測定が可能であるのに対し、ノギスは、それほどの精度は期待できません。

サーボシステムは、構成部品の精度を高くすることにより成り立つシステムであるといえます。設計上、必要な精度を考慮することはもちろんですが、部品精度をどのような加工方法により実現し、部品完成後に、どのような検査によって品質を担保するのかを考えることも非常に重要です。サーボシステムを設計する際には、設計、製造、検査を含めた広い視野を求められることを肝に銘じておきましょう。

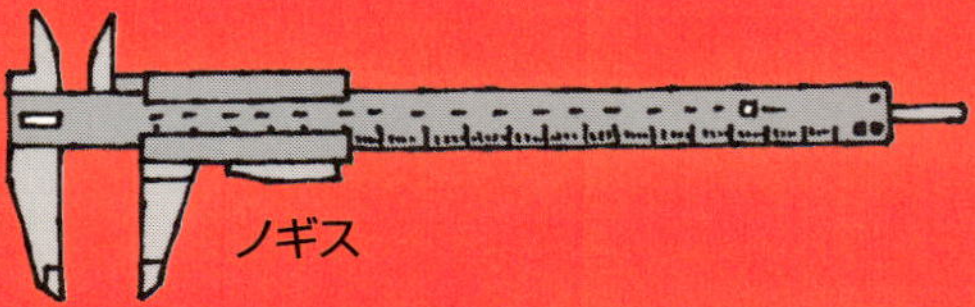
ノギス

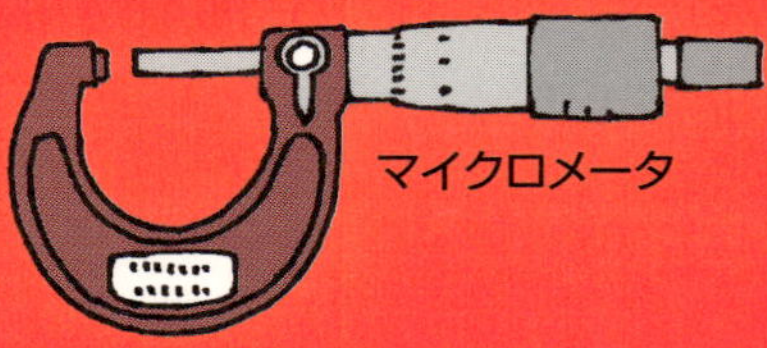
マイクロメータ

第 4 章

サーボ機構用モータ

20 サーボ機構用モータの分類

油圧サーボ・空圧サーボ・電気式サーボ

サーボ機構用のモータは、供給される動力によって電気式、油圧式、空気圧式に大きく分類されます。油圧サーボ、空気圧サーボは、シリンダ内の流量やエアー量をそれぞれ調整することで、精密な位置決めやスムーズな速度制御ができます。1960年代、サーボといえば油圧式サーボでした。しかし、シリンダのストローク量に限界があったり、作業油漏れなどの環境問題によって、現在では電気式が主流です。その特徴については、次頁にまとめています。

主流の電気式には、直流と交流があります。直流は、電力が同じ方向に一定の大きさで流れるのに対して、交流は大きさと方向が周期的に変わる性質があります。直流は大きさを保ちやすいため、電力をロスなく使うには望ましいです。

このような特性からDCサーボモータは、高精度な位置決めや速度制御を比較的簡単に行うことができます。しかし、直流モータの特徴である整流子・ブラシの交換が必要となるため、メンテナンス性に劣ります。

一方で、ACサーボモータは、非常に高精度な位置決めや速度制御を行うことができ、ブラシの交換が不要なメンテナンスフリーという特徴があります。

永久磁石の有無の違いによって、永久磁石を使わない汎用モータと同様な構造のIM（誘導）形と、回転子に永久磁石を使用したSM（同期）形の二種類に分類されています。

DCサーボ、ACサーボは、それぞれ制御するためにセンサを必要としますが、センサを使わないステッピングモータは、直流源を用いて比較的安価に高精度な位置決めができるサーボ機構用のモータとして精密機器などに用いられています。

このように電気式は多くの工業用製品に用いられています。使用目的や条件を考えて、モータを選ぶことが大切です。

要点BOX
- ●電気式、油圧式、空気圧式に分類される
- ●主流はDCサーボモータ、ACサーボモータ、ステッピングモータ

サーボモータの分類

電気式サーボ機構

電気式のサーボ機構は、産業界で最も多用されている機構です。油圧式や空気圧式と比べて、多数軸の同期制御や位置制御の精度において群を抜いて優れています。電動式サーボ機構には、直流電源で制御するDCサーボ機構、交流電源で制御するACサーボ機構とセンサを必要としないスッテッピングモータを利用した機構が代表的です。

油圧式サーボ機構

油圧式のサーボ機構は、強力なパワーを連続的、正確に操ることができます。一般的に、サーボバルブという瞬時に細かな制御の効くバルブで油の圧力制御を行います。油圧式は1平方センチメートルあたり約2kN、場合によってはさらに大きな力を蓄えることができるため、コンパクトで大きな力を必要とする機構に用いられます。

空気圧式サーボ機構

空気圧サーボ機構は、空気を動力源としているため、クリーンで安全、そしてエコロジーな機構として利用されています。シリンダ内の空気の差圧によりピストンを動かす簡単な仕組みで制御できます。①清浄、②保守が容易、③出力／重力比や力制御が電気式に比べ高い、④空気の圧縮性のため動きがなめらか、などの多くの長所がある一方で、位置精度は低く、摩擦などの非線形要素が大きいなどの欠点があります。

比較項目	電機方式	油圧方式	空気圧方式
操作力	あまり大きくない	大きい(数十トンも可)	やや大きい(数トン程度)
配線・配管	比較的簡単	複雑	やや複雑
位置決め精度	最適	良好	やや良好
構造	やや複雑	やや複雑	簡単
保守	専門知識を要す	簡単	簡単
価格	やや高い	やや高い(設備費)	普通

21 クローズドループとオープンループ

位置決め制御をどのような工程で完了させるかの違い

サーボ機構には種々の方式があります。この方式は、どのような工程で位置決めを完了させるか、また、フィードバック信号の位置、センサの有無によって異なります。クローズドループ（閉ループ）では、状態を見るセンサが最終的に動かしたい機構部の位置に取りつけられています。センサからフィードバックされた情報信号を元に要求の精度まで追い込んでいき、指定の位置に移動したことが確認されると位置決めを完了します。

このように、最終的な制御対象からフィードバックし、そこから得られた情報により制御工程を進めていく方式です。クローズドループは、機構部にガタなどがあっても正確に位置制御ができます。しかし、システムは複雑で高価です。

オープンループ（開ループ）は、必要な指令を出力し終わったら、位置決めが完了します。センサを持っておらず、あらかじめ計算された手順や時間などで制御工程を進めていく方式です。フィードバックやセンサを必要としない方式のため、サーボ機構を簡単に、そして、安価に組むことができます。しかし、動かした結果を知る機能を持っていないので、負荷の変動（外乱）などがあると正確に制御できない場合もあります。オープンループの代表的なものが指令されたパルス数に比例して回転するステッピングモータです。

クローズドループとオープンループの中間的な方式として、セミクローズドループがあります。モータの位置にセンサを取り付け、その回転をエンコーダなどのセンサで検出してフィードバックするサーボモータを搭載した機構が代表的です。しかし、モータにセンサが取り付けられているため、そこから先の機構部は計測していません。したがって、ガタなどがあると、その分の制御について補償されなくなるので注意が必要です。

要点BOX
- ●センサの有無
- ●センサを取り付ける場所の違いが補償の違いとなる

クローズドループの場合

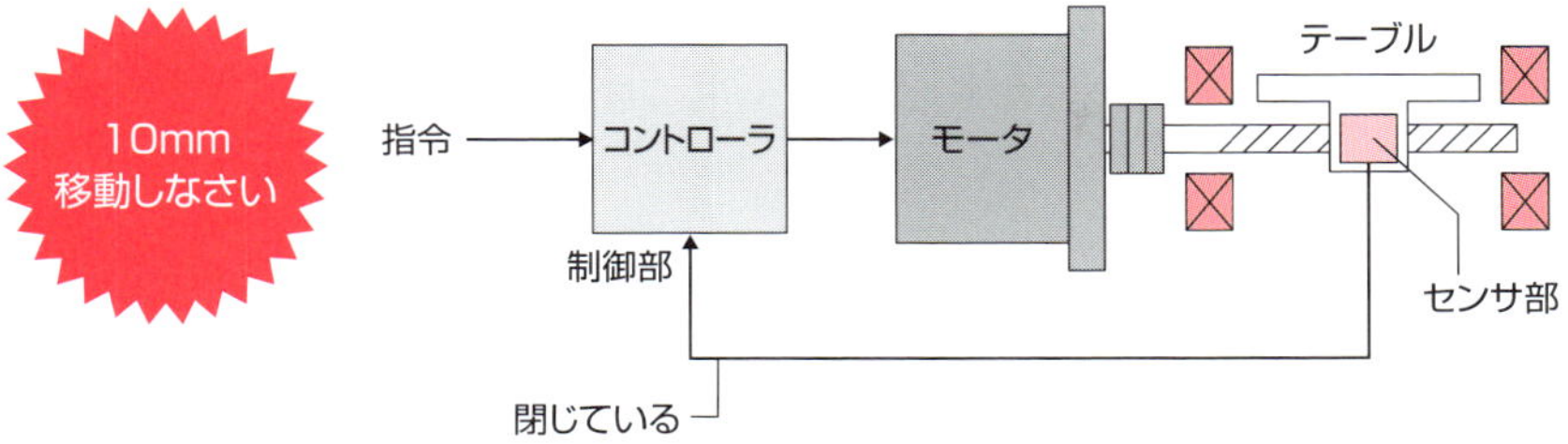

テーブルの情報をフィードバック

オープンループの場合

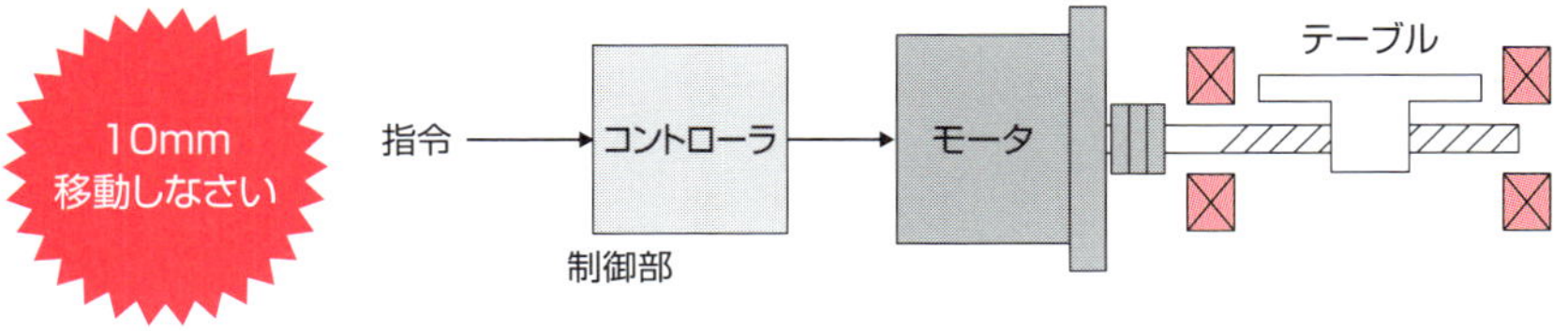

テーブルの情報はフィードバックされない

セミクローズドループの場合

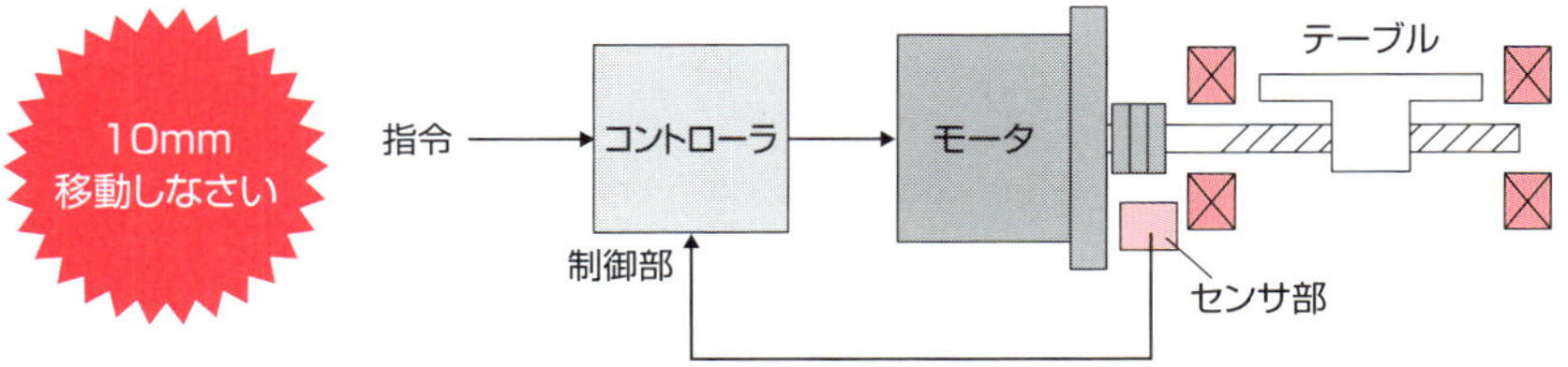

モータの情報をフィードバック

22 ステッピングモータ

センサいらずのステッピングモータ

ステッピングモータは、デジタル信号で簡単に制御できるため、工業用途やコピー機などの精密な小型機器用として応用されています。コントローラ側から0と1しか値をとらない波形信号の「パルス」を一回送るごとに、一定の角度だけ回転します。そのため、パルスモータとも呼ばれています。

ステッピングモータの回転角度はステップ角（°）といい、通常1パルスあたりのステップ角が決まっています。たとえば、基本ステップ角0.72°でモータを360°回転させる場合、360°/0.72°＝500パルスの指令をモータに送れば減速機構なしに1回転させることができます。さらに、マイクロステップ駆動という機能を使って1/10に設定すれば、1パルスあたり0.072°のステップ角になります。ステップ角を小さくすればするほどモータはスムーズに回転し、位置決め精度を高くできます。

また、ステッピングモータの速度はパルス信号の速度に比例しています。パルス信号が速ければモータは速く回転し、遅ければゆっくり回転します。ステップ角0.72°、パルス速度500Hzのステッピングモータの速度[r/rpm]は、(0.72/360)×500×60=60 [r/min] と計算されます。

ステッピングモータの特徴は、停止しているときでも保持力があることです。機械式ブレーキに頼らなくても停止位置を簡単に保持できる一方で、大きな負荷を動かすことが苦手です。また、周波数を上げて高速で回転すると指令についていけず、正常に回転しなくなる「脱調」という現象が起こります。

ステッピングモータは、フィードバック信号が不要で、パルスの分だけ回転するため、簡単に高精度なシステムを構成できるモータとして使用されています。回転速度や回転角度を決めるパルス発信機（コントローラ）や、巻線を流す電流を順次切り替えるステッピングモータ専用の駆動回路（ドライバ）が必要になります。

要点BOX

- ●パルス信号、ステップ角について理解する
- ●センサいらず、専用のドライバが必要

ステッピングモータの回転する仕組み

ステッピングモータは、外側の固定子が電磁石、中心の回転子が磁性体という構造を持っています。コントローラ側からの入力パルス信号がドライバに与えられると、固定子である電磁石にS_1→S_2→S_3→S_4と順に電流を切り替えて流すことでモータは回転します。これがステップです。

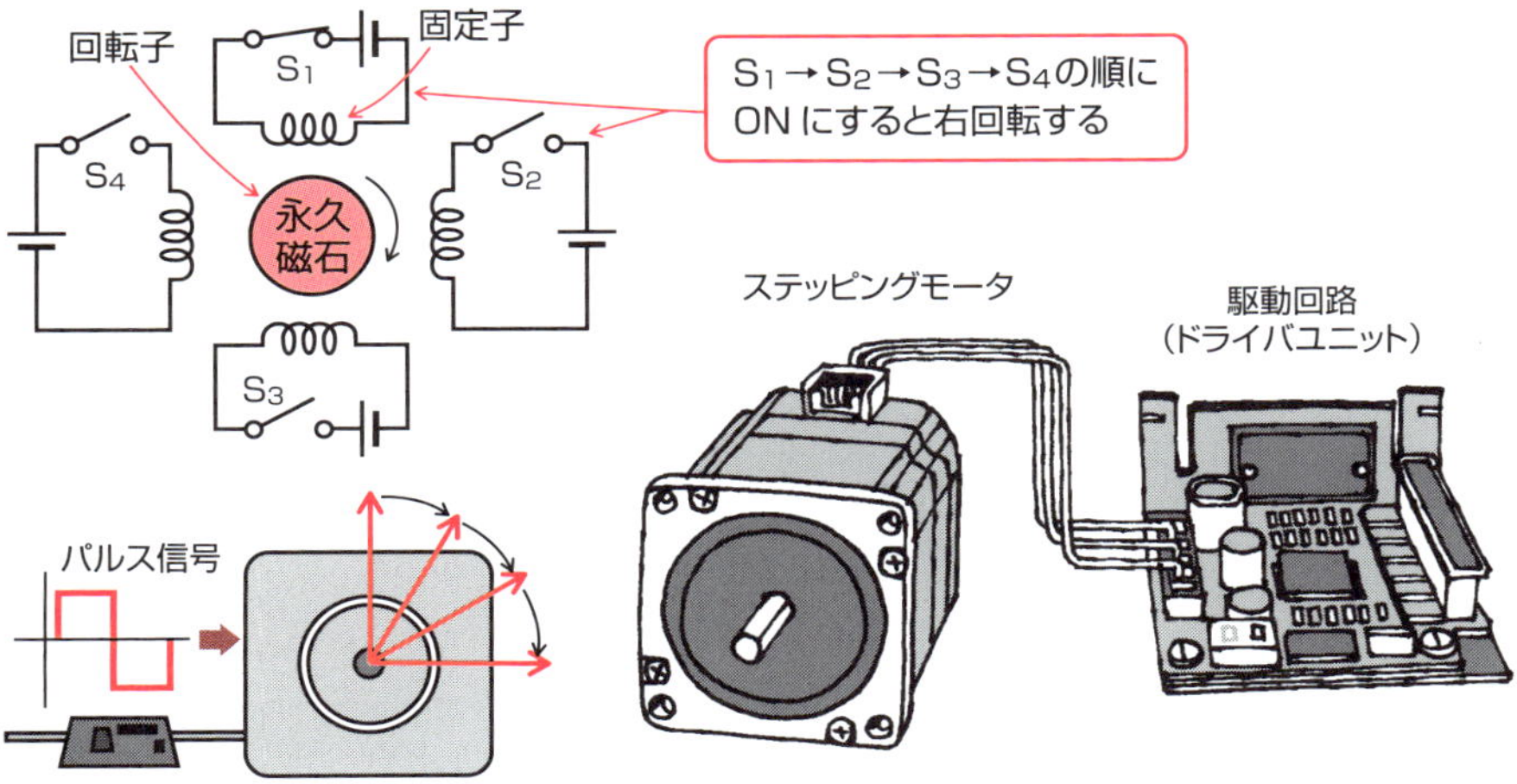

オープンループ制御

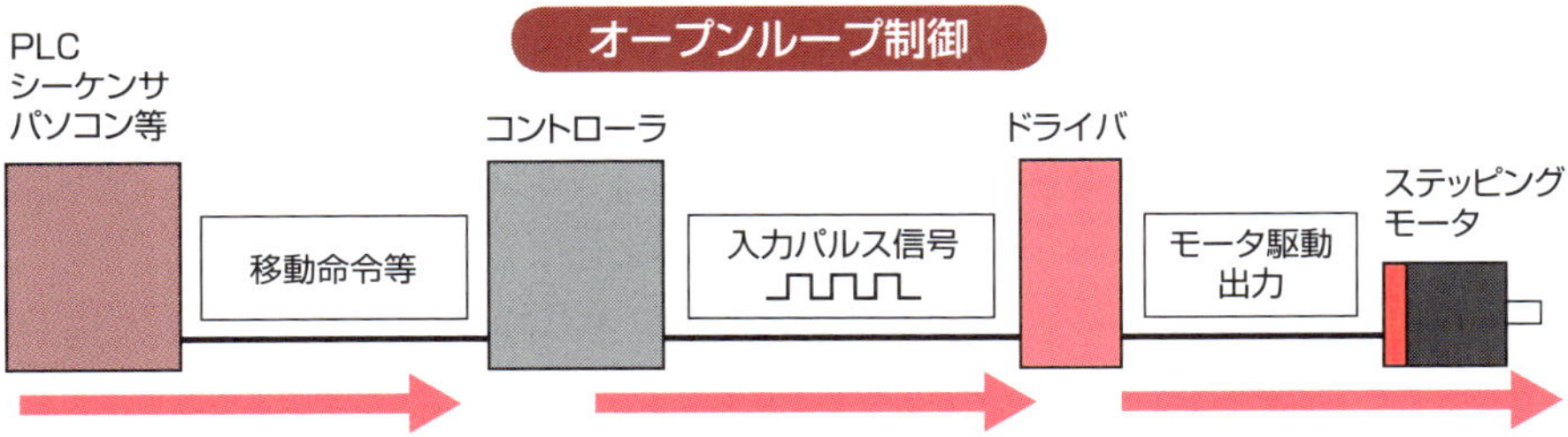

オープンループの応用（テーブルの位置決め）

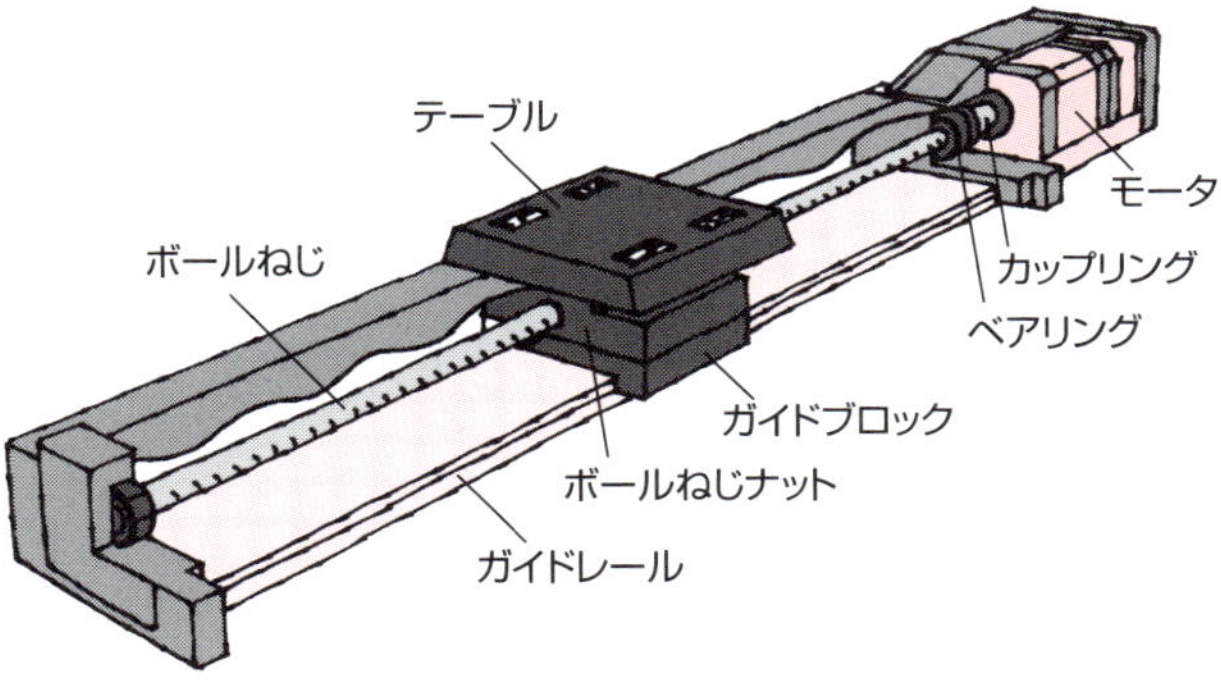

23 DCサーボモータ

センサが搭載されたDCサーボモータでより高精度な制御を

直流電源によって回転する一般のDCモータは、電力を与えれば単純に回ります。しかし、回すだけでは、制御はできません。正確に精度よく制御するためにはセンサが必要になります。

DCサーボモータは、モータの軸上に回転した数（速度）と回転した角度（位置）を測るセンサを備えています。このセンサは、ロータリーエンコーダ（32項参照）と呼ばれています。DCサーボモータは、ロータリーエンコーダで得られた位置情報と速度情報をコントローラへ知らせ、指令値との差でフィードバックされた制御量を与えられて細かく動かすことができます。

このように、一般のDCモータとの大きな違いは、モータの状態をモータ自身で常に監視しながら制御するという点です。

もちろん、単純なDCモータでも位置センサや速度センサを取り付ければ制御できます。しかし、モータとセンサを一体化すれば、コスト面だけでなく、制御性も向上されます。

ここで、DCモータとDCサーボモータの構造の違いについて比較してみましょう。原理などの根本的な部分は共通ですが、大きな特徴としては、モータの後方に、モータ軸の回転数、回転方向、回転角度を測るロータリーエンコーダが搭載されています。

DCモータ、DCサーボモータの共通の部品である整流子は、ブラシと呼ばれる部品から電流を供給されます。そして、適切なタイミングで切り替えてロータと呼ばれる回転子を回転させます。ブラシは、摩耗したり、ノイズが発生したりという問題があるため、保守や定期的な点検が必要です。

実際に使う場合には、整流子・ブラシは深刻な問題となるため、ある程度以上の容量（100W程度以上）ではDCサーボモータは使われておらず、比較的小容量で利用されています。

要点BOX

●DCモータとDCサーボモータの違いについて理解する
●DCサーボにはセンサが搭載されている

一般直流モータ

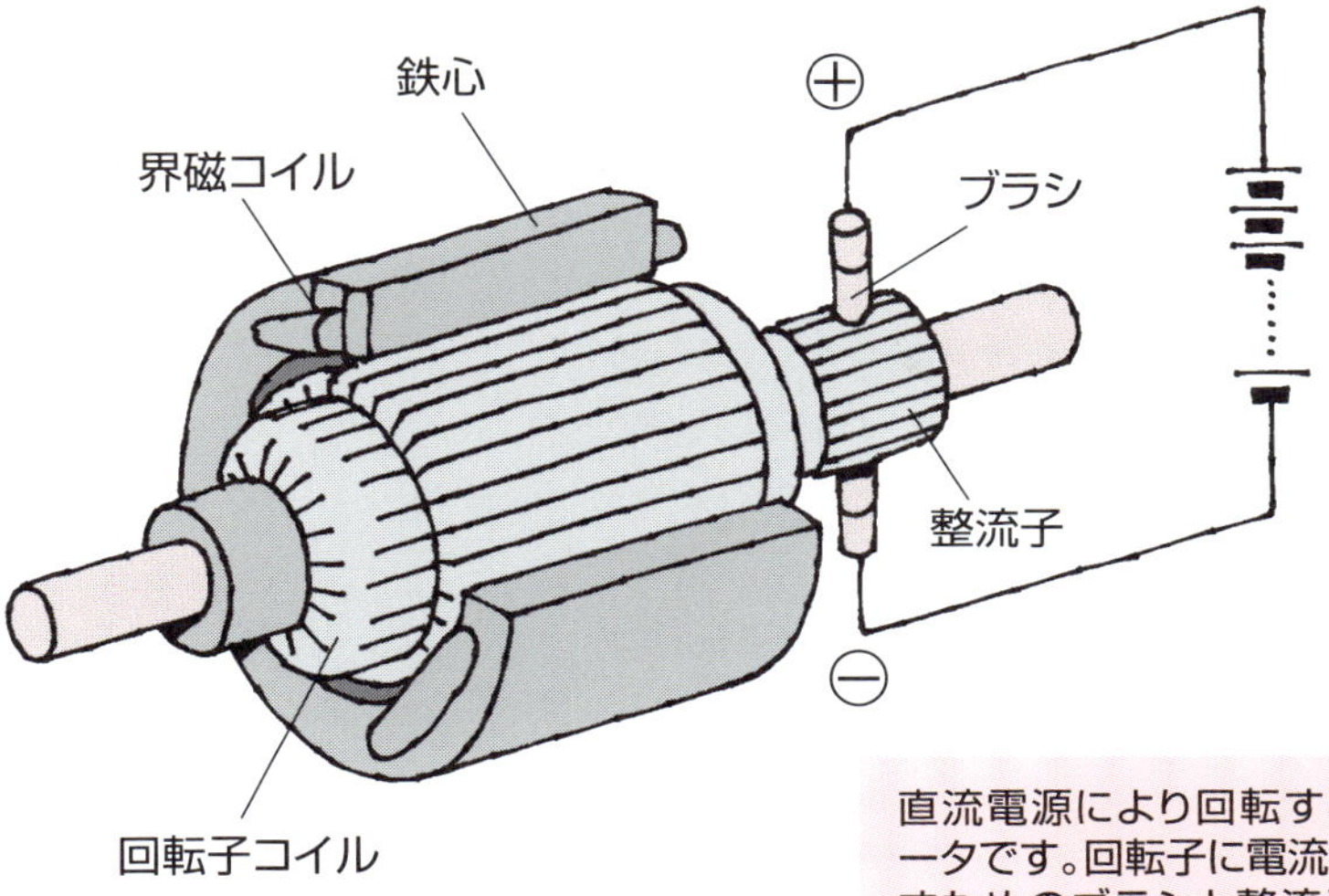

直流電源により回転するモータです。回転子に電流を流すためのブラシと整流子が必要です。

DCサーボモータ

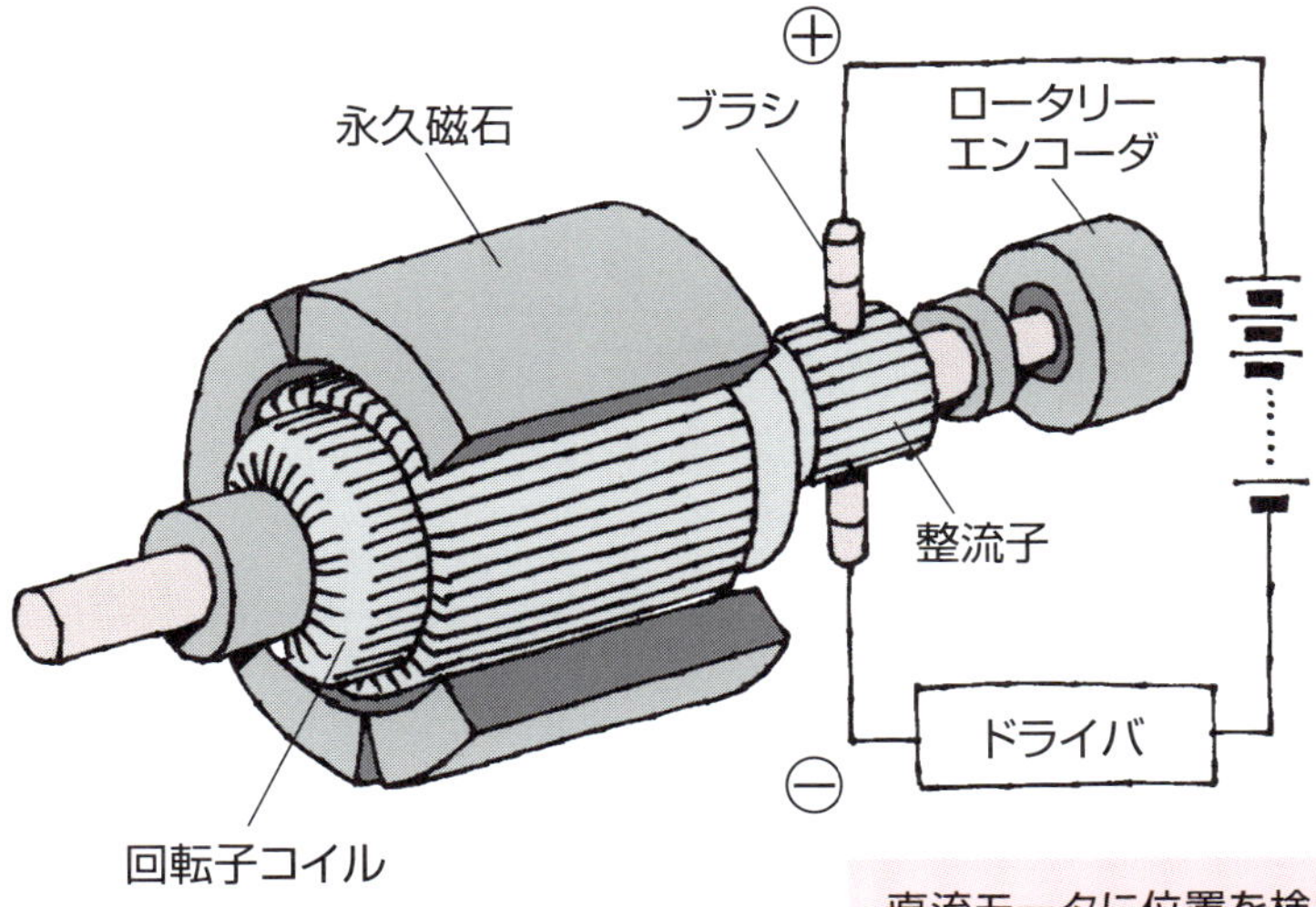

直流モータに位置を検出するためのセンサが付いているモータです。

24 ACサーボモータ

ACサーボモータにはIM形とSM形がある

前項のDCサーボモータは、ブラシが摩耗することにより、摩耗粉やノイズが発生するため、定期的なメンテナンスが必要になるという欠点があります。その欠点を克服しているのがACサーボモータです。

ACサーボモータは、プラスとマイナスが交互に変化する交流電源によって回転するモータです。構造はブラシがないため、クリーンな環境下で使用でき、丈夫で壊れにくいモータです。基本的な原理・構造はACモータと共通ですが、モータの後方部に、位置・速度センサとしてロータリーエンコーダ（32項参照）が組み込まれています。

ACサーボモータには、IM（誘導）形とSM（同期）形の二種類があります。いずれもステータを構成する複数の電磁石に順次電流を流して回転させます。IM形とSM形の大きな違いは、永久磁石の有無です。永久磁石を使わずに一般のACモータと同様な構造をしているのが『IM形』です。IM形では、永久磁石を使わないので大容量にできる特徴がある反面、メカニカルな制動ブレーキを使用するなどの配慮が必要です。

一方で永久磁石を使用したモータが『SM形』です。SM形は、永久磁石を採用しているため、電源OFF時でも、回転中は発電機として大きなブレーキトルクが得られます。また、永久磁石を使用すると、モータとサーボアンプのマッチングが1：1になり、制御性や効率がよくなります。しかし、容量が大きくなるとともに、永久磁石のサイズも大きくなるため、構造上の制約や価格にも問題が生じます。大容量（7・0kW以上）にはIM形、小・中容量（0・05～6kW）にはSM形が採用され、それぞれ用途に応じて使い分けられています。

ロボットや、数値制御によってコントロールできる加工機械には、同期形のACサーボモータが多く用いられています。

要点BOX

- ●メンテナンスフリーでセンサを搭載したACサーボモータ
- ●IM形とSM形の2種類がある

DCサーボモータとACサーボモータの比較

	DCサーボモータ	SM形 ACサーボモータ	IM形 ACサーボモータ
長所	・停電時の発電制動可能 ・コントローラの構成が簡単 ・小容量ではローコスト ・高パワーレート ・コアレスタイプはコギングトルクがない	・メンテナンスフリー ・耐環境性格で優れている ・高速・大トルク可能 ・停電時の発電制動可能 ・小型・軽量・高パワーレート	・メンテナンスフリー ・耐環境性格で優れている ・高速・大トルク可能 ・大容量にて効率が良い ・構造が堅牢である
短所	・整流子回りの保守が必要 ・整流面より、高速･大トルクでの使用不可 ・磨耗粉が発生	・自起動機能がない ・モータとコントローラ1対1の対応が必要 ・コントローラがやや複雑	・小容量では効率が悪い ・温度に対して特性が変わる ・停電時の制動が不可 ・コントローラがやや複雑

ACサーボモータの種類

汎用モータ（かご形誘導モータ）

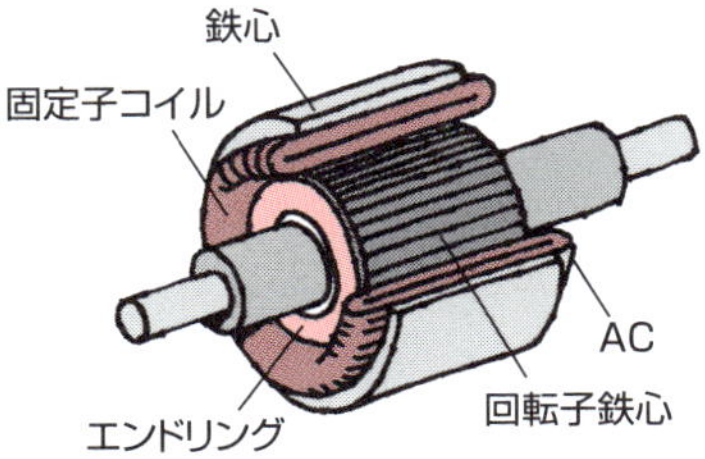

三相交流電源により回転するモータです。負荷により回転数が変わります。いろいろな分野で一番多く使われているモータです。

誘導形ACサーボモータ

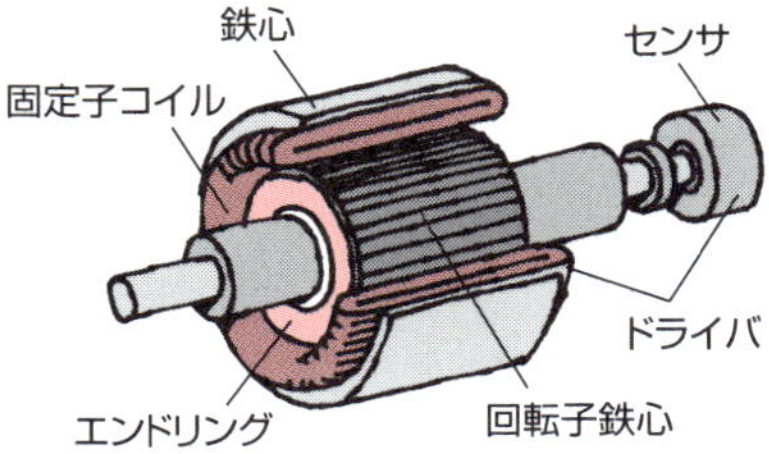

誘導モータに位置を検出するためのセンサが付いているモータです。

同期モータ

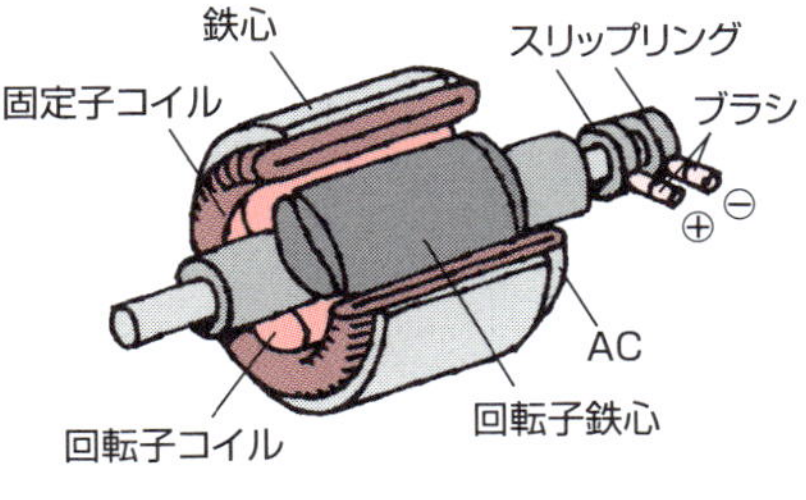

三相交流電源で回転するモータです。回転子に磁極を持ち、負荷に影響されずに一定回転で回ります。

同期ACサーボモータ（ブラシレス）

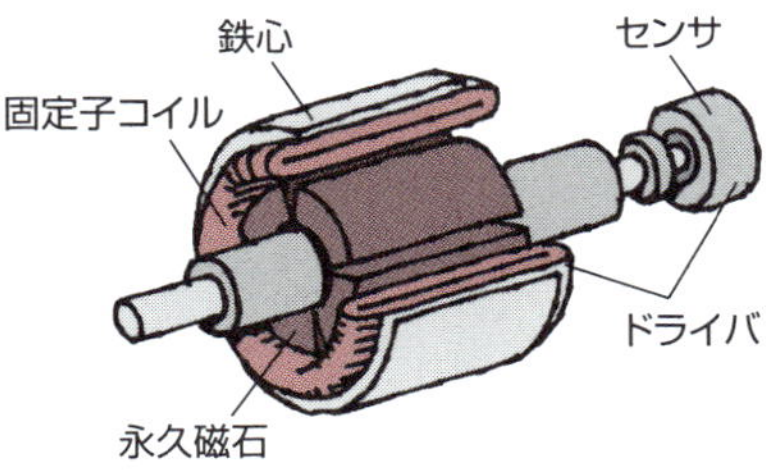

同期モータの回転子に永久磁石を使い、位置を検出するためのセンサが付いているモータです。

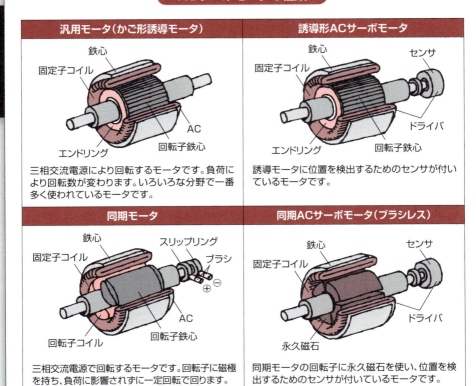

25 ダイレクトドライブモータ

バックラッシレスによる高精度なモータ

サーボモータは、自身の回転角度などの状態をモータに搭載されたロータリーエンコーダによって検出し、フィードバックすることで高精度な制御ができます。

一般的に、エンコーダの分解能（32項参照）を上げようとする場合には、減速機と組み合わせて構成します。しかし、減速機のバックラッシ（巻頭のキーワード解説参照）や出力の損失が生じることが問題になる場合があります。そこで、考えられたのがダイレクトドライブ（以下DD）モータです。DDモータは、モータの回転力をベルトや減速機など中間機構を介さずに直接、駆動対象に伝達するモータです。

モータ内の磁石の配置やコア形状などの磁気回路を工夫することによって、減速機なしで大きなトルクを出せる特徴があり、コンパクトなため小型化を可能にします。また、1回転を100万分割以上にできるセンサを組み込むことによって、回転角度の分解能を高く設定することもできます。

現在、DDモータは、たくさんの種類があります。モータのトルク変動が小さいという特徴を持つDCブラシレス形DDモータ（ビルトイン形）、位置停止精度が高いという特徴を持つステッピングモータの回転子に歯車状の鉄心を使用しているバリアブルリラクタンス形DDモータ（VR形）、モータ効率を向上させるためにバリアブルリラクタンス形にマグネットを組み込んだハイブリッド形DDモータ（HB形）、HB形の磁器回路を工夫し、高トルクに特化したハイデンシティ形DDモータ（HD形）などが代表的です。

DDモータは、減速機などの機械要素の省略により、駆動系の剛性を高められます。さらに、制御特性をダイレクトに機械装置に反映させる点で、他のモータより有利です。減速機構などによる精度の狂いをなくし、高速・高精度を図れるモータとして期待されています。

要点BOX
- ●モータの制御特性をダイレクトに機械装置に反映させる
- ●機械の小型化、設計自由度の向上

テーブルのインデックス運転への採用事例

従来品

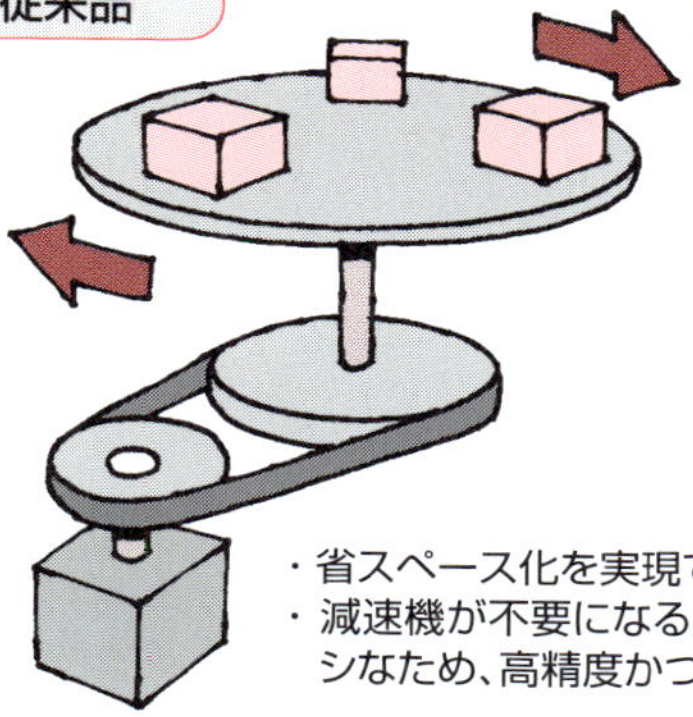

DDモータ

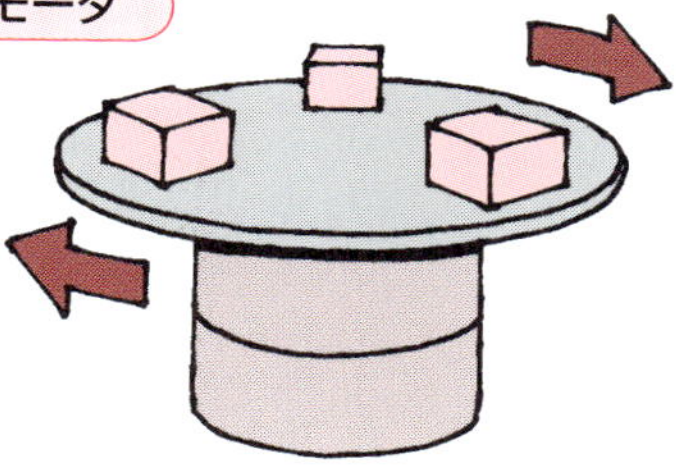

・省スペース化を実現できるので、コンパクトな装置設計が可能です。
・減速機が不要になるため、複雑な機構を廃するだけでなく、ノンバックラッシなため、高精度かつ高い信頼性が得られます。

ダイレクトドライブモータの応用例

インデックステーブル（小基板の検査装置）

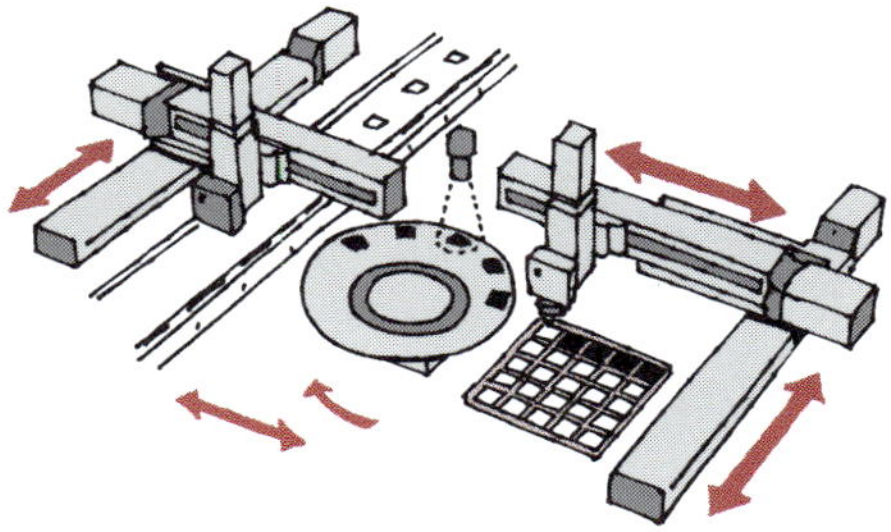

多回転動作（電子部品の搬送）

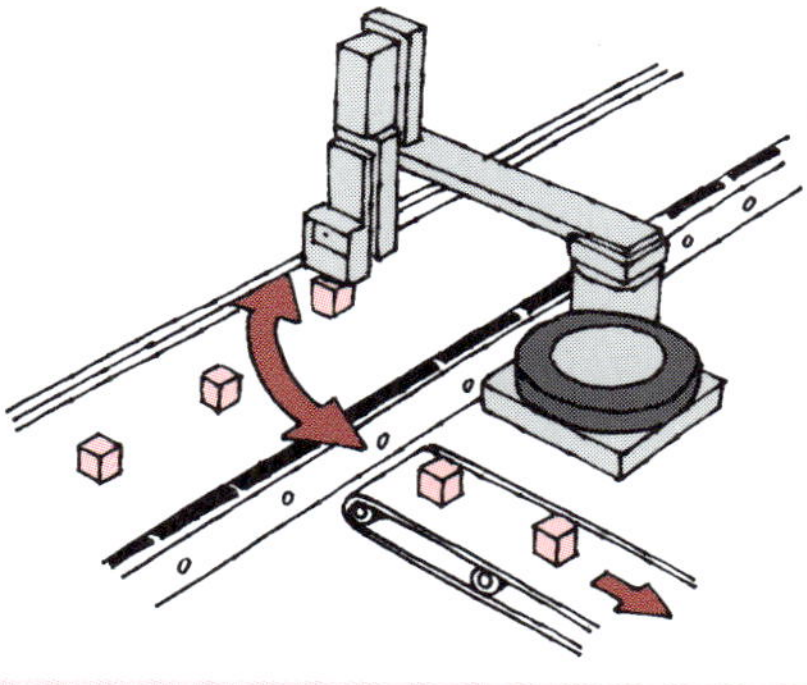

ワークの搬送
（コンベアからコンベアへの部品搬送）

その他の用途例

●半導体製造装置　●液晶機器製造装置　●組立ロボット　●各種インデックス

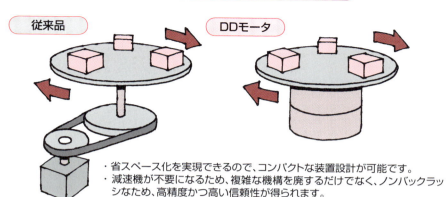

26 サーボモータの選定Ⅰ

必要なサーボモータの容量を求める

サーボモータの選定には、機械装置を動作させるのに必要なサーボモータの「容量」を求めなければなりません。容量とは、サーボモータが出せるパワーのことで、[W]（ワット）という単位で表されます。

サーボモータを選定する前に、機械装置の「負荷」がどのようなものかを正しく理解することが大切です。一般的には、モータの回転速度に対して必要なトルクが一定になる「定トルク負荷」になります。定トルク負荷には、定常動作時に摩擦による大きなトルクが必要な「摩擦負荷」と、起動・停止時に慣性による大きなトルクが必要な「慣性負荷」に大別されます。

負荷の違いによって、求められるサーボモータは異なります。摩擦負荷では、モータ自身のトルクの脈動（トルクリップル）が小さく、トルクの外乱を受けないようにモータのロータイナーシャが大きいものが求められます。一方慣性負荷では、毎秒あたりの出力（パワーレート）が大きく、モータのロータイナーシャが小さいものを選定します。

サーボモータの選定をするにあたって、まず機械装置に求められる機械仕様を把握します。そして、モータ選定がしやすくなるように、**図1**のように機械装置の構成と選定時の計算に必要な値を整理します。機械装置の構成には、機械装置の運動方向の種類「水平・上下・回転」と、12項で解説したような様々なメカニズムとがあります。選定時の計算に必要な値を計算しやすいように、記号や単位を合わせて整理しておくとよいでしょう。

次に、デューティサイクルと呼ばれる動作パターンを作成します。これは、**図2**のように時間と速度を線図で表したものです。移動量は線図で囲まれた部分の面積になります。時間、速度、移動量が機械仕様を満足している必要があります。デューティサイクルは、サーボモータの発熱にも大きく影響するので、仕様を意識しながら慎重に検討しましょう。

要点BOX

- ●負荷には摩擦負荷と慣性負荷がある
- ●機械仕様を把握し、機械構成と各値を整理
- ●デューティサイクルを作成する

図1　機械装置の構成と選定時の計算に必要な値の整理

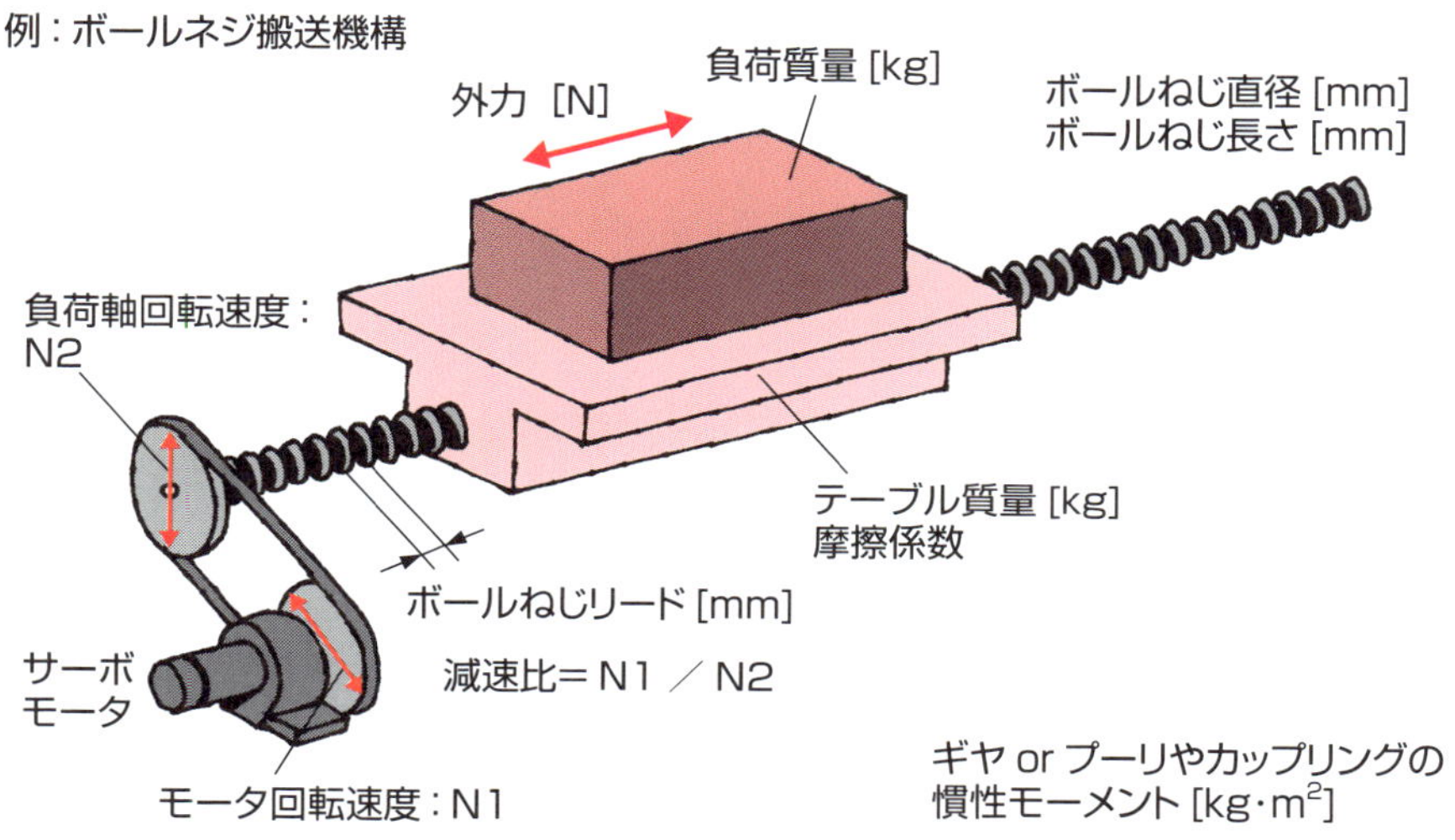

図2　デューティサイクルの作成

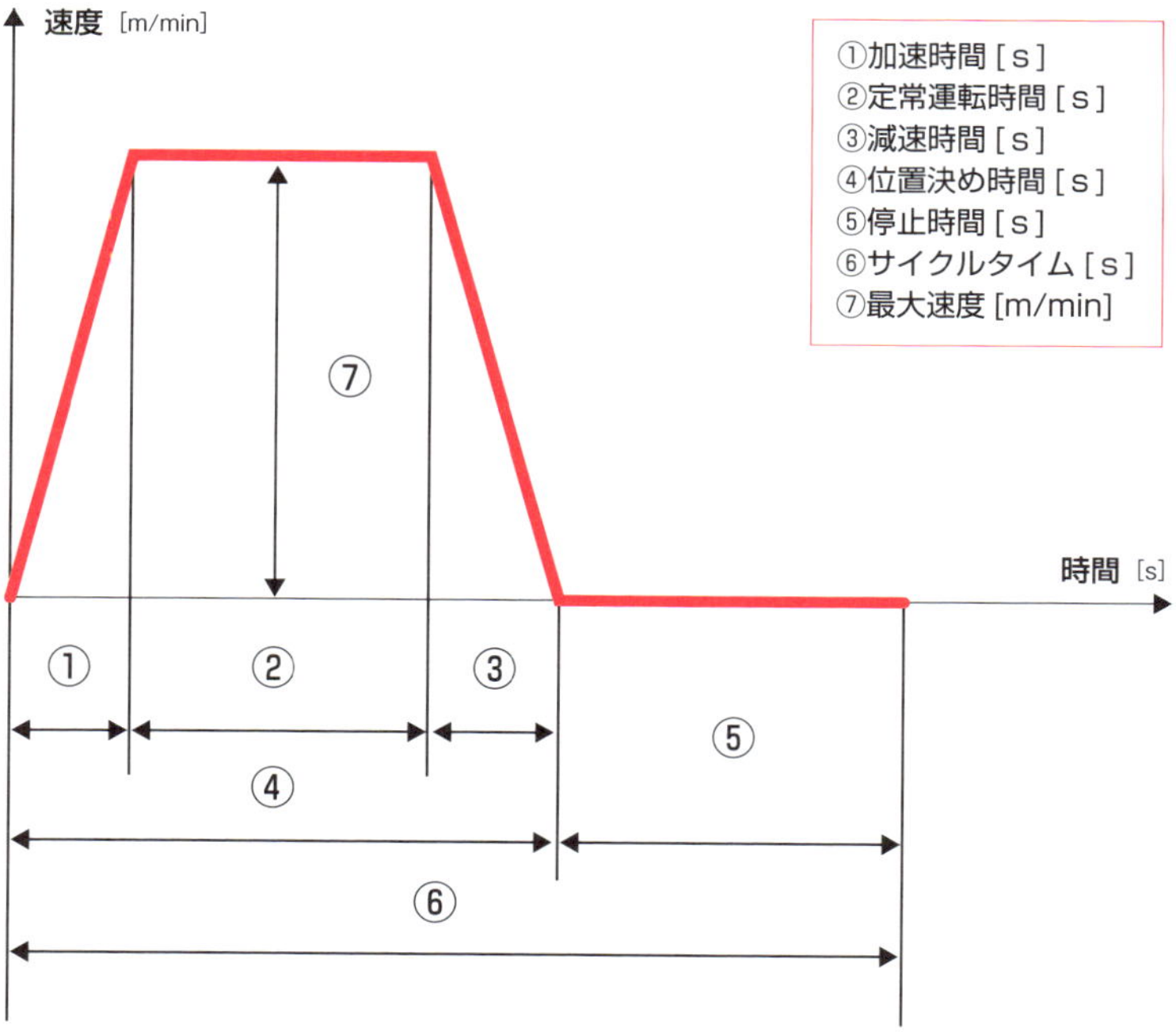

27 サーボモータの選定Ⅱ

各計算値からサーボモータを選定

前項26のように機械仕様を把握して、デューティサイクルを作成したら、いよいよサーボモータの選定に必要な各種計算を行います。（計算式は次頁参照）

①モータ軸換算回転数：N_2［min⁻¹］…8項参照
②モータ軸換算負荷トルク：T_2［N・m］
③モータ軸換算負荷慣性モーメント：J_2［kg・m²］…9項参照
④加速時間：t_1［s］、減速時間：t_2［s］
回転数N_2まで加減速する時間
⑤負荷の走行パワー：P_1［kW］
負荷が移動するのに要する動力
⑥負荷の加速パワー：P_2［kW］
負荷が速度Vまで加速するのに要する動力
⑦加速トルク：T_2［N・m］
速度Vまで加速するのに必要なトルク
⑧瞬時最大トルク：T_3［N・m］
⑨実効トルク：T_4［N・m］
起動停止時流す加減速トルクに比例した電流による発熱を考慮したトルク

以上より、計算によって算出したモータ軸換算回転数、モータ軸換算負荷トルク、モータ軸換算負荷慣性モーメント、負荷の走行パワー、負荷の加速パワーからサーボモータを仮選定します。そして、瞬時最大トルク、実効トルクから実際に使用可能かどうかを判断します。（判断の条件は次頁※1、※2を参照）

またサーボアンプ選定時（39項参照）に、モータからの回生エネルギーをサーボアンプで処理できるか確認します。さらにエンコーダの分解能（32項参照）が、システムの位置決め精度などの要求仕様を満足している必要があります。

そのほか、温度や湿度などの使用環境、振動や衝撃などが、サーボモータの仕様を満たしているかどうかも確認しましょう。

要点BOX
●サーボモータ選定に必要な各種計算を行う
●計算値を参考にサーボモータを仮選定する
●選定したサーボモータを最終的に確認

サーボモータの選定手順

機械仕様を把握 → 選定時の計算に必要な値と機械装置の構成を整理

デューティサイクルを作成 → 機械仕様を満足するものを作成

<仮選定のための計算>
① モータ軸換算回転数 [min^{-1}] の計算
② モータ軸換算負荷トルク [Nm] の計算
③ モータ軸換算負荷慣性モーメント [$\mathrm{kg \cdot m^2}$] の計算
⑤ 負荷走行パワー [kW] の計算
⑥ 負荷加速パワー [kW] の計算

→ <仮選定条件> ※ 1
サーボモータ最大回転数≧①
サーボモータ定格トルク≧②
サーボモータ定格出力≧⑤+⑥
サーボアンプの許容負荷慣性モーメント≧③

<確認のための計算>
⑧ 瞬時最大トルク [N・m] の計算
⑨ 実効トルク [N・m] の計算

→ <確認条件> ※ 2
サーボモータの瞬時最大トルク≧⑧
サーボモータの定格トルク≧⑨

<その他確認事項>
・サーボモータの回生エネルギー ⇒ サーボアンプの回生吸収能力以下
・エンコーダの分解能の確認 ⇒ システムの位置決め精度などの要求仕様を満足
・温度や湿度などの使用環境、振動や衝撃 ⇒ サーボモータの仕様を満たしていること

サーボモータ選定に必要な計算式

項目	計算式	備考
① **モータ軸換算回転数：** $N_2\,[\mathrm{min}^{-1}]$	$N_2 = G \times N$	・N_1：負荷軸回転数 $[\mathrm{min}^{-1}]$ ・$1/G$：減速比
② **モータ軸換算負荷トルク：** $T_2\,[\mathrm{N \cdot m}]$	$T_2 = (1/\eta) \times 1/G \times T_1$	・T_1：負荷軸トルク$[\mathrm{N \cdot m}]$ ・$1/G$：減速比 ・η：伝達効率
③ **モータ軸換算負荷慣性モーメント：** $J_2[\mathrm{kg \cdot m^3}]$	$J_2 = 1/G^2 \times J_1 \times J_M$	・J_1：負荷軸慣性モーメント $[\mathrm{kg \cdot m^2}]$ ・$1/G$：減速比 ・J_M：モータ軸の負荷慣性モーメント $[\mathrm{kg \cdot m^2}]$
④ **加速時間：** $t_1\,[\mathrm{s}]$ **減速時間：** $t_3\,[\mathrm{s}]$	・加速時間 $t_1 = \{(J_1+J_2) \times N_2\} \div \{9.55 \times (T_1-T_2)\}$ ・減速時間 $t_3 = (J_1+J_2) \times N_2\} \div \{9.55 \times (T_1+T_2)\}$	・N_2：モータ軸換算回転数$[\mathrm{min}^{-1}]$
⑤ **負荷の走行パワー：** $P_1\,[\mathrm{kW}]$	・直線運動時： $P_1 = (\mu W \times V) \div 6120\eta$ ・回転運動時: $P_1 = (2\pi \times T_1 \times N_1 \times 1000) \div 60\eta$	・μ：摩擦係数 ・W：直線運動部の質量[kg] ・V：直線運動部の速度[m/s]
⑥ **負荷の加速パワー：** $P_2\,[\mathrm{kW}]$	$P_2 = \{(2\pi/60) \times N_1\}^2 \times (J_1 / t_1)$	
⑦ **加速トルク：** $T_2\,[\mathrm{N \cdot m}]$	$T_2 = J_2 \times \alpha_\omega$	・α_ω：角加速度 $[\mathrm{rad/s^2}]$ $(= 2\pi N / 60 t_1)$
⑧ **瞬時最大トルク：** $T_3\,[\mathrm{N \cdot m}]$	$T_3 = T_1 + T_2$	
⑨ **実効トルク：** $T_4\,[\mathrm{N \cdot m}]$	$T_4 = f_\omega \times \sqrt{\{(T_3{}^2 t_1 + T_1{}^2 t_2 + (T_1 - T_2)^2 t_3) \div t\}}$	・f_ω：波形率(=電流の実効値÷電流の平均値)…サーボアンプの仕様値 ・t_2：定常時間[s] ・t：ワンサイクル時間[s]

28 サーボモータのカタログⅠ

サーボモータのデータシート

サーボモータの具体的な選定は、機械装置の仕様や前項27で求めた各計算値をもとに、サーボモータのカタログによって行います。最適なモータがない場合は、機械装置の仕様やデューティサイクル、起動・停止時間などを見直す必要があります。

サーボモータのカタログには、サーボモータの仕様としてデータシート、電気的特性、機械的特性、使用環境、付加機器などについて記載されています。本項ではデータシートについて解説して、データシート以外については、次項29で解説します。

サーボモータのデータシートには、一般的に次頁の表にあるような項目が載っています。どの値もサーボモータを選定するにあたって必要なものです。それぞれの項目の値の違いによって、各々のサーボモータの特徴が変わります。

ここで「定格」とは、基準の電源で周囲温度が40℃以下の場所で連続的に運転可能なことです。「連続的に運転可能」とは、モータの巻線温度がある値以上上昇しない安定した状態であることをいいます。「定格出力」はサーボモータの「容量」のことです。このサーボモータの容量が大きいほど、サーボモータは大きなトルクを出すことができます。

「ロータ慣性モーメント」はサーボモータ内部のロータ自体の慣性モーメントになります。これらの値の他に、メーカによっては軸摩擦トルク［N・m］や巻線抵抗［Ω］、耐熱クラスや振動階級などが記載されている場合もあります。

また52項で解説している「機械的時定数」や「電気的時定数」もサーボモータの仕様として重要な項目になります。

以上のように、データシートの項目を正しく理解して、その値を比較することが大切です。過去の実績なども考慮しながら、機械装置の仕様に合った最適なサーボモータを選定しましょう。

要点BOX
- ●カタログによってサーボモータを選定する
- ●データシートはサーボモータの仕様を表す
- ●「定格」とは何かを理解する

サーボモータのデータシート例

項目	記号(例)	数値	単位
定格出力	Pr	＊＊＊	W
定格トルク	Tr	＊＊＊	N・m
定格回転数	Nr	＊＊＊	min^{-1}
定格電流	Ir	＊＊＊	A
最大トルク	Tp	＊＊＊	N・m
最高回転数	Np	＊＊＊	min^{-1}
最大電流	Ip	＊＊＊	A
ロータ慣性モーメント	J	＊＊＊	kg・m^2
ロータ慣性モーメント(ブレーキ付き)	J	＊＊＊	kg・m^2
質量	M	＊＊＊	kg
質量(ブレーキ付き)	M	＊＊＊	kg
軸摩擦トルク	Tf	＊＊＊	N・m
巻線抵抗	Ra	＊＊＊	Ω
耐熱クラス(※1)	―	＊＊＊	―
トルク定数(※2)	Kt	＊＊＊	N・m/A
熱時定数(※3)	t	＊＊＊	min
機械的時定数(52項)	TM	＊＊＊	ms
電気的時定数(52項)	TE	＊＊＊	ms

※1：JIS C4003 にて、絶縁の耐熱クラスを以下のように規定していて、耐熱クラス別に温度上昇限度が定められています。
Y：90℃、A：105℃、E：120℃、B：130℃、F：155℃、H：180℃、200：200℃、220：220℃、250：250℃

※2：モータに電流を流した時の電流と発生トルクとの関係を表したもので、この値が大きいほど制御のための電流が小さくてすみます。

※3：温度変化に対する応答性の度合いで、測定する温度の 63.2%に達するまでの時間です。

29 サーボモータのカタログII

サーボモータの電気的・機械的特性

サーボモータのカタログには、前項28のデータシートのほかに、機械的特性と電気的特性も記載されています。機械的特性は、サーボモータの外形寸法など、機械的に取り付ける際に必要なデータです。一方、電気的特性は、トルク[Nm]―回転数[min⁻¹]特性など、一覧表では表現できない特性がグラフとして示されます。

機械的特性の主なものを次に列挙します（次頁参照）。

①使用環境：雰囲気、周囲温度、防油・防滴
②モータ外形図：サイズや取り付けに必要な寸法
③シャフト形状：ギヤやプーリ、カップリングなどの取り付け方法
④許容軸荷重：許容ラジアル、スラスト荷重
⑤軸振れ精度：シャフト回転振れ、インロー振れ、取り付け面の振れ
⑥振動階級：シャフトに直角な2方向と平行な方向との振幅の最大値（V-10、V-15など）
⑦工作精度：モータ軸および取り付けまわりの精度

電気的特性の主なものには、トルク―回転数特性、始動・過負荷特性があります。

トルク―回転数特性は、**図1**のように連続定格範囲、反復定格範囲、瞬時定格範囲でのトルク―回転数のグラフです。サーボモータ単独の特性で、サーボアンプと組み合わせた場合には変わります。

始動・過負荷特性は、電機子温度が周囲温度と等しい状態で始動した時と、熱的に飽和した状態で過負荷にしたときの、電機子電流の大きさと許容通電時間を示します。（**図2**参照）

以上のように、サーボモータを選定する場合には「カタログ」に載っている値を参考にします。そのため、どのような値が掲載されているのか、それらはどういう意味を持った値なのかを正しく理解して、最適なサーボモータを選定しましょう。

要点BOX
●機械的に取り付ける際に必要なデータ
●一覧表で表現できない特性をグラフで示す
●カタログ値を参考にサーボモータを選定

機械的特性

①使用環境	雰囲気、周囲温度、防油、防滴
②モータ外形図	モータ各部の寸法、取付寸法、端子箱の位置
③シャフト形状（負荷との連結方法）	a)円筒シャフト(キー有、無) b)テーパシャフト(キー有、無) c)スプラインシャフト
④許容軸荷重	スラスト(軸方向)荷重、ラジアル(軸に直角方向)荷重
⑤軸振れ荷重	シャフト回転振れ、インロー振れ、取り付け面の振れ
⑥振動階級(※1)	V-3、V-5、V-10、V-15、V-20
⑦工作精度	軸端振れ、フランジはめあい外径偏心、フランジ面の軸に対する直角度、軸の平行度、脚のガタ、脚のひずみ AA級、A級、B級
・付加仕様	センサ(エンコーダなど)、オイルシール、電磁ブレーキ、減速機

※1：モータが無負荷で定格回転数で回っているときのモータの軸部分の振動を測定したもので、以下の5階級に分かれています。
V-5、V-10、V-15、V-20、V-25、V-30
モータの軸部分の全振幅が"数字"μm以内という意味になります。

電気的特性

■ 図1　トルク [Nm] ー回転数 [min^{-1}] 特性

連続定格範囲

・最高回転数以下で連続運転してもモータの巻線温度が上限を超えないトルクと回転数の範囲

反復定格範囲

・最高回転数以下で反復連続運転してもモータの巻線温度が上限を超えないトルクと回転数の範囲

瞬時定格範囲

・加減速時に過渡的に通過してもよいトルクと回転数の範囲
・巻線温度。有害な整流状態かどうか、減磁の程度を考慮

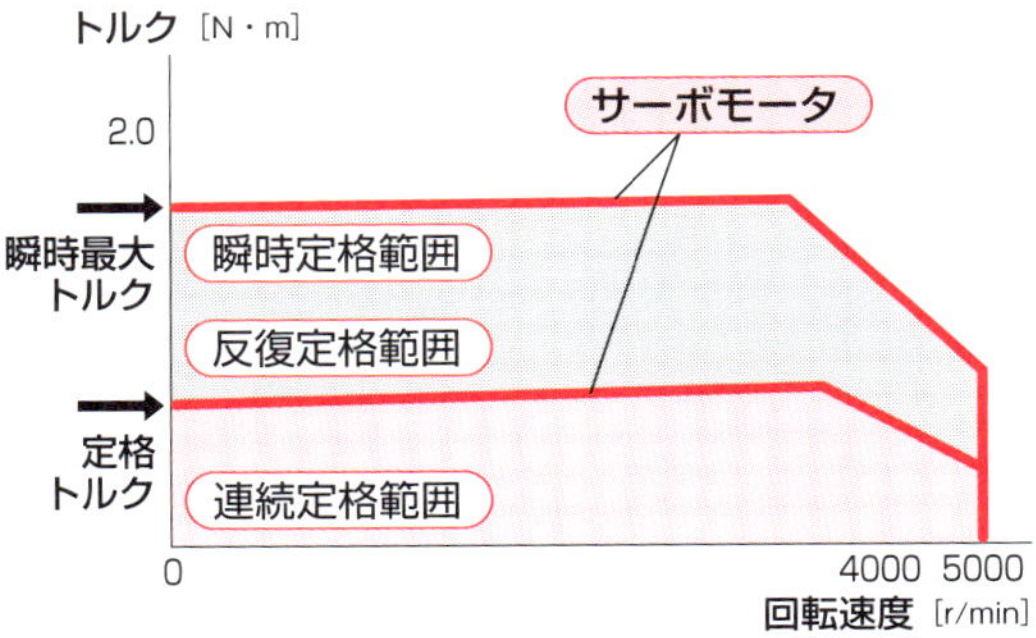

■ 図2　始動・過負荷特性

始動特性

電機子温度が周囲温度と等しい状態で始動した場合

過負荷特性

モータを定格で運転し、電機子温度が熱的に飽和した状態で過負荷にした場合

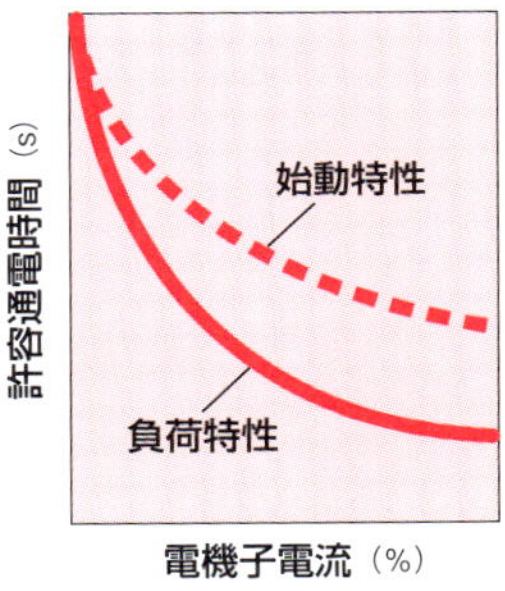

30 サーボモータのメンテナンス

手入れすることで正常な状態を維持する

「メンテナンス」とは「保守」とも呼ばれ、正常な状態を維持できるように手入れをすることです。そのための部品交換や、定期的な点検、修理、整備などの作業も含まれます。

サーボモータは23、24項で解説したように、様々な種類の部品で構成されています。サーボモータが正常に動作するためには、これらの構成部品が問題なく機能することが必要不可欠です。そのため、サーボモータの動作に異常が発生する前に、ある程度決められた時間で定期的にメンテナンスを行います。そうすることによって、長期間安定して問題なくサーボモータを使用することが可能になります。

メンテナンスを行うタイミングは、機械装置を設置する場所やその環境、使用条件によって大きな違いがあります。一般的には、サーボモータの仕様書に記載された各部品のメンテナンス期間を目安に、評価結果や実際に使用した経験などを参考にメンテナンス期間を定めます。

サーボモータに使用している部品で特にメンテナンスが必要になる部品は、機械的に接触しているため使用していると劣化するものです。該当するのは軸受やオイルシール、DCサーボモータの場合はブラシになります。これらの耐用年数は、使用回転数、温度、部品に加わる荷重などの使用条件によって変わります。ブラシの交換が必要なDCサーボモータは、メンテナンスの頻度が高くなります。

通常、軸受は2万時間程度の運転で交換するように設計されています。オイルシールは、潤滑油の漏れとごみや埃の侵入を防ぎます。一般的に5000時間程度で交換するようになっています。また、DCサーボモータの場合には、摩耗したブラシの交換、摩耗粉の清掃、整流子面の研磨などが必要です。

以上のように、適切なメンテナンスを行うことで、信頼性の高いサーボ機構が実現できます。

要点BOX

- ●決められた時間で定期的に行う
- ●軸受、オイルシール、ブラシを交換
- ●信頼性が高いサーボ機構を実現

DCサーボモータのメンテナンス部品

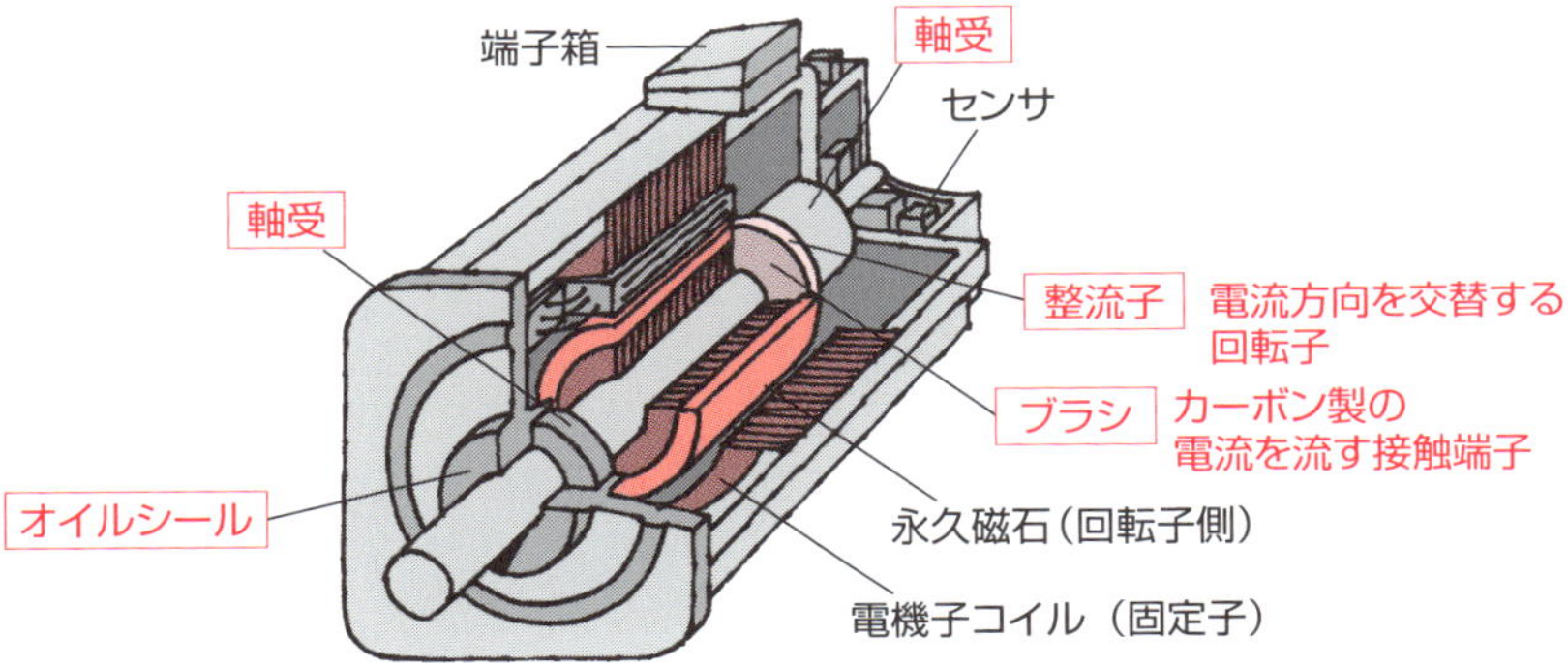

ACサーボモータのメンテナンス部品

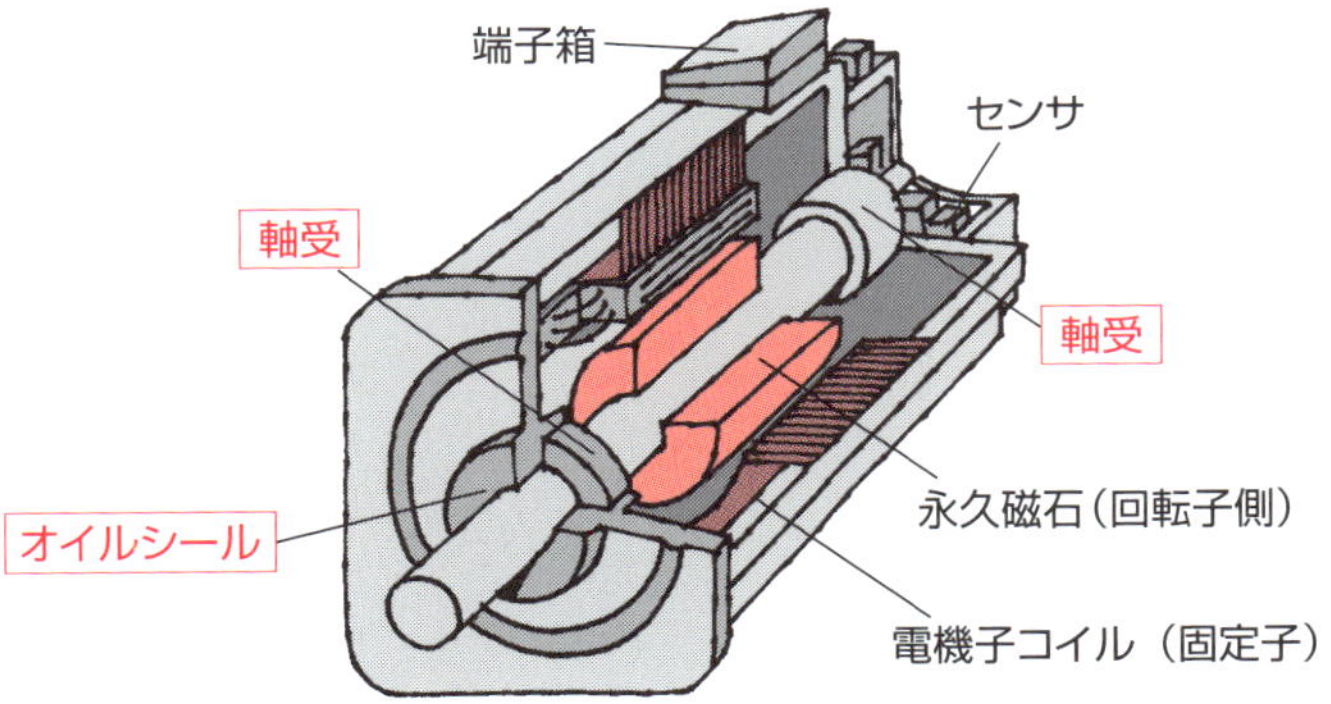

オイルシールの構造

潤滑剤が外部に漏れたり、外部から異物が侵入するのを防ぐために、回転軸と接触させて使用するシール部品

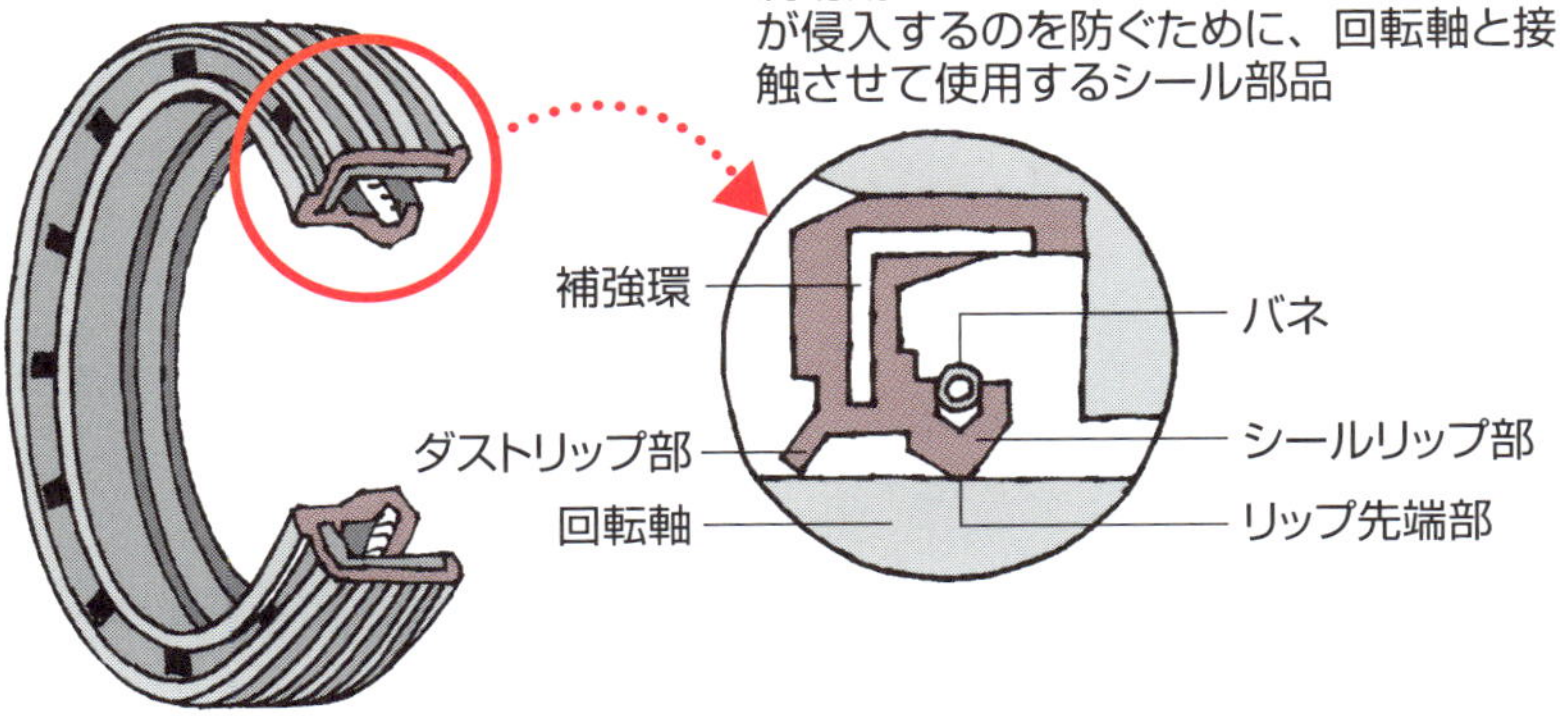

Column

サーボ技術を活用するために

ものづくりの動向は、「豊かさ」「便利さ」を求めるライフスタイルの変化により、自動車・電気電子機器などの基幹産業をはじめ、先端分野のロボット、エネルギー、医療機器などますます高度な技術が欠かせなくなってきています。

こうした製品には、機械の高精度・高剛性化とともに、サーボ技術の活用が必要となり、システム全体の最適化、完全自動化などの高い技術が強く求められています。

高度な要求に応えるためには、機械（メカ）と電動機（エレキ）が調和した外観を持ち、小形、軽量の形状に加えて、振動が少なく、耐久力が大きいなどの設計が求められます。

そして、単に機械的特性や電気的特性を満足するだけでなく、システム全体として十分にその機能を発揮できるかどうかがその製品の鍵となります。

例えば、エレキが生み出すメカの出力特性として、トルクや回転数が定義されます。一般に、位置決めサーボ機構の多くに用いられている送り駆動系では、負荷条件の変動や摩擦抵抗等の影響により、制御性能が低下するといった問題が生じます。

メカを動かせば、必ず慣性力や摩擦力を受けるため、トルクを見積るうえでは、これらの力に影響を受けない程度の機構剛性を確保しなければなりません。この値は、事前にしっかりと検討する必要があり、熟知されていなければ精密な位置決め制御を実現することはできません。さらに、製品を高めるポイントは、コストとリスクのバランスをいかにして見極め、見積もりに反映させられるかにあります。

サーボ技術の活用では、動かす用途によって、モータなどのアクチユエータや制御技術をうまく使い分けることが重要です。

第5章

センサ

31 センサの分類

センサの種類と役割

センサは、人間の五感に相当する感覚を電気信号に変換する装置です。センサの由来は、英語のsense（感知する）からきています。対象物を感知するためには、抵抗の変化や赤外光などさまざまな物理現象が利用されています。この項では、サーボ機構を制御する場合に使用される位置検出、速度検出およびトルク検出を目的としたセンサに焦点をあて、その種類と特徴について解説します。

サーボ機構を制御する場合に利用されるセンサは、主に、位置を検出するもの、速度を検出するもの、トルクを検出するものに分けられます。

位置を検出するものには、モータの回転を利用するものと、あらかじめ指定された場所に設置されて測定物の存在の有無を感知するものに分けられます。位置を検出する装置で代表的なものには、ポテンショメータが挙げられます。速度を検出する装置の代表的なものは、タコジェネレータです。また、速度、位置、回転方向を同時に感知できるのがエンコーダです。エンコーダは、分解能が高く、高精度を要求される制御が可能なことから工作機械やエレベータのドア制御などの用途に広く利用されています。

また、環境が過酷な条件で使用される場合には、レゾルバが採用されます。レゾルバは、高温、多湿の条件でも安定して使用できるため、電気自動車や踏切遮断機などの分野で活用されています。材料に発生する応力やトルクを測定する場合は、ひずみゲージが使用されます。シンプルな構造で材料に発生する応力やトルクの絶対値を測定できることからロボットの力覚センサに活用されています。測定物の存在の有無を感知する装置には、マイクロスイッチや光電センサなどの装置が使用されます。このようなセンサは、搬送物の存在検知等の用途に使用されています。最近は、技術レベルが向上したことからさまざまな高性能センサが実現されています。

要点BOX
- ●センサは、人間の五感を電気信号に変換
- ●主に、位置・速度・トルク検出に利用

表1　主なセンサの特徴

（用途に合わせて最適な装置を選定しましょう。

名称	特徴	精度	分解能	コスト	主な用途
エンコーダ	モータと共に回転させることにより、速度・位置・方向を検出可能 アブソリュート型は、原点復帰作業の必要なし 検出部には、電子部品を使用	○	○	△	産業ロボット 搬送装置 インクジェットプリンタ
レゾルバ	モータと共に回転させることにより、速度･位置･方向が検出可能 検出部は、鉄心とコイルを使用 耐環境性能が良好	○	○	△	電気自動車 鉄道用踏切遮断機
タコジェネレータ	発電機の原理を利用した速度検出センサ 半導体部品を使用しないため環境条件が厳しい場所で適用可能	○	○	○	産業ロボット 自動車の回転数検出装置
ポテンショメータ	固定の抵抗器に抵抗値を調整できる機構を組み合わせた位置検出センサ 電子部品を使用せず、温度範囲が広いことから過酷な環境下の使用が可能	○	○	○	産業ロボット センサの角度調整
ひずみゲージ	外力による抵抗値の変化により応力を検出できるセンサ 構造が簡易なことから過酷な環境下での使用が可能	○	×	○	ロボットの力覚センサ 応力測定 圧力センサ
リミットスイッチ	検出物にレバーを接触させることにより、位置を検出できる機械式センサ 機械部品のみで構成されるため、過酷な環境下での使用が可能	○	×	○	搬送装置の存在検知 制御装置の原点出し
光電センサ	赤外線の光の量の変化を利用した存在検出センサ 屋外でも使用できるが水、油、直射日光には弱い	×	×	○	搬送装置の存在検知 ドア装置の存在検知
近接センサ	発振回路を用いて検出物を非接触で検出できる存在検出センサ 一般的に金属物検知に使用されるが、静電容量型は樹脂にも適用可能 水、油、薬品の環境下で使用可能	×	×	△	搬送装置の存在検知 製造装置の位置検知

32 エンコーダ

エンコーダの種類と特徴

エンコーダは、モータと共に回転する事により、その回転方向、回転速度、位置を検出するためのセンサです。

図1に示すようにスリットが開いた回転円板に、発光素子から光を照射させ、スリットを通過した光を受光素子により読み取らせることにより、情報を読み取る仕組みになっています。

エンコーダには、円板上に構成されるスリット形状の違いにより、インクリメンタル型（相対位置検出タイプ）とアブソリュート型（絶対位置検出タイプ）の2種類のタイプがあります。

インクリメンタル型は、スリットを切った回転円板を利用するタイプで、スリットの数で分割した回転角が、検知できる精度となります。この精度のことを分解能（次頁下部参照）と呼びます。出力は、3種の信号となっており、回転方向がわかるように出力信号波形の位相が90度ずれる位置に素子が配置されています。円板が回転している間は、角度に応じたパルスが出力されます。原点からのパルス数を累積することにより、回転角度を求めることができる仕組みです。

インクリメンタル型エンコーダは、工業用ロボット、搬送装置、インクジェットプリンターなど原点復帰作業が可能な幅広い用途で使用されています。

特定のパターンのスリットが開いた円板を利用するタイプをアブソリュート型と呼びます。円板に構成されたパターンは、あらかじめ決められた角度に対応する角度値を表しており、光が通過することにより、角度値を表すデータが出力される仕組みとなっています。アブソリュート型の場合、この角度を分解能と呼びます。

アブソリュート型エンコーダは、構造が複雑で高価になります。そのため、多軸ロボットや無人化工場で使われる機械装置など、原点復帰作業が困難な用途で使用されています。

要点BOX

●相対位置検出タイプと絶対位置検出タイプ
●原点復帰作業の有無により、タイプを選定

図1 インクリメンタル形エンコーダ

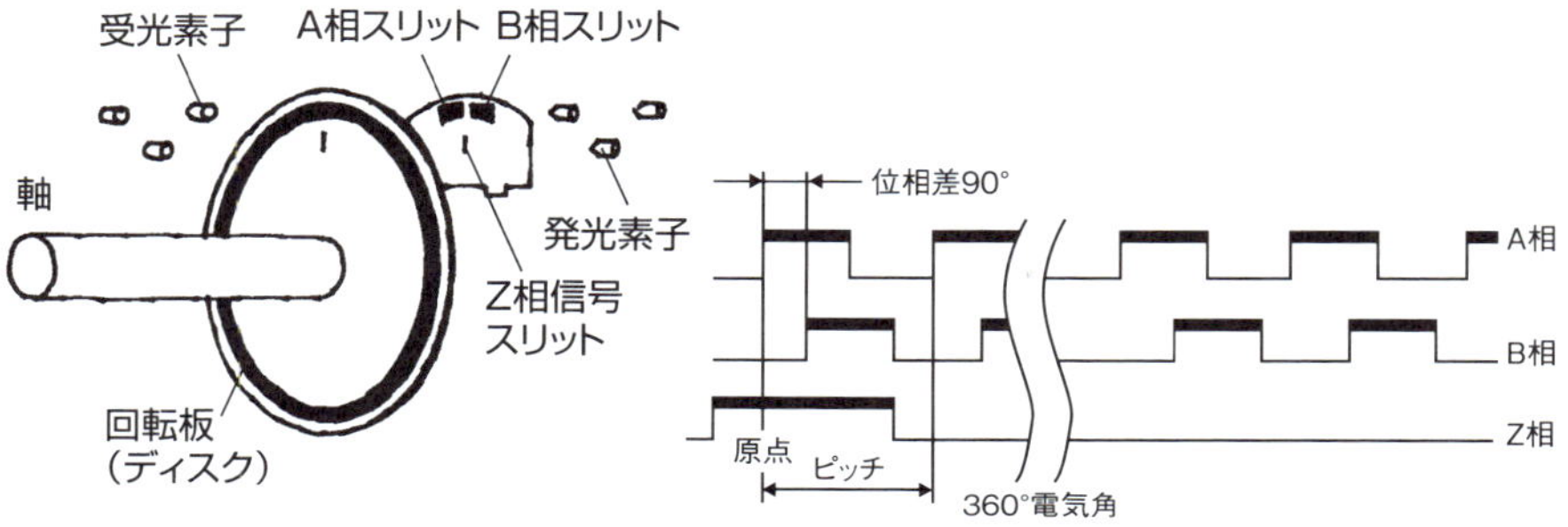

図2 アブソリュート形エンコーダ

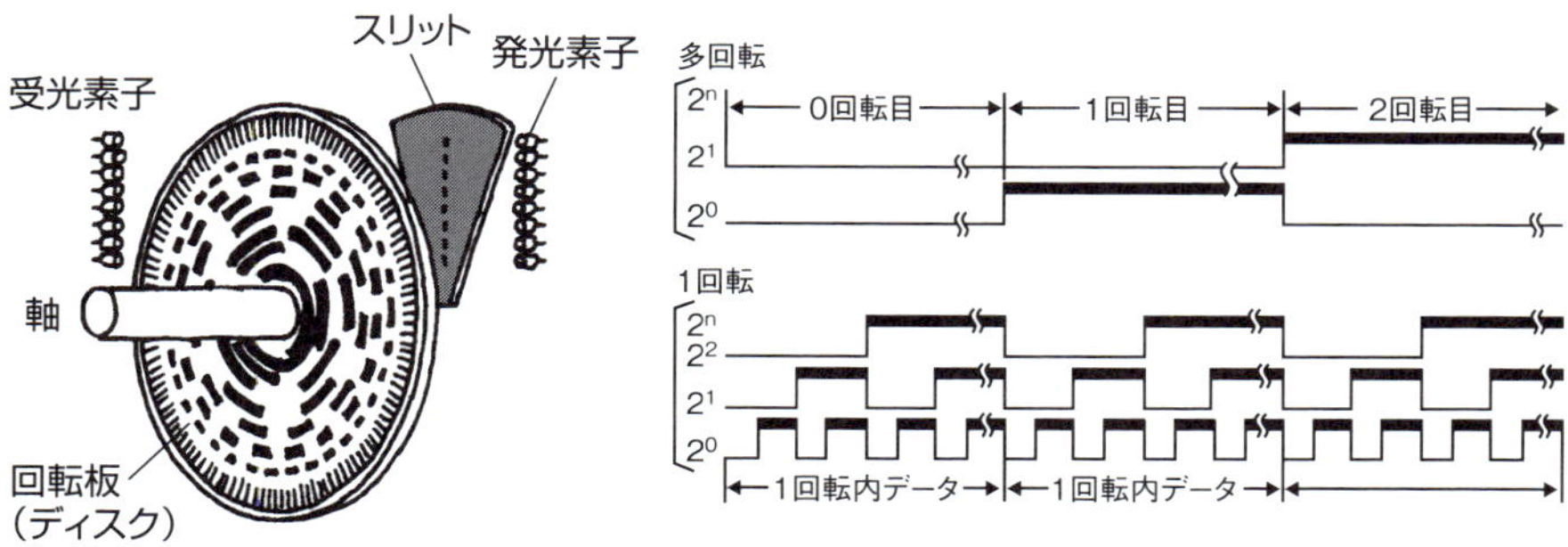

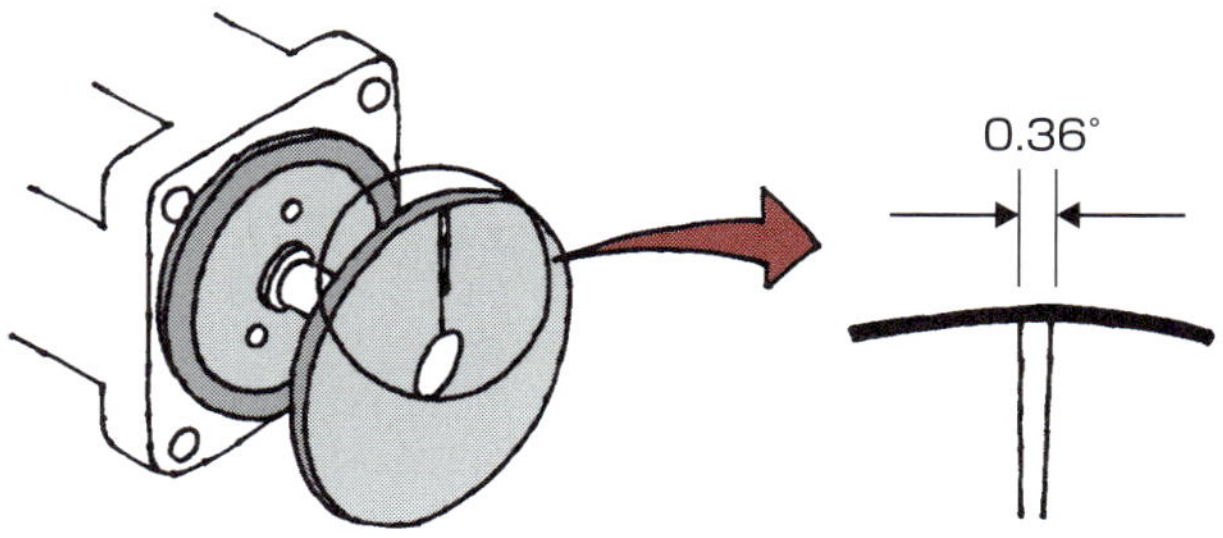

分解能

1パルス分のモータの回転角度を表します。

モータの位置決め精度は、分解能によって決まります。分解能が0.36°の場合、モータの回転を1000分割した精度が確保できます。

33 レゾルバ

レゾルバの原理と特徴

レゾルバは、モータと共に回転することにより、その回転方向、回転速度、位置を検出するためのセンサです。モータの回転を利用したセンサとしては、エンコーダと似ていますが、その仕組みは、大きく異なります。

図1に示すように、レゾルバは、コイルが巻かれたステータ（回転する構造体の固定子のこと）とロータによって構成されます。ロータは、回転することにより、ステータとの隙間が角度によって変化するように偏芯されて取り付けられています。

ステータに巻かれたコイルに電流を流すと、その周囲に磁界が形成されます。その状態でロータを回転させると、コイルにロータの位置に応じた電圧が発生する仕組みになっています。この電圧変化を処理することにより、回転角度位置や回転速度を検出することができます。

レゾルバは、コイルに流れる電流とロータの回転を利用した仕組みを用いているため、必要な精度を確保するためには、コイルの巻き線の精度が非常に重要です。精度が要求されるレゾルバは、巻き線の特性を安定させるために、巻き線のバランスが細かく調整され、銅腺を均一に巻く工夫がされています。

また、量産化のためには巻き線を素早く安定して巻くことも要求されます。精度を確保するためには、素早く安定したコイルを製造するための生産技術が不可欠な製品だと言えます。

エンコーダの検出部には、電子部品が使用されていますが、レゾルバは、鉄心とコイルのみのシンプルな部品で構成されています。構造が比較的簡単で、耐環境性が高く、ノイズに強いことが特徴です。そのため、電気自動車や鉄道用の踏切遮断機など高い信頼性を要求される屋外機器に広く利用されています。

要点BOX
- ●磁性誘導現象を利用したシンプルなセンサ
- ●コイルと鉄心で構成され、耐環境性能が高い

レゾルバ

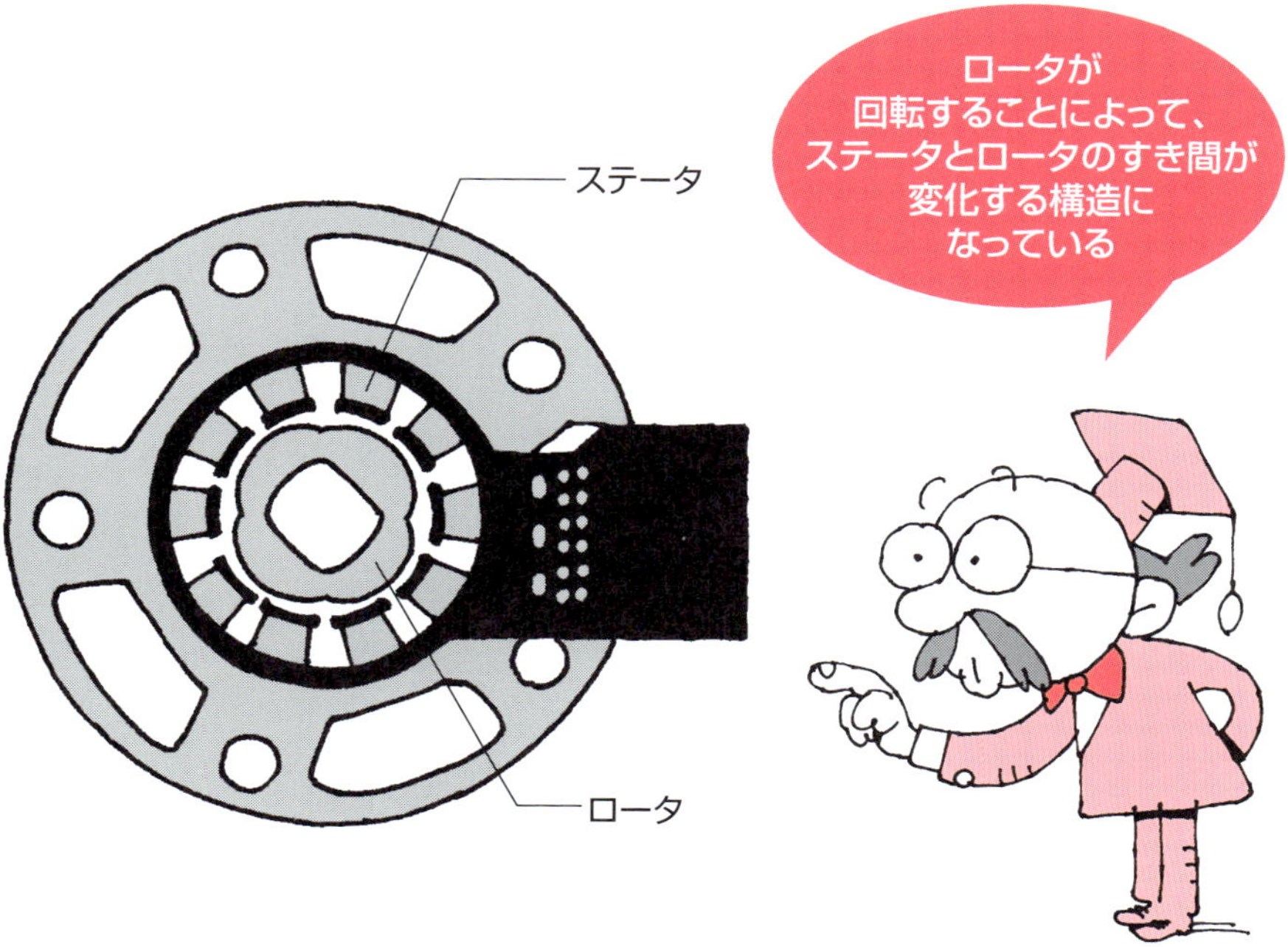
ステータ
ロータ
ロータが
回転することによって、
ステータとロータのすき間が
変化する構造に
なっている

レゾルバの仕組み

① モータに合わせてロータが回転する
② 回転するロータと固定されたステータのリアクタンス変化により発生する電気信号を用いて角度を検出する

34 タコジェネレータ

タコジェネレータの原理と特徴

タコジェネレータは、「フレミングの右手の法則」を利用した発電機です。図1にその原理を示します。モータが、電気を流して力を発生させるのに対し、発電機は、磁石と磁力を使って電気を発生させます。この仕組みを使って、回転速度に応じた出力電圧を得る装置がタコジェネレータです。図2に本装置の出力特性を示します。この図からもわかるように回転速度と出力関係は比例関係になり、回転速度が増加すると出力電圧も上がります。そのため、回転数に対して安定した速度信号を得ることができます。

タコジェネレータには、DC型とAC型があります。AC型は、ブラシレスの構造となるため、メンテナンスフリーで使用できますが、低速回転時の出力が不安定となる欠点があります。一方で、DC型は、ブラシのメンテナンスが必要になりますが、AC型と比較すると出力特性は、安定しています。

本装置は、半導体部品を使用していない構造のため、環境条件が厳しい場所でも使用できます。また、外力による回転で電圧を発生させて使用するため、外部から電気を供給しなくても使用できます。そのため、モータと一体で使用され、その速度を出力するために使用されます。

このような特性を生かし、本装置は鉄道分野での活用が進んでいます。最新の無線式の信号システムは、列車の車軸にタコジェネレータを接続し、車軸の回転に伴って発生する出力信号によって走行距離を算出し、列車位置を検知する仕組みを講じています。信号システムは、列車位置が正確に検知できなければ正常に機能することができません。このような高信頼性を必要とする装置に適用されていることからも本装置の信頼性の高さがわかります。他にも過酷な環境下で高信頼性が要求される車両・船舶・産業機器の速度制御に活用されています。

要点BOX
- ●発電機の原理を利用した速度出力用センサ
- ●半導体部品を使用しないため、耐環境性に有利

図1　タコジェネレータの動作原理

発電機

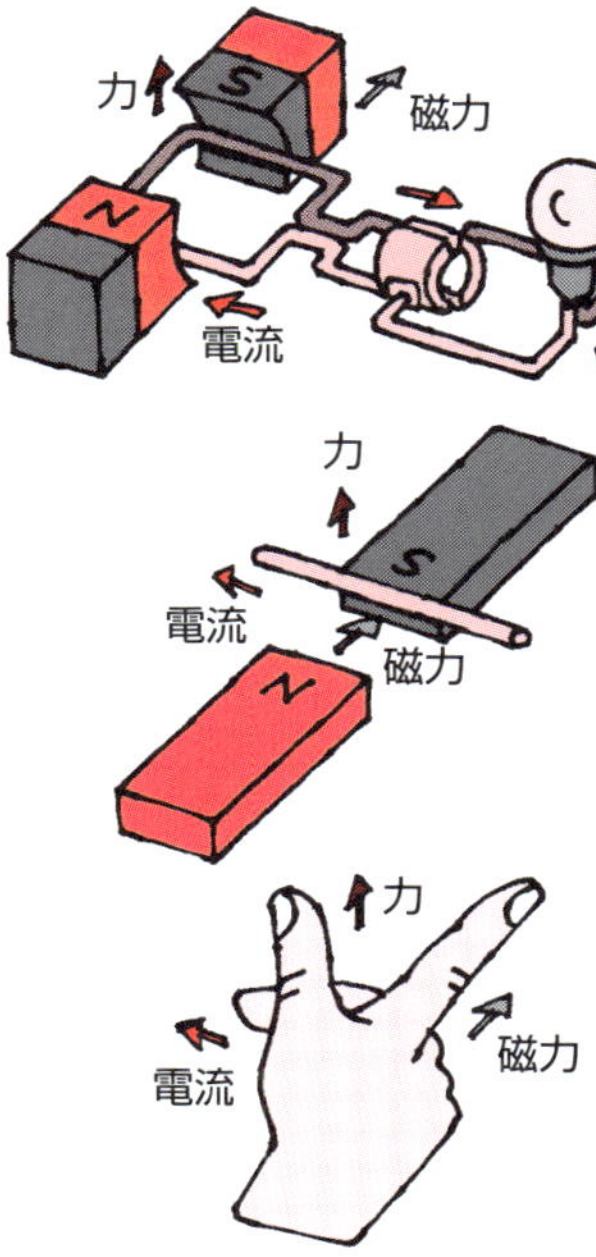

発電機は磁石(磁力)と力(回転)を使って
「電気(電流)」を発生させます。

「フレミングの右手の法則」
を利用

モータ

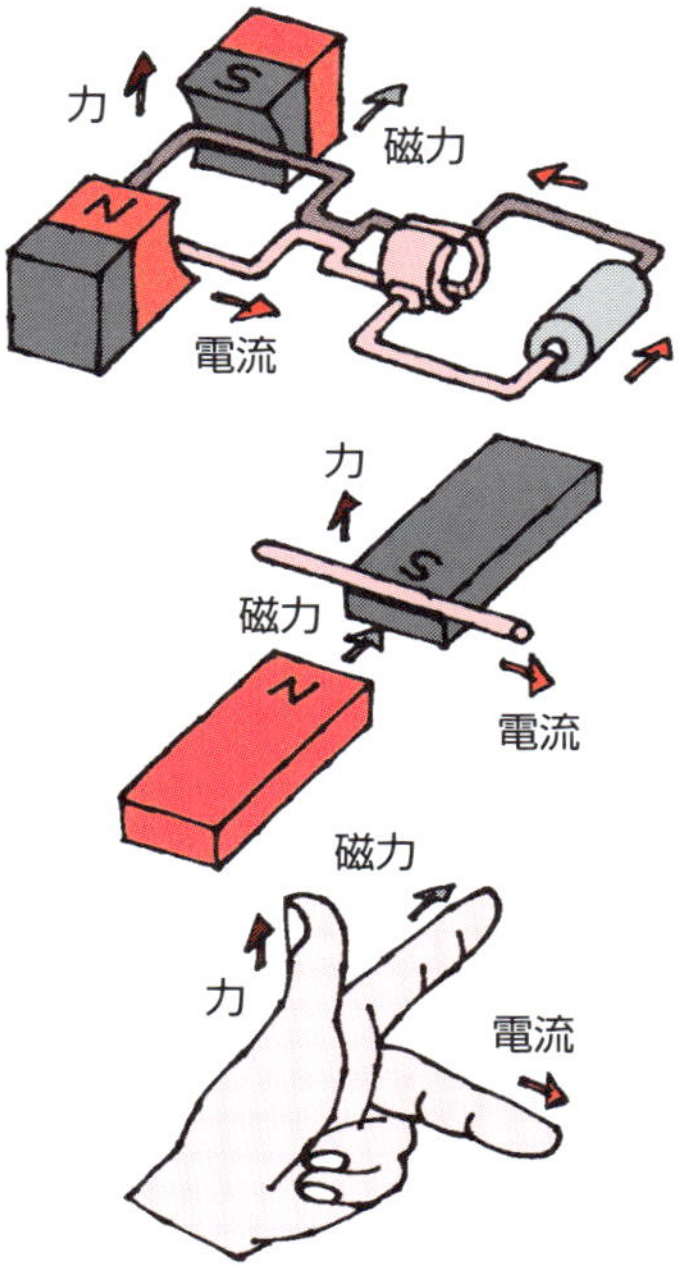

モータは磁石(磁力)と力(回転)を使って
「力」を発生させます。

「フレミングの左手の法則」
を利用

図2　タコジェネレータの出力特性

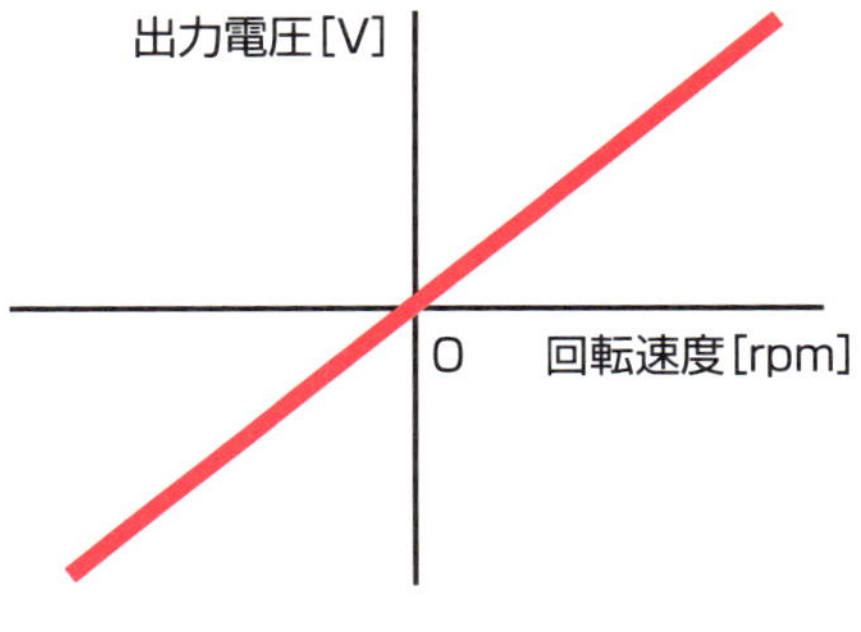

図3　タコジェネレータ

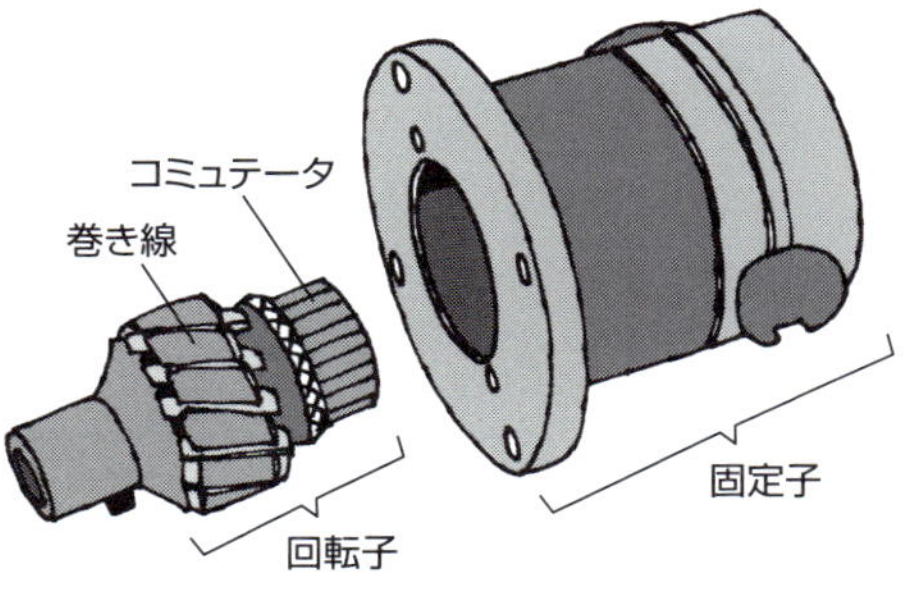

35 ポテンショメータ

ポテンショメータの原理と特徴

ポテンショメータは、固定の抵抗器に抵抗値を調整出来る機構を組み合わせたセンサです。

図1にその原理を示します。円形に構成された抵抗体に摺動子接点をスライドさせ、抵抗を変化させることにより出力される電圧から角度や位置を検出します。本装置は、構造上、使用出来る角度の範囲が限定されます。しかし、絶対位置を検知できる安価な装置であることから、位置決め用途や角度センサとして産業用ロボットから計測医療機器まで様々な分野で使用されています。

また、長寿命で高速追従性に優れ、使用温度範囲が広域で幅広いことから、建設機械や航空・宇宙分野のような過酷な環境においても使用されます。

ポテンショメータは、用途により、直線タイプと回転タイプがあります。使用目的により、最適な物を選ぶとよいでしょう。

可変抵抗を用いたポテンショメータは、接触式であるため、どうしても摺動接触面の摩耗が発生します。そのため、機械的な耐久回数が要求される用途には、ホール素子を用いた非接触方式のポテンショメータもよく使われています。

図3にその原理を示します。ホール素子に電流が流れているときに垂直に磁界をかけると、電流と磁界に対して垂直の方向に電圧が発生します。この電圧は磁界強度に比例するため、回転軸に磁石を取りつけることにより、非接触による位置や角度の測定が可能となります。

図4に非接触のポテンショメータを示します。ポジションマーカとセンサ本体が非接触であるため、接触式のものと比較して、機械的寿命に依存されません。振動に強く、360℃の測定が可能といった利点があります。

このような利点を生かし、船舶、車両、航空機など様々な分野で利用されています。

要点BOX
- ●抵抗値の変化を利用したシンプルなセンサ
- ●構造が簡単で信頼性が高く過酷な環境で活躍

図1　ポテンショメータの原理

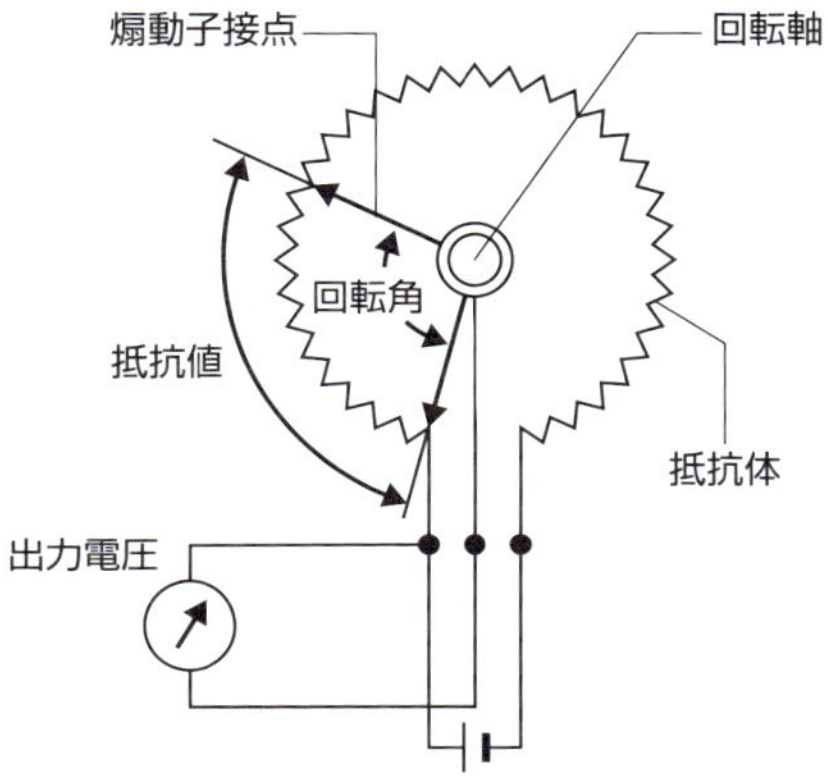

図2　回転形ポテンショメータ

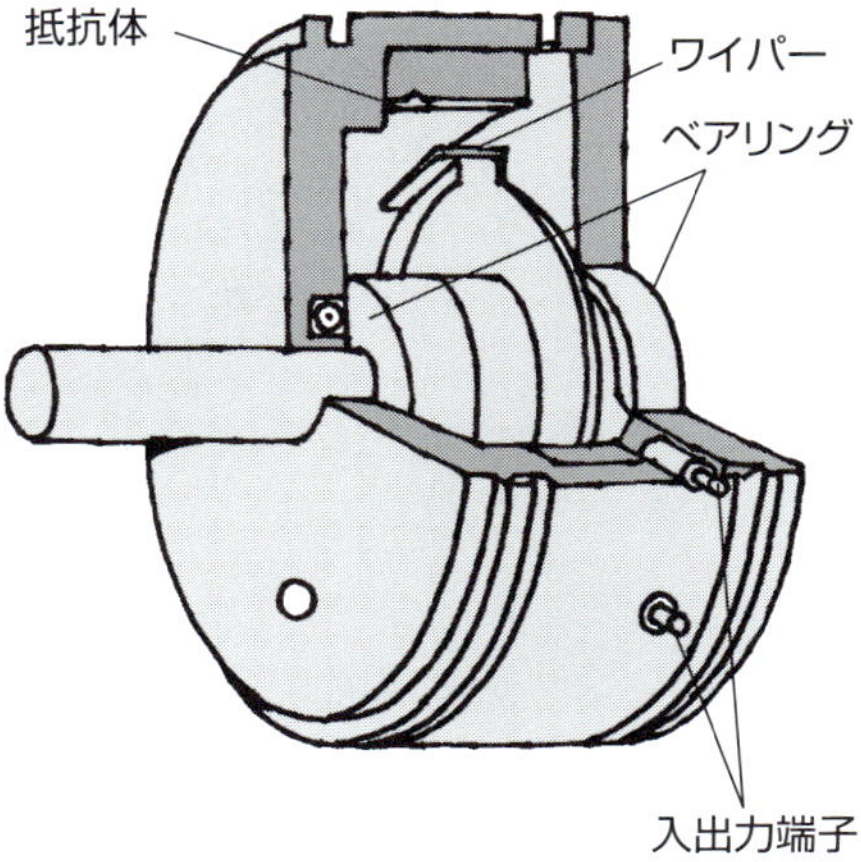

図3　非接触式ポテンショメータの原理

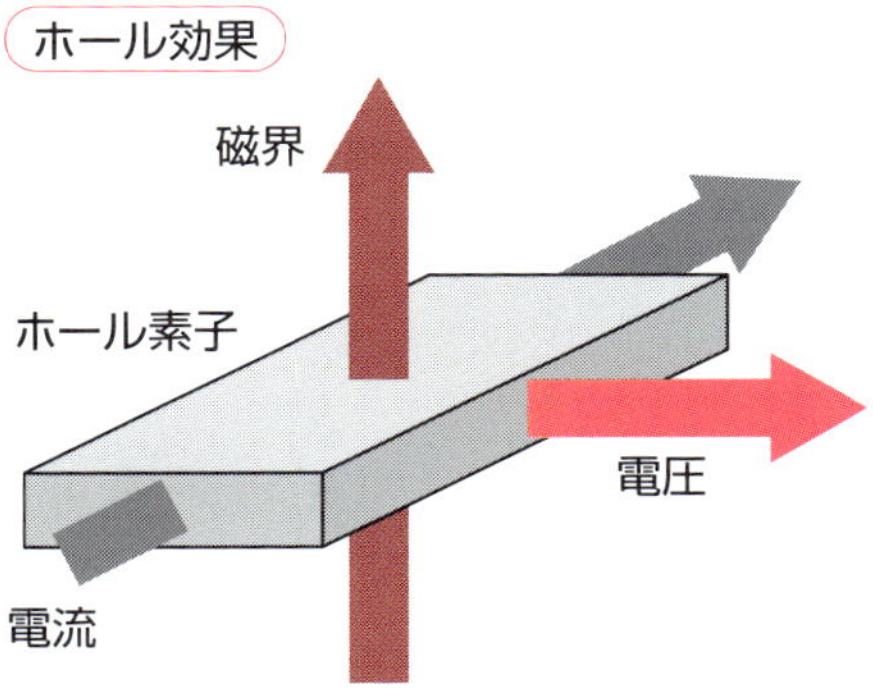

図4　非接触式ポテンショメータ

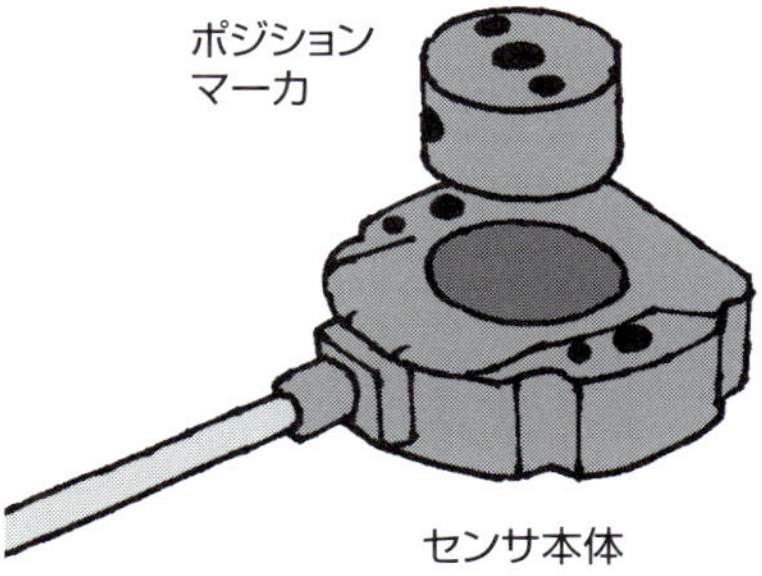

36 センサの選定

原点位置出しや物体の存在を検知するセンサ

エンコーダやレゾルバは、モータが回転することにより、制御対象物の正確な位置を算出することを可能にするセンサです。その位置を正確に把握するためには、モータを回転する基準位置の情報が必要になります。

また、システムによっては、構成する機械部品の摩耗などの要因により、制御対象物の正確な位置が把握できなくなることがあります。そのようなことを発生させないためには、原点出しと呼ばれる初期動作が必要になります。

その用途で使用されるのがリミットスイッチやマイクロスイッチなどの機械式センサです。図1にリミットスイッチの構造を示します。リミットスイッチには、レバーがついていて、このレバーを動作させることにより、正確な位置情報をシステムに送ることができます。リミットスイッチは、駆動機構により、フランジャタイプやヒンジレバータイプ、回転レバータイプなど様々なものがあります。用途によって最適なものを選定しましょう。

搬送装置等で、搬送物の存在や状態を把握する必要がある場合には、光センサや近接センサなどが用いられます。

光センサは、図2に示すように対向式、回帰反射式、拡散反射式があります。一般的に、照明等の外乱光の影響を少なくするため、赤外線が用いられます。それぞれ、特徴があるため、設置条件や測定対象物によって最適な方式の用品を選定しましょう。

近接センサは、物体が近づいたことを検出するための装置で、主に金属の検出に用いられます。図3に高周波発振式、差動コイル式、静電容量式の動作原理を示します。

方式によっては、非磁性金属や樹脂が測定できないものもあるため、測定対象物や用途にあった用品を選定しましょう。

要点BOX

- ●機械式センサは、原点出し動作に有効
- ●光センサや近接センサは、存在検知で活躍

図1　リミットスイッチ

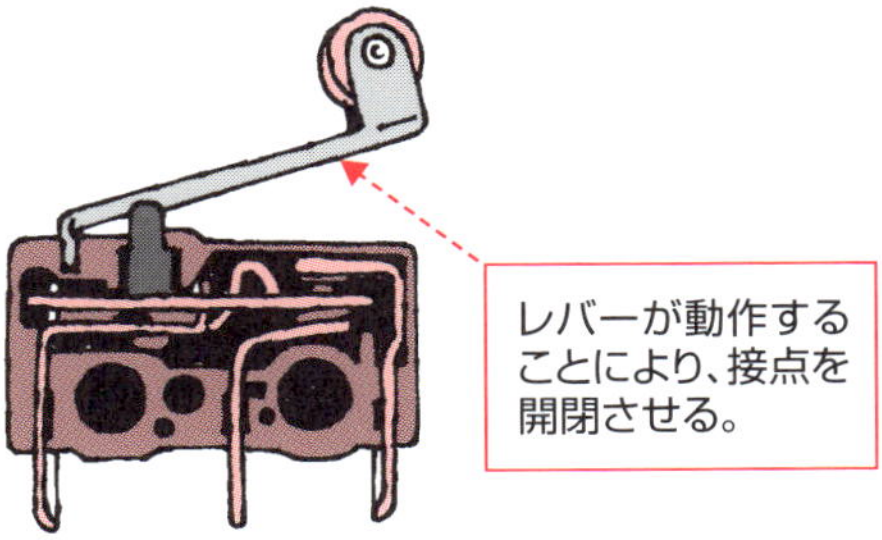

図2　光センサの種類

対向式

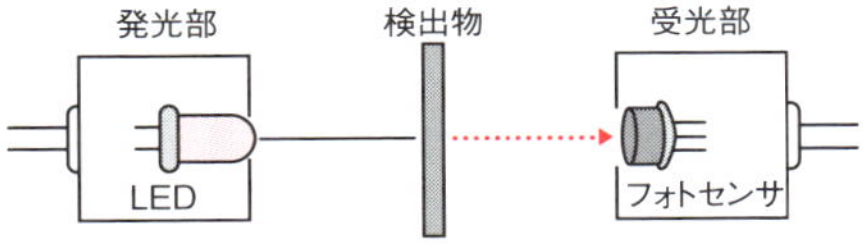

発光部と受光部があり、検出物により光が遮られ、受光部に届く光の量が変化することにより、物体を検出する。

回帰反射式

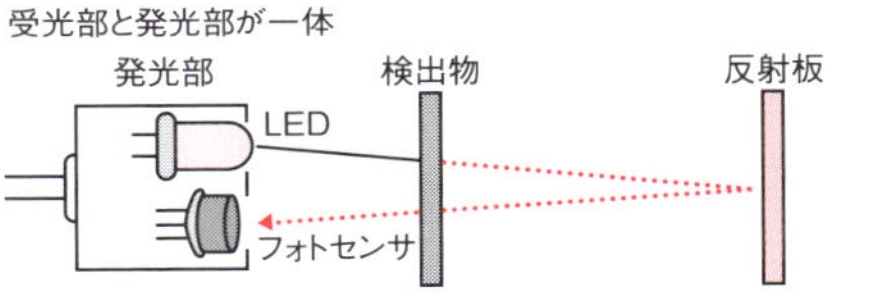

発光部と受光部が一体となっており、発光部から照射された光が、向かい側に設置された反射板から戻る際の光の変化により物体を検出する。

拡散反射式

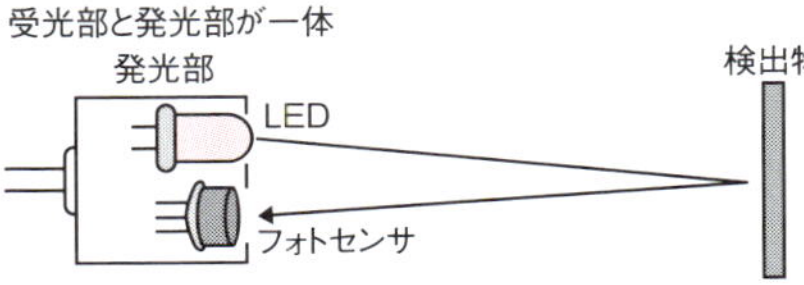

発光部と受光部が一体で測定対象物の反射光の変化によって物体を検出する。光を反射しない物体には適用できない。

図3　接近センサの種類

高周波発信式

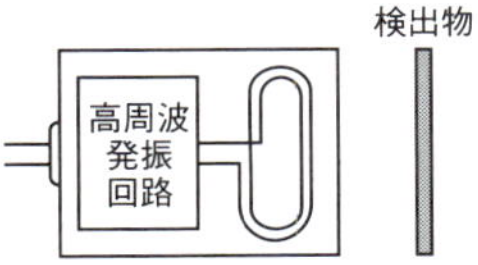

高周波発振回路の発振コイルに金属を近づけると、発振動作が停止する仕組みを利用することにより物体の接近を検出する。

作動コイル式

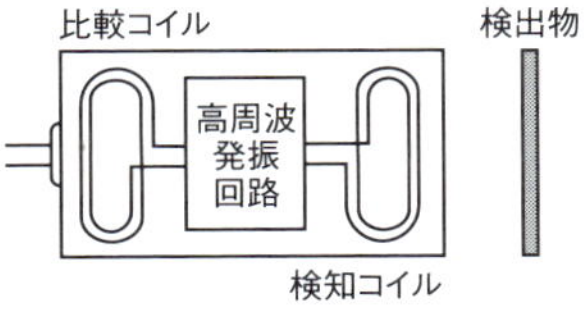

金属体が接近したときに生じる渦電流による磁界の差を検出することにより物体の接近を検出する。非磁性金属は、検知できないものがある。

静電容量式

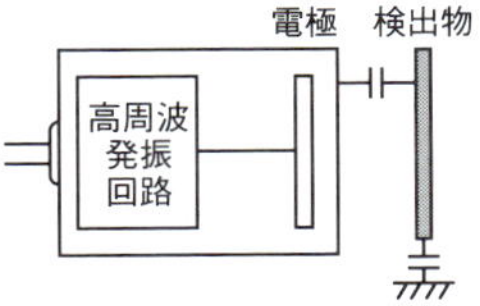

測定対象物とセンサの間の静電容量の変化により物体の接近を検出する。樹脂などの非金属も検出できる。

Column

フローチャートの書き方

フローチャートは、プログラムのデータの流れを図で表したものです。対象となるプログラムの各ステップを様々な形の図形で表し、その間を実線や矢印でつなぐことによってデータの流れを表します。そのプログラムのステップが全て図面上に表され、どのような処理をしているのかが示されるため、対象となるプログラムによりデータがどのように処理されるのかを容易に把握することができます。

また、フローチャートは、プログラムのデータの流れを示すだけでは無く、業務のプロセスや故障診断など様々な事象に活用することができます。フローチャートは、システム全体を俯瞰的に見るための必須のアイテムと言えるでしょう。

フローチャートの書き方には、決まりがあります。その決まりは、JISにも規定されていて、JIS X 0121に規格化されています。フローチャートを作成する際の基本的な決まりは次のとおりになります。

(1)フローチャートの始まりと終わりを示す。

(2)処理の流れは原則として、上から下、左から右とする。逆の流れを記載する場合は、矢印で示す。

(3)矢印や線が交差しないように記載する。

表1にフローチャートで用いられる代表的な記号を示します。

表1　フローチャートで用いられる代表的な記号

	**端子** フローチャートの始まりと終わりを示す		**ループの開始**
	**処理** 計算、代入などの処理を示す		**ループの終了**
	**サブルーチン** 定義済みの処理を表す		**入出力** ファイルへの入出力を表す
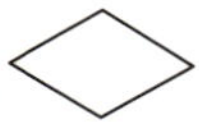	**判断** 条件による分岐を表す		**ページ内結合子** フローチャートを二列で表す際に使う
	**表示** コンソール上への結果の表示を表す	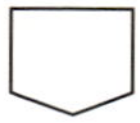	**ページ外結合子** フローチャートを複数のページで表す際に使う

第6章

サーボアンプとコントローラ

37 サーボアンプの役割

サーボモータとコントローラの仲介役

一般的に、モータを動かす駆動装置をドライバと言います。サーボモータの専用のドライバは、サーボモータの駆動にふさわしい形に電力形態を変換するパワーエレクトロニクス回路を持っているため、アンプと呼ばれています。サーボモータは、回転数または速度や回転角度または位置を高精度に制御することができるモータです。

しかし、サーボモータだけでは、高精度な制御はできません。広範囲に正転・逆転・停止させたり、高精度にスピードを切換えたり、厳しい精度の位置決めをさせるために、その要求を満たせるような電力を送る駆動装置が必要になります。つまり、サーボモータとサーボアンプはセットで目的を満たします。

サーボアンプの役割は、指令通りにサーボモータを動かすことです。まず、コントローラから出された速度や位置の指令信号を受け取ります。次に、サーボモータに搭載されたエンコーダ、つまり、モータの動きを監視するセンサによって得られた情報信号を受け取ります。最後に、エンコーダの情報信号と自身が受け取った指令信号との差を比較し、電力という形態に変換、あるいは、電力を増幅して、サーボモータを動かします。そのため、サーボアンプは、サーボモータとコントローラの仲介役ともいえます。

サーボアンプはサーボモータと同様に、一般の駆動装置とは異なる特徴があります。たとえば、厳しいピッチ送りをするために、2台のモータを同期して制御させる場合があります。このとき、一般のモータとドライバを使用すると、状況や環境によっては位置ズレが起こり、要求通りの精度を出せません。このように、複数台のモータを同時に精度よく動かしたり、頻繁なON／OFFや正転・逆転などの細かい切り替えを行いながら高精度に制御する場合に、サーボアンプが必要になります。

要点BOX

- ●指令通りにサーボモータを動かす装置
- ●情報を電力という形態に変換、増幅する

サーボモータとサーボアンプはセット

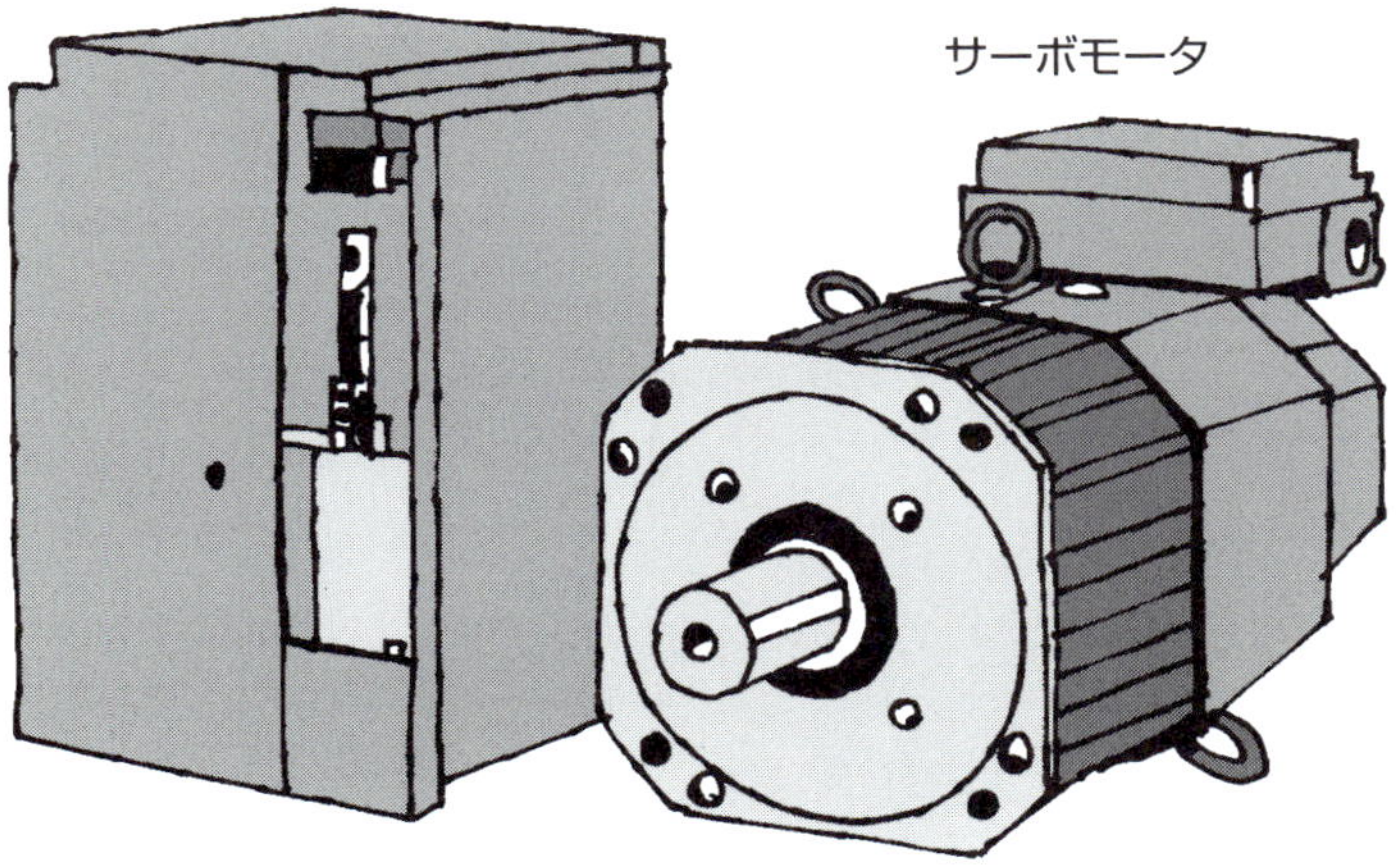

サーボモータは、そのサーボモータごとに対応した
サーボアンプと組み合わせて使用します。

モータの回転制御にふさわしい電力をアンプで作る

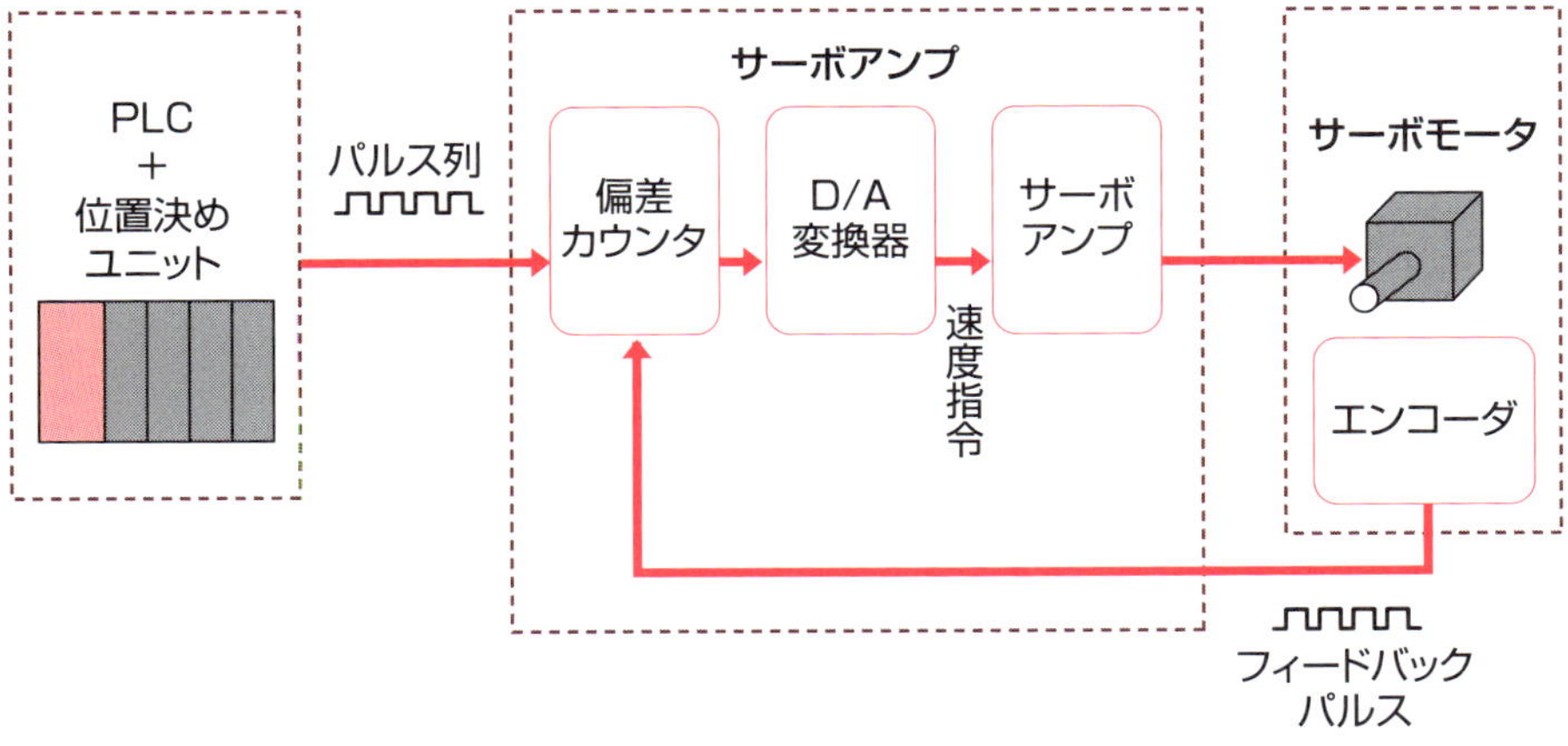

38 サーボアンプの構成

主回路部と制御回路部の二つがある

時代のニーズとして急速に需要が伸びつつあるACサーボモータのアンプ構成について説明します。通常、サーボアンプは、主回路部と制御回路部に分かれて構成されています。

左頁図のように主回路部には、交流を直流に変換する「①整流器（コンバータ）」があります。一般的に、整流器で交流のすべてを直流に変換して、「②インバータ」によって直流から交流に変換して、モータを駆動するという構成です。直流から交流に変換するときには、交流では特有のさざ波状の電圧変動（リップル）が残ります。これを「③コンデンサ」を利用してなだらかに平滑します。

制御回路部では、サーボモータにあるエンコーダからフィードバックされたパルス信号を、「⑥F／Vコンバータ」によって周波数を電圧に変換します。コントローラ側からの速度指令（電圧）とF／V（電圧）との差を比較しながら「⑦速度制御部」、「⑤トルク制御部」に出力します。また、交流の出力波形は正弦波なので、なるべく正弦波に近い電圧または電流を出力するように設計しなければなりません。ここで、「④PWM（パルス幅変調）」制御（45項参照）を用いて、インバータを制御する信号を作ります。

一方で、サーボモータは電動機であると同時に発電機でもあります。通常、アンプからモータに電力を供給して動かします。一方、速度を減速させるときには、モータや機械が持っている回転エネルギーをアンプ側に逃がします。そうすることで、回生ブレーキと呼ばれる制動力を得ることができます。しかし、回生による電力が大きくなりすぎると、コンデンサの電圧が高くなり、各素子を破損させてしまうことがあります。そこで、アンプやモータを保護する機能として、ダイナミックブレーキが搭載されています。緊急時には、サーボモータを急停止できる機能です。ACサーボアンプは上記の機能などで構成されています。

要点BOX
- ●ACサーボモータの構成について理解する
- ●回生ブレーキ、ダイナミックブレーキ

ACサーボアンプの構成

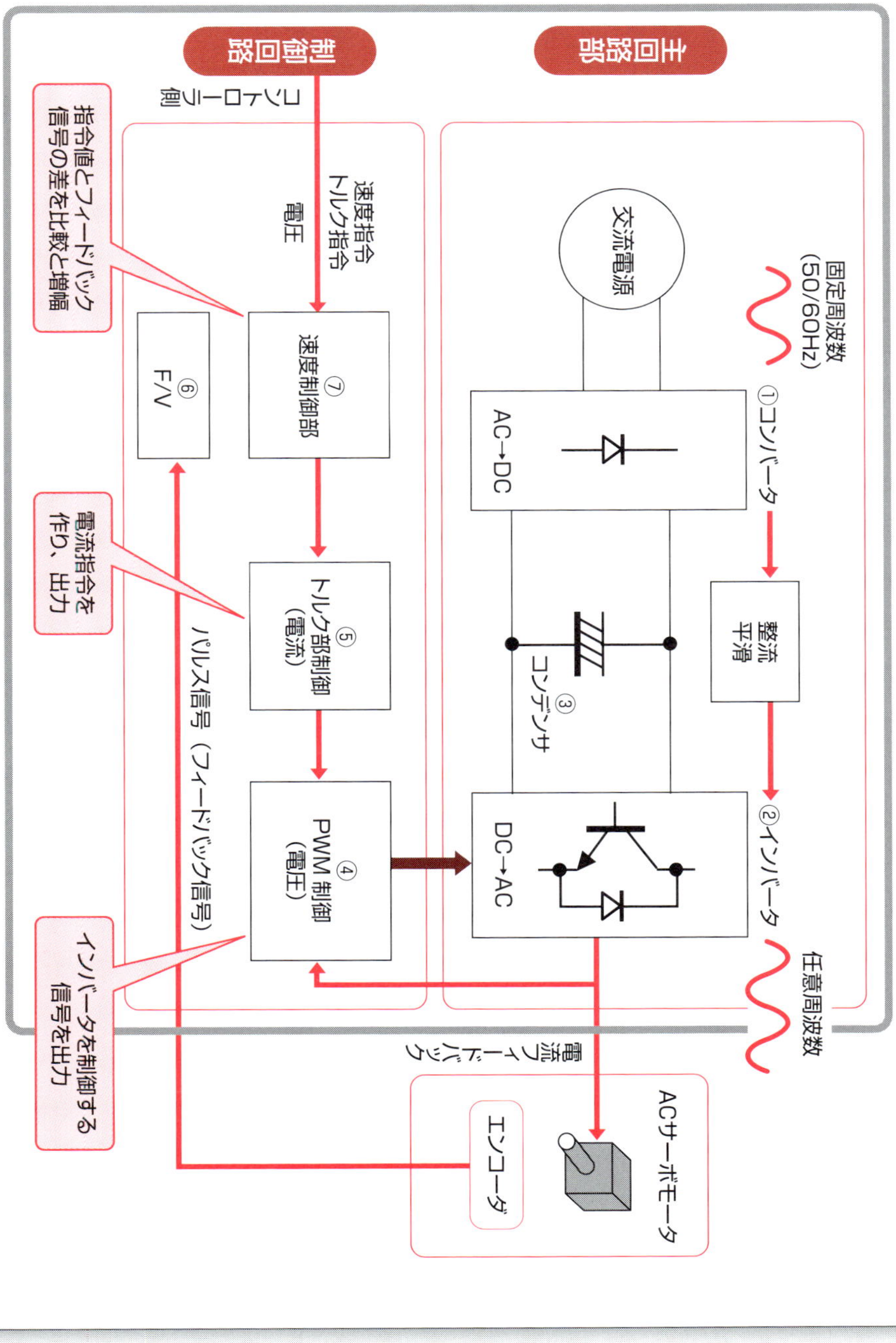

主回路部
制御回路
コントローラ側
速度指令
トルク指令
電圧
固定周波数
(50/60Hz)
交流電源
①コンバータ
AC→DC
整流
平滑
③コンデンサ
②インバータ
DC→AC
任意周波数
電流フィードバック
ACサーボモータ
エンコーダ
⑦速度制御部
⑥F/V
⑤トルク部制御
(電流)
④PWM制御
(電圧)
パルス信号（フィードバック信号）
指令値とフィードバック
信号の差を比較と増幅
電流指令を
作り、出力
インバータを制御する
信号を出力

39 サーボアンプの選定

容量不足に注意

サーボモータが、運転パターン、負荷トルク、容量計算などによって選定されると、そのモータにふさわしいアンプを選定しなければなりません。具体的には、基本仕様である電力と制御モード、ブレーキなどの内部機能の記載事項を詳しく検討します。

特に、重要なことは、容量に関係のある動作電圧や出力電流をチェックすることです。容量が足りなければ電圧があってもモータは回転しません。また、負荷や慣性モーメントなどの機械的条件によっては、サーボアンプが容量不足となる場合があるので、十分な検討が必要です。一般的に、アンプの性能は、流せる電流の大きさと電流のON／OFFのスピードで決まります。流せる電流が大きい、つまり、容量が大きければパワーのあるモータを回せます。さらに、ON／OFFのスピードが速ければ短い間隔で制御できます。

しかし、動作速度が速くなりすぎると発熱し、やがてはモータに負荷がかかり焼損する恐れがあります。

また、連続的にモータに電流を流して駆動するのか、不連続かによって、アンプの種類も異なります。さらに、サーボアンプは、サーボモータの減速時に発生する回生エネルギを有効利用することもできます。運転条件によっては不要に設定できるので、オプション項目にも目を通しましょう。

その他、ゲイン（51項参照）の調整項目も確認する必要があります。サーボモータは、一般的にPWM（45項参照）でスイッチング制御しますが、PWMが低すぎるとモータは振動してしまいます。そのため、PWMの周期をモータの時定数（52項参照）以下にするなどのチェックも必要です。また、モータを使う環境以外で使用すると、保証されないので確認が必要です。サーボアンプとサーボモータの組み合わせが悪いと、精度が出ないだけでなく、モータや機械にダメージを与える恐れがあるため、選定には専門的な知識が求められます。

要点BOX
- 流れる電流の大きさ、ON／OFFスピード
- 基本仕様、制御モード、ゲイン調整、オプション項目などのチェック

サーボアンプの仕様例

●ADVサーボアンプ基本仕様（標準インターフェイス・EtherCAT 共通）

区分	型式(機種暗号)		ADVA***S(***；容量記号、$：S(ロータリ対応))										
	項目		R5N	01N	02N	04N	08N	10L(計画中)	15L(計画中)	R5M	01M	02M	04M
	標準組み合せモータ容量(kW)		0.05	0.1	0.2	0.4	0.75	1.0	1.5	0.05	0.1	0.2	0.4
基本仕様	入力電源(主回路)		単相／三相200〜230v 50／60Hz					三相200〜230v 50／60Hz		単相100〜115v 50／60Hz			
基本仕様	入力電源(制御回路)		単相200〜230v 50／60Hz							単相100〜115v 50／60Hz			
基本仕様	電源設備容量(KVA)		0.3	0.3	0.5	0.9	1.3	1.8	2.5	0.3	0.4	0.5	1
基本仕様	定格出力電流(Ams)		0.9	1.2	2.1	3.2	5.1	6.2	10.5	1.2	2.1	3.2	5.1
基本仕様	最大瞬時電流(Ams)		2.7	3.6	6.3	9.6	15.3	21.1	32.3	3.6	6.3	9.6	15.3
基本仕様	保護構造		半閉鎖型　IP20(JIS C 0920(IEC60529)に準拠)										
基本仕様	制御方式		線間 正弦波変調PWM方式										
基本仕様	制御モード		位置制御／速度制御／トルク制御										
基本仕様	指令入力(標準インタフェイス)	位置	ラインドライバ信号：20MHz パルス/s以下(4逓信後、非絶縁入力) オープンコレクタ信号：2MHz パルス/s(4逓信後、絶縁入力) (a)位相差2相パルス　(b)正転/逆転方向パレス　(c)符号入力+指令パルス　より選択										
基本仕様	指令入力(標準インタフェイス)	速度	アナログ入力：0〜±10V/最高速度(ゲイン設定可)										
基本仕様	指令入力(標準インタフェイス)	トルク	アナログ入力：0〜±10V/最大トルク(ゲイン設定可)										
基本仕様	対応エンコーダ		17bit／(16bit)：インクリメンタル、アブソリュート1回転内データ／(アブソリュート多回転データ) 20bit／(16bit)：インクリメンタル、アブソリュート1回転内データ／(アブソリュート多回転データ)										
内部機能	内蔵オペレータ		5桁LED、5キー押しボタン(標準インターフェイス)／2桁LED(EtherCAT)										
内部機能	回生制動回路		内蔵										
内部機能	内蔵回生制動抵抗		無し			有り				無し		有り	
内部機能	外付け回生制動抵抗最小値(Ω)		100	100	100	50	40	25	25	35	35	25	17
内部機能	ダイナミックブレーキ回路および抵抗		内蔵										
内部機能	I/O機能	接点信号	入力：汎用10点(標準)または汎用6点(EtherCAT)、パラメータ設定により機能選択 出力：汎用6点(標準)または汎用4点(EtherCAT)、パラメータ設定により機能選択										
内部機能	保護機能(主要機能抜粋)		過電流、過負荷、主回路過電圧、主回路不足電圧、PM異常、セーフティ回路異常、緊急遮断、エンコーダ異常、温度異常、位置偏差異常、速度偏差異常、過速度異常、エンコーダ電池異常、アブソリュートエンコーダ異常										
	海外規格		UL規格：UL508C(汚染度2)、低電圧指令:EN50178(汚染度2)、EMC指令：EN61000-6-2 など										
	機能安全		EN61800-5-2(STO)										
	セットアップソフトウェア ProDriveNext		対応OS：Windows®Vista 32bit,Windows®7 32bit／64bit,Windows®8 32bit／64bit										
環境	使用温度／保存温度／湿度		0〜+55℃／−10〜+70℃／20〜90%RH(結露しないこと)										
環境	耐振動		5.9m/s2(0.6G)　10〜55Hz(JIS C60068-2-6：2010に準拠)										
環境	使用場所		標高1000m以下、屋内(腐食ガス、塵埃のないところ)										
	概略質量(kg)		0.7	0.7	0.7	1.1	1.2	1.9	1.9	1.1	1.2	1.8	1.8

40 コントローラの役割

動きの指令を与える装置

コントローラは、動きの指令を与える装置です。指示を与える方法は、「パルス列」という指令信号を発振し、アンプに出力します。パルス列には、次の二つがあります。①「パルス数」パルスの数だけ進む距離を表す位置指令、②「パルス周波数」パルスの周波数が進む速さを表す速度指令です。このパルス列により、速度や移動量を命令することができます。パルス列の波形は、矩形波です。回転方向を変えるには、一般的に、正転向用（CW）と逆転向用（CCW）の独立したA相とB相二つのパルス列を出力して制御します。

この機器をパルス発振器といい、位置決めユニットとも呼ばれています。

位置決めユニットは、パルスを設定する機能やパルスを発信する機能がありますが、命令を与える頭脳はついていません。そこで、位置決めユニットとともに用いられるのが、パソコン、NC、CNC、マイコンなどの演算装置です。

サーボ機構の演算装置の代表的なものとして、工業界では、PLC（プログラマブル・ロジック・コントローラ）が幅広く用いられています。一般的に「シーケンサ」と呼ばれています。

PLCは、一つの筐体にCPU、入力・出力（I／O）、電源、などが組み込まれており、ラダープログラムという言語でシステム全体の動作をつかさどります。PLCは仕様や数に合わせて、I／Oボード、A／D・D／Aコンバータ、シリアル通信などのユニットを増設することができます。制御専用のコントローラなので、モニターやランプなど、外部の入出力機器との接続も簡単にできるように構成されています。こうした周辺の接続性のほかに、高温多湿、高温度変動、振動、ノイズなどの影響を受けにくくなっています。さほど熟練を要さずにプログラミングの開発や変更もできるため、工場等で採用されています。

要点BOX
- ●パルス列を発振する位置決めユニット
- ●PLCなどの演算装置

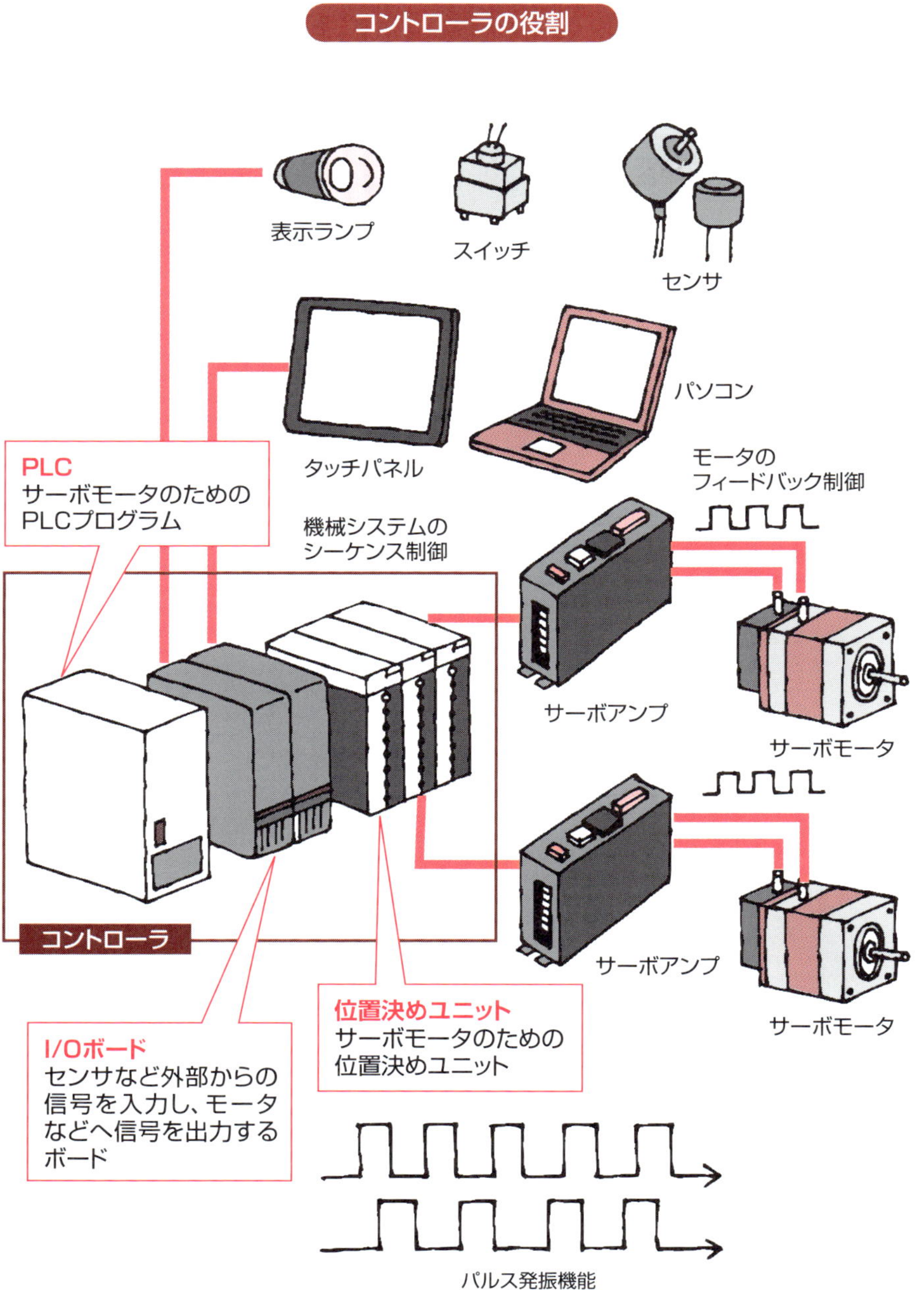
コントローラの役割
表示ランプ
スイッチ
センサ
パソコン
タッチパネル
モータの
フィードバック制御
PLC
サーボモータのための
PLCプログラム
機械システムの
シーケンス制御
サーボアンプ
サーボモータ
コントローラ
サーボアンプ
サーボモータ
位置決めユニット
サーボモータのための
位置決めユニット
I/Oボード
センサなど外部からの
信号を入力し、モータ
などへ信号を出力する
ボード
パルス発振機能

41 コントローラの構成

位置決め、I／Oボード、PLCの主要3ユニット

サーボ機構のコントローラは、目標位置と現在位置との差を比較して、モータを高速で回転したり、低速で回転させます。そうすることで、機械やアクチュエータなどを目的通りに動かすための指令装置です。人間でたとえるならば頭脳に当たります。

頭脳のメインとなるのが、CPU（Central Processing Unit：中央処理装置）で、マイコン（Micro computer）やPC（Personal computer）がその代表です。これらは、コントローラの中に搭載されていて、通常、センサ信号処理、演算、動作指令の送出、データの保存と管理、他の機器との通信などを実行します。

一般的にコンピュータは、同時に一つのことしかできないため、処理には時間がかかることがあります。これを「リアルタイム性」または「応答の速さ」といい、コントローラの性能を示す重要な項目です。

また、指令を与えられるようにソフトウェアを搭載するPLCなどの機能を増設して、速度制御や位置決め制御を高速に行います。コンピュータは0と1のデジタルでしか処理できないため、さまざまな機能を追加して使用します。たとえば、アナログからデジタルに変換するA／D変換機能、その逆のD／A変換機能などもあります。

さらに、アンプやセンサなどの情報をやりとりするための入出力機能（I／O機能）とも組み合わせます。アンプやアクチュエータが増えるごとに機能も増設することができます。これらの機能は独立しているのでユニットと呼ばれています。

サーボ機構のコントローラにおいては、位置決めユニット、I／Oボードユニット、PLCユニットの三つの主要ユニットで構成されています。

コントローラには、電子回路で構成されているアナログ回路と、マイコンなどでソフト演算するデジタル回路の二種類があります。

要点BOX
- ●コントローラの性能を理解する
- ●主要3ユニットについて理解する

コントローラの機能

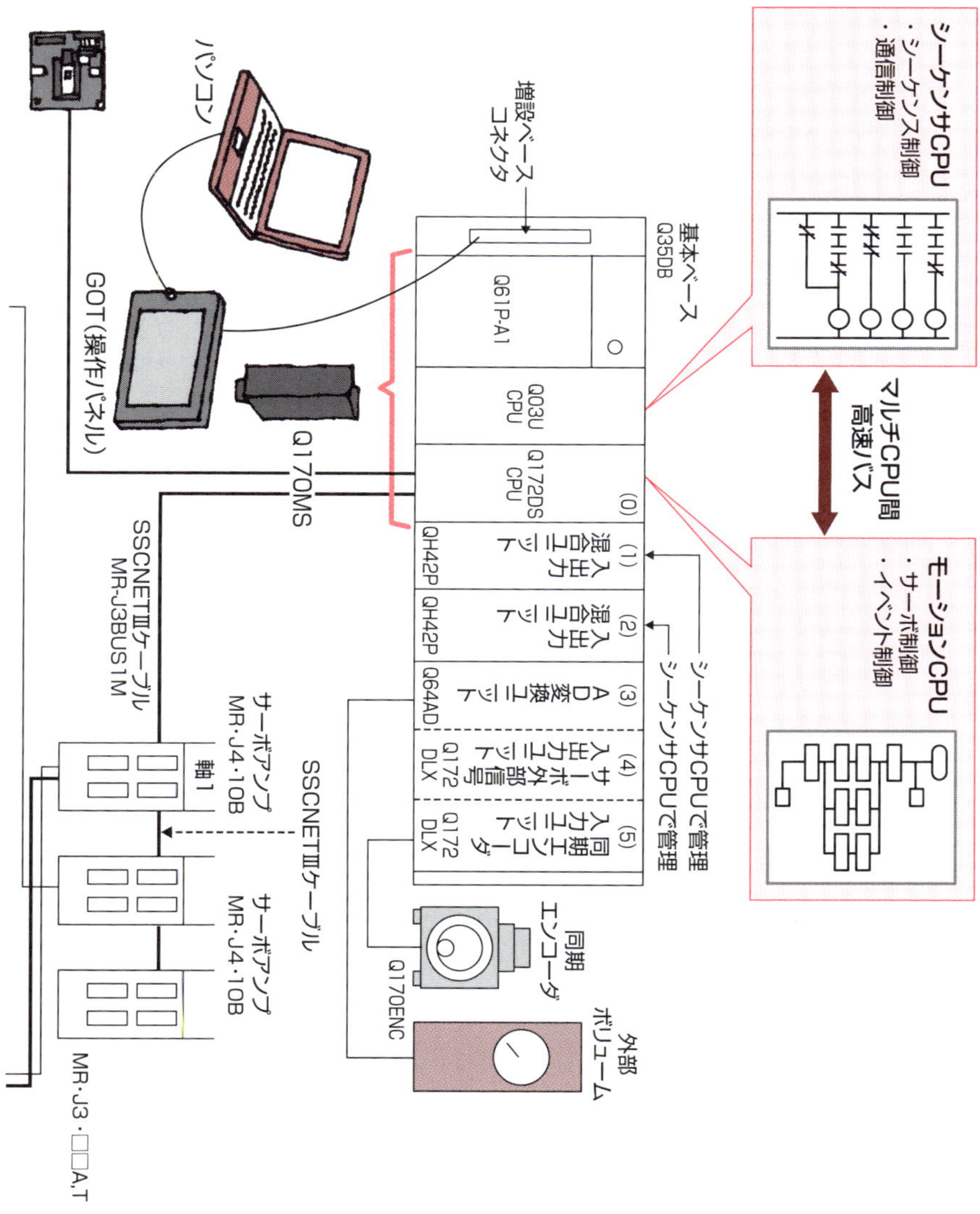

シーケンサCPU
・シーケンス制御
・通信制御
マルチCPU間高速バス
モーションCPU
・サーボ制御
・イベント制御
基本ベース
Q35DB
増設ベースコネクタ
Q61P-A1
Q03U CPU
Q172DS CPU
(0)
(1) 入出力混合ユニット
QH42P
(2) 入出力混合ユニット
QH42P
(3) AD変換ユニット
Q64AD
(4) サーボ外部信号入出力ユニット
Q172 DLX
(5) 同期エンコーダ入力ユニット
Q172 DLX
シーケンサCPUで管理
シーケンサCPUで管理
同期エンコーダ
Q170ENC
外部ボリューム
パソコン
GOT(操作パネル)
Q170MS
SSCNETⅢケーブル
MR-J3BUS1M
サーボアンプ
MR-J4-10B
軸1
SSCNETⅢケーブル
サーボアンプ
MR-J4-10B
MR-J3-□□A,T

42 コントローラの選定

マイコンとPLCを比較

コントローラは千差万別のため、選定では、コスト、プログラミングスキル、使用環境、保守性、製品台数、システム外部との通信性などに応じて、決めることが重要です。ここでは、サーボ機構に使われるコントローラとして代表的な、マイコン(マイクロコンピュータ)とPLC(40項参照)を比較しながら説明します。

マイコンは、高度なデータの処理が得意で、安価です。PLCが不得意とするデータ処理や通信制御用プログラムが、C言語によってできることから、機械・機器に応じたきめ細やかな処理や制御が実行できます。また、小型・軽量に設計できるため、製品に組み込まれて使われていることが多いコントローラです。

通常、コントローラは、制御するための命令処理だけでなく、リミットスイッチや、タッチパネルなど入力装置を接続できることも求められます。同様に、信号出力を設定したり、誤動作を通知したり、ブレーキ保持が可能な状態に切り替えらえる必要もあります。マイコンでは、C言語などの高度なプログラミングスキルのほかに、周辺のハードウェアとの相性や特性、入出力(I/Oポート)を合わせるためのスキルが必要です。

一方で、PLCは、プログラミングが比較的簡単です。ラダーという命令で、基本的なプログラムが完了するため、初心者でも扱いやすいコントローラです。また、PLCは、ほこりや振動の多い工場の製造ラインの制御装置を制御するための工業用コントローラとして作られているため、耐環境性に強いコントローラといえます。

マイコンは、環境に敏感なため、ノイズ除去などの対応が求められます。一方、PLCは、このような回路がパッケージとして組み込まれていて、メーカーが基本的なシステム品質・信頼性を保証しています。近年では、マイコンとPLCを融合したハイブリッド型のコントローラも注目されています。

要点BOX
- ●マイコンとPLCの特徴について理解する
- ●ハイブリットコントローラも注目されている

マイコン

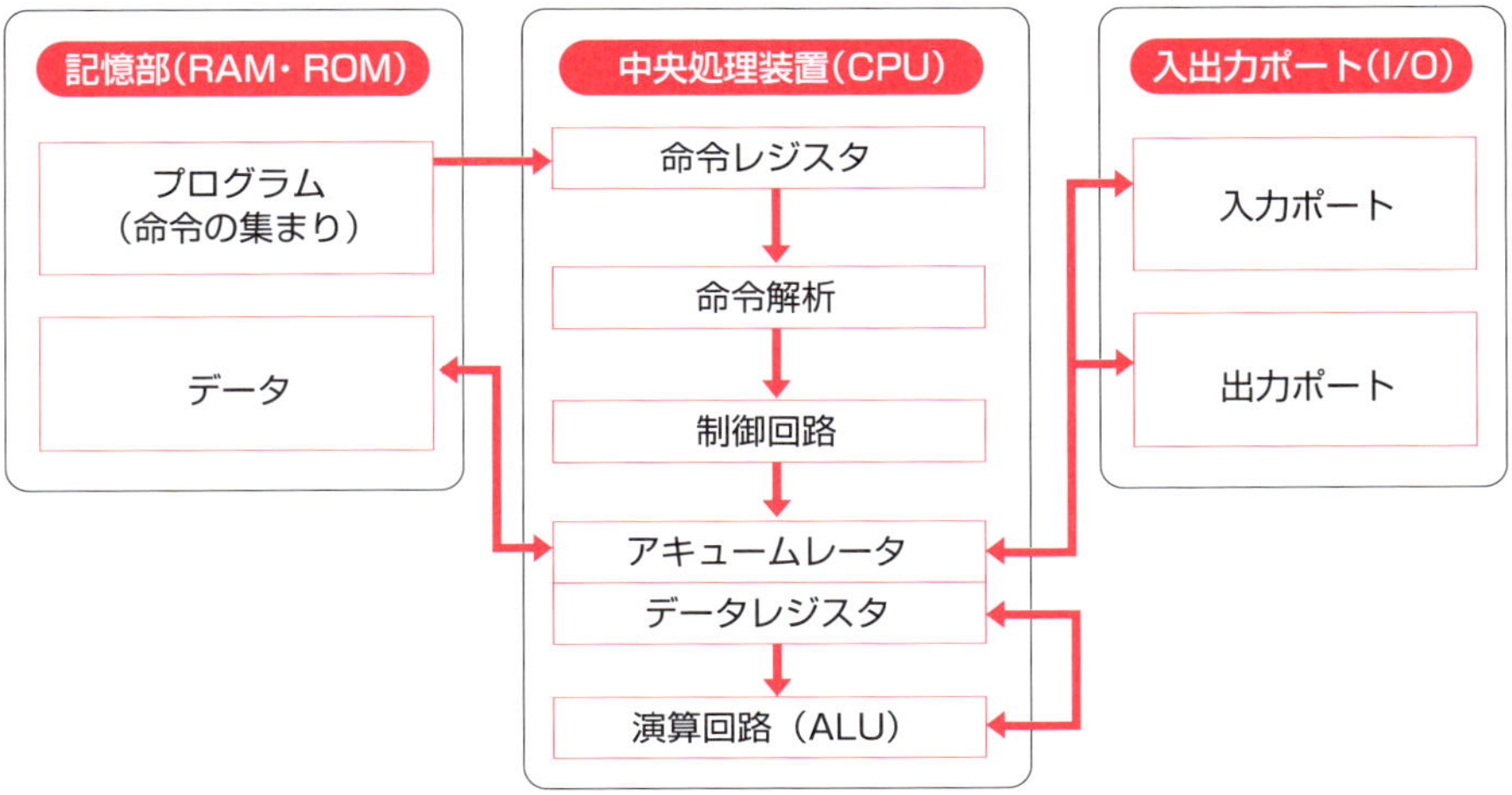

PLC

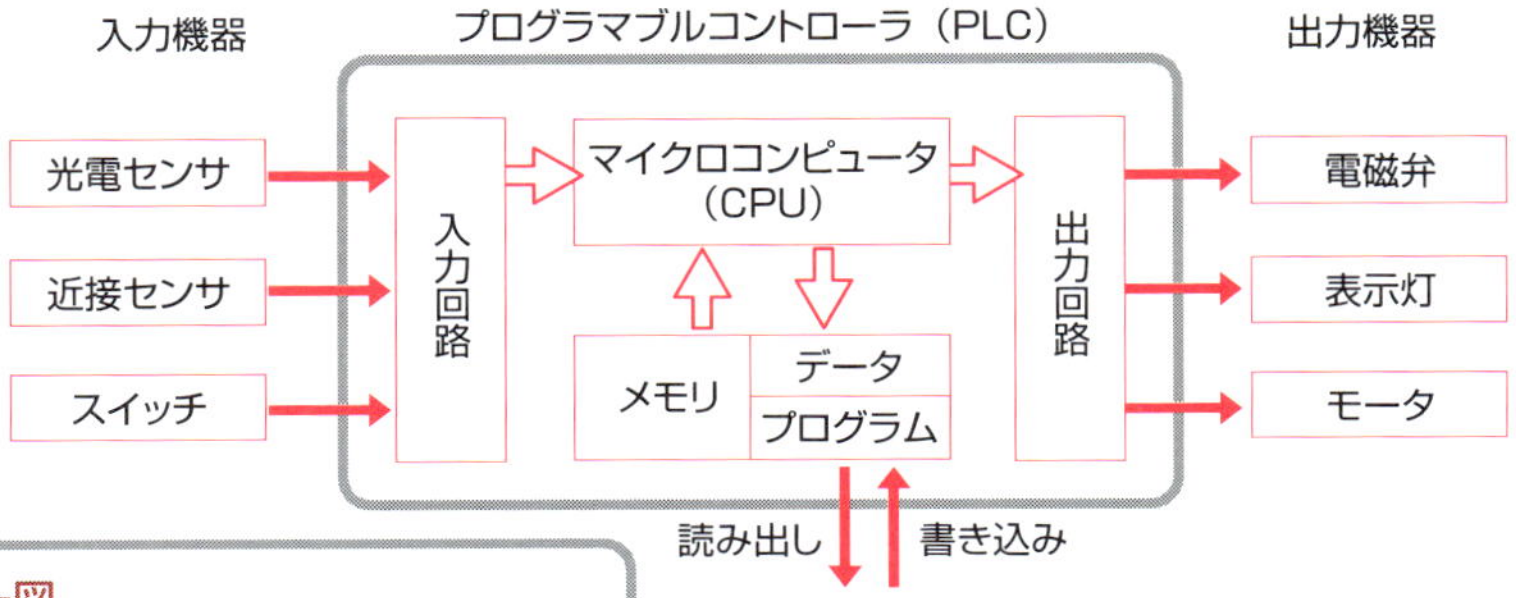

ラダー図

プログラミングの記述方法としてラダー図を以下に示します。
ラダー図は、リレー回路と同様な記述ができるため、一般に広く普及しています。

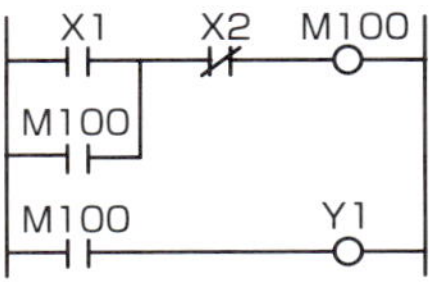

点灯ボタン(X1）を押すと消灯ボタン(X2）が押されるまでランプ(Y1）が点灯

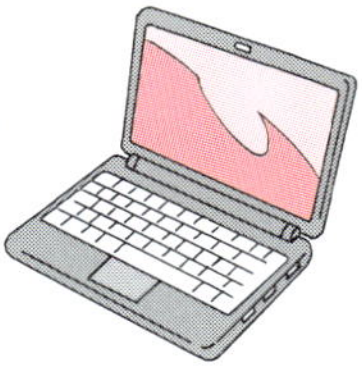

ラダープログラムの作成
ラダープログラムの転送
デバッグ（モニタ）

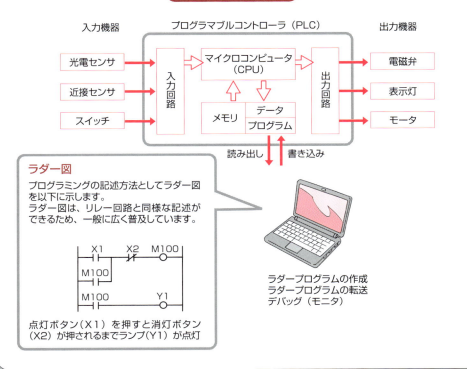

43 モーションコントローラ

1ユニットで多軸の位置決めができるコントローラ

1ユニットで2台のサーボモータを駆動できれば2軸、3台のサーボモータを駆動できれば3軸と数えられます。このように、1ユニット多軸の位置決めを行うコントローラを「モーションコントローラ」といいます。

モーションコントローラは、回転速度と移動距離を同期させて、複数のアクチュエータを同時に制御します。そのため、より厳密なモーション（動き）を実現することができます。

たとえば、一度に数十個のコイル巻きを定ピッチで送りながら、ある距離まで移動して折り返すなどの複雑な動作を実現したり、同時に複数のボトルに同じ速度で飲料を充填するような場合に使われます。

モーションコントローラには、運動モードを達成する機能として、直線補間、円弧補間、ヘリカル補間などが、基本性能として備わっています。「直線補間」は、横方向送りと縦方向送りの2台のモータを同時に動作して位置決めするとき、2点を直線で移動するモードです。「円弧補間」は、円弧を描くようになめらかに移動します。さらに、指令された速度で、指示された位置まで、円弧補間に深さ方向の動きを加えた螺旋状の動作をする「ヘリカル補間」によって、ソフトクリームのような三次元の動きも可能です。同時多軸を制御することで、正確でなめらかなモーションを実現したり、途中に障害物があるときそれを避けたりすることもできます。

さらに、サーボ機構に見られる直動系の誤差補正（ピッチエラー補正）や機構ガタの補正、バックラッシ（巻頭のキーワード解説参照）補正なども行うことができます。

このように、モーションコントローラは、同時多軸の位置決めを行いますが、3軸以下の制御では、一般的によく用いられている位置決めコントローラを使用しています。

位置決めコントローラは、1～3軸までを動かしながら直線補間、単独位置決めを簡単に動作できます。

要点BOX

- ●同時多軸を制御
- ●直線補間、円弧補間、ヘリカル補間

モーションコントローラの役割

Point
①複数軸との同期動作
②複雑な曲線動作の連続
③高速移動で細かい精度

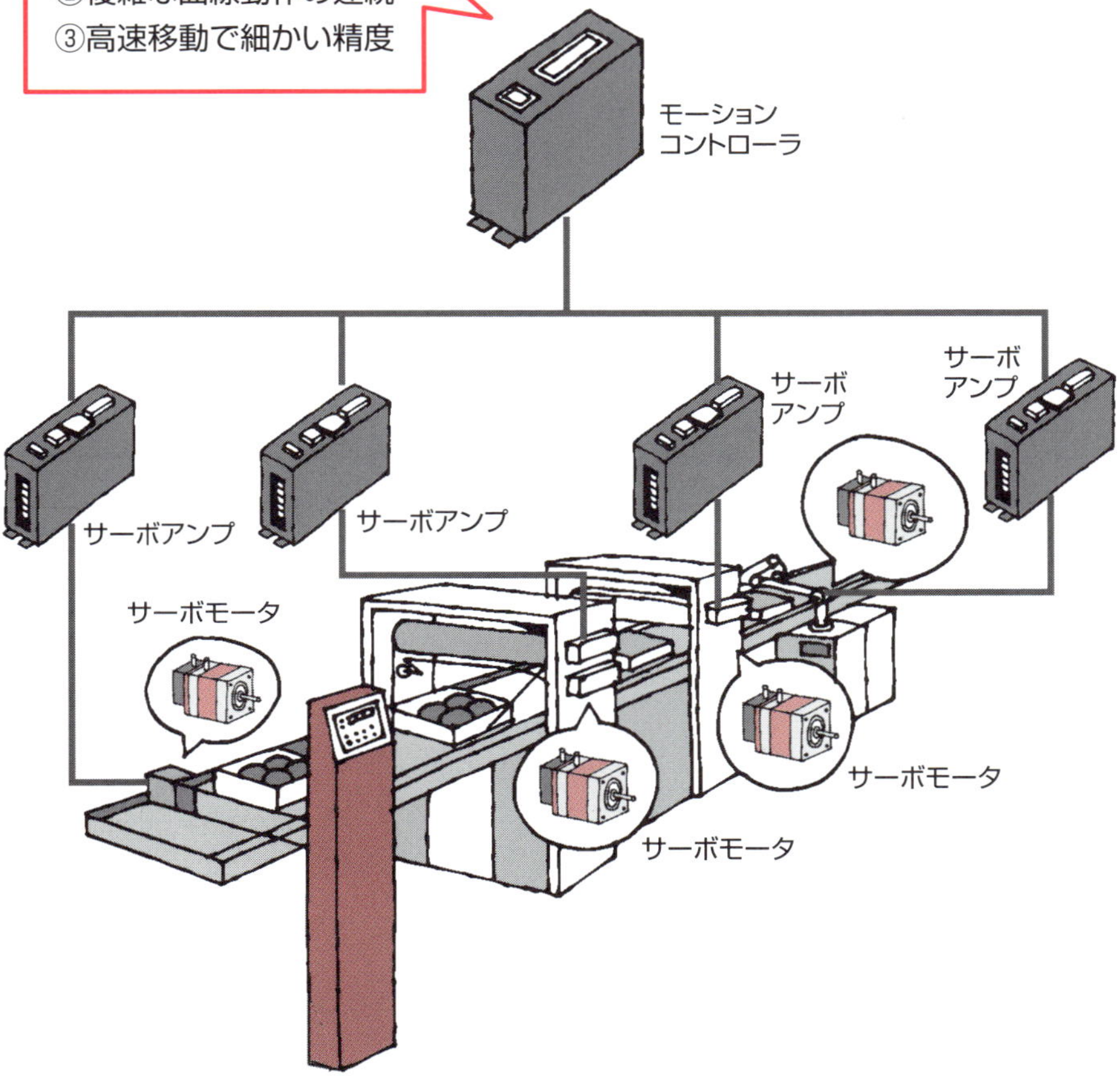

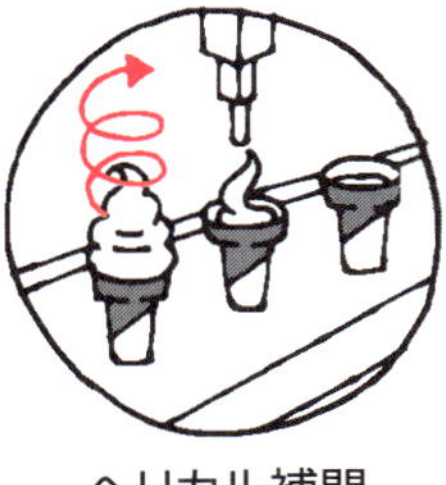
ヘリカル補間

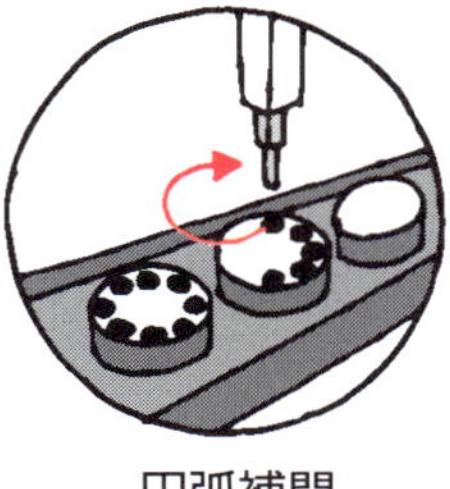
円弧補間

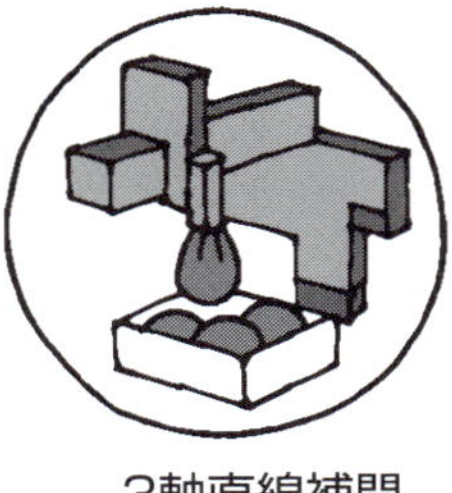
3軸直線補間

Column

センサと制御回路のコンビネーション

モータ制御では、一般的に、電流または電圧センサ、速度センサ、位置センサの三つのセンサが採用されています。それぞれ、制御の目的によって異なりますが、トルク制御を目的に電流センサだけを取り付ける場合もあります。また、速度や位置制御を目的に、三つのセンサを同時に取りつける場合もあります。

モータ制御では、まずはメカを動かさなければならないため、それを動かすために必要なモータのトルクを十分確保したうえで、トルクの監視が不可欠となります。そして、トルクは電流との比例関係から算出できるため、コストが厳しい家電や負荷の小さいOA機器用途を除いて、電流センサが省略されることは、ほとんどありません。

また、電流センサに代わって、電圧センサが付加されることもあります。

直流を交流に、または交流を直流に変換する場合には、変換器が必要です。変換器を介した場合には、電源電圧・電流値、力率などを取り入れながらモータを制御しています。

こうした電流または電圧・速度・位置などは、すべてフィードバック信号として扱われます。フィードバック信号は、電流や電圧といった物理的な値をコンピュータで処理できるオンとオフ、あるいはゼロとイチの情報値に変換して制御回路で処理されます。

また、いざ機械を動かすとなると周囲の環境やメカの状態から、予想もしない外乱が発生する場合があります。外乱発生によって状態をすみやかに元の状態に戻さなければならない状況下では、レギュレータを採用しています。レギュレータは、出力される電圧・電流を常に一定に保つように制御する回路です。

このように、サーボ機構で使われるモータ制御では、比例・微分・積分などのPID制御やベクトル制御のための計算をはじめ、システムの状態監視などをセンサと制御回路の厳密なやり取りとスピィーディな処理によって行っています。

第7章

サーボ機構のための制御とその理論

44 自動制御

自動制御の三つの制御方法

制御とは、JIS Z 8116で「ある目的に適合するように、制御対象に所要の操作を加えること」と定義されています。自動制御は制御装置によって自動的に制御が行われるもので、フィードフォワード制御とフィードバック制御とシーケンス制御の三つに大きく分けられます。

21項で解説したオープンループ(開ループ)はフィードフォワードと、クローズドループ(閉ループ)はフィードバックと同じ意味で使用されます。

フィードフォワード制御とは、目標の値に影響があって変動させるような外的な要因(外乱)を予測して、前もって制御量を決めておく制御方法です(図1)。

フィードバック制御とは、制御したい何らかの量の現在の値を確認し、目標の値と比較します。そして、制御したい量を目標の値に一致するように制御する方法です。対象物を目標の速度で動作させたい場合は、現在の速度を確認し、目標との差をなくすように速度を調整する制御方法です(図2)。

シーケンス制御は、予め定められた手順や順序に従って、制御したい量の確認を行わず、制御の各段階を逐次進める制御方法です。何かの作業を機械に行わせる場合、制御装置に行いたい動作の手順と順番を正しく覚えさせておけば、覚えさせた手順通りに動作を行うものです(図3)。

フィードフォワード制御やシーケンス制御は、現在の状態の監視を行わないため、制御対象が目標値とずれていても修正は行われません。これらの制御は、目標値に合わせる目的ではなく、主に作業の自動化を目的として用いられる制御方法です。そのため、作業の自動化や省力化に効果があります。

フィードバック制御は、外乱に強い制御方法で、目標値と誤差なく制御させる、制御の質の向上に効果があります。サーボ機構は、制御したい量が位置、速度や回転数であり、フィードバック制御が適用されます。

要点BOX
- ●フィードフォワード制御:制御量を前もって決める
- ●フィードバック制御:目標値と一致させる
- ●シーケンス制御:定められた順序に従う

図1　フィードフォワード制御（オープンループ制御、開ループ制御）

標値、外乱などの情報に基づいて、制御量を前もって決めておく制御

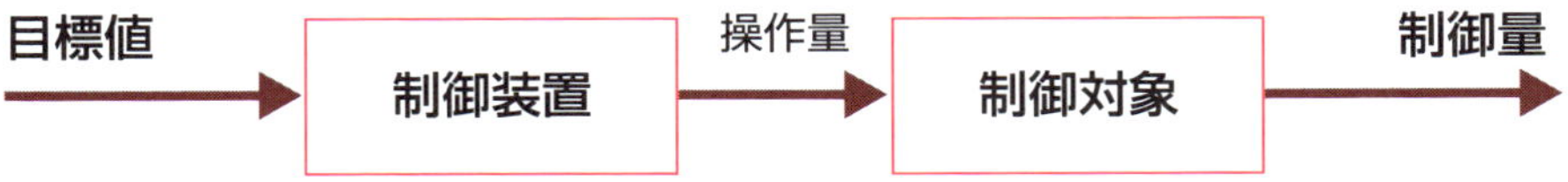

図2　フィードバック制御（クローズドループ制御、閉ループ制御）

フィードバックによって制御量を目標値と比較し、
制御量を目標の値に一致するように制御

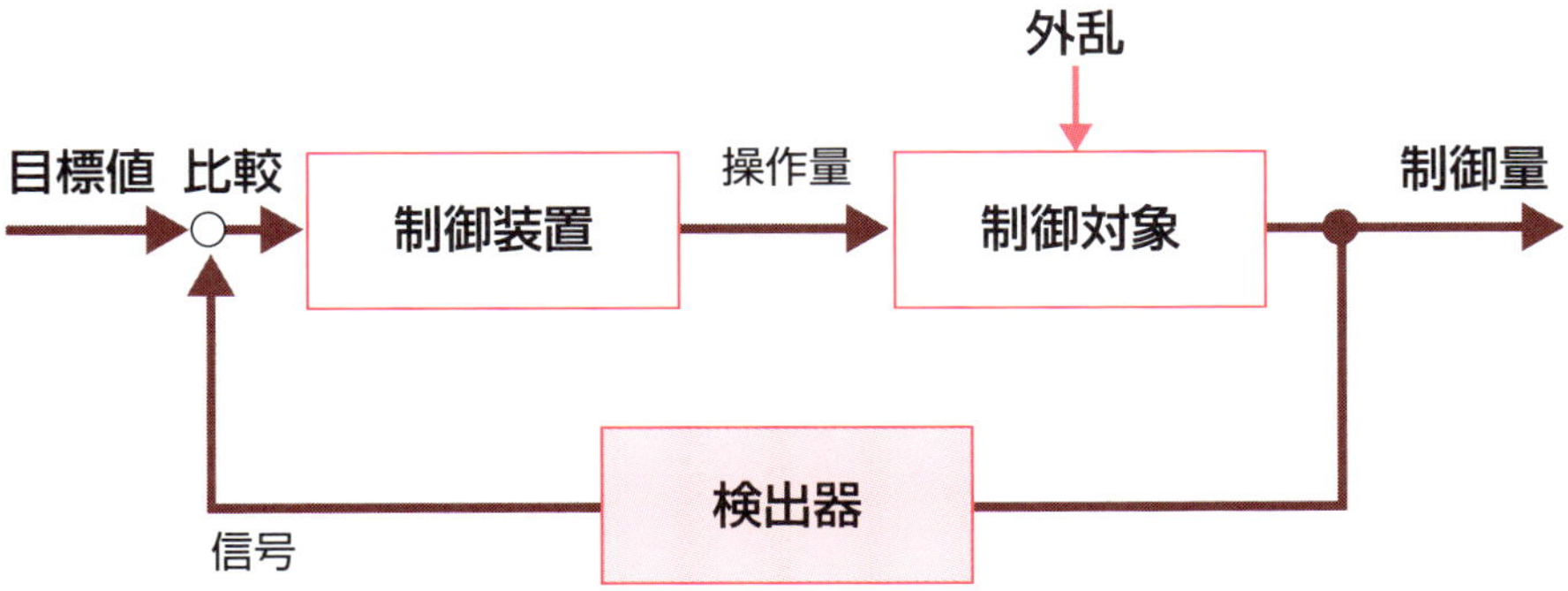

図3　シーケンス制御

予め定められた手順や順序に従って、制御の各段階を逐次進める制御

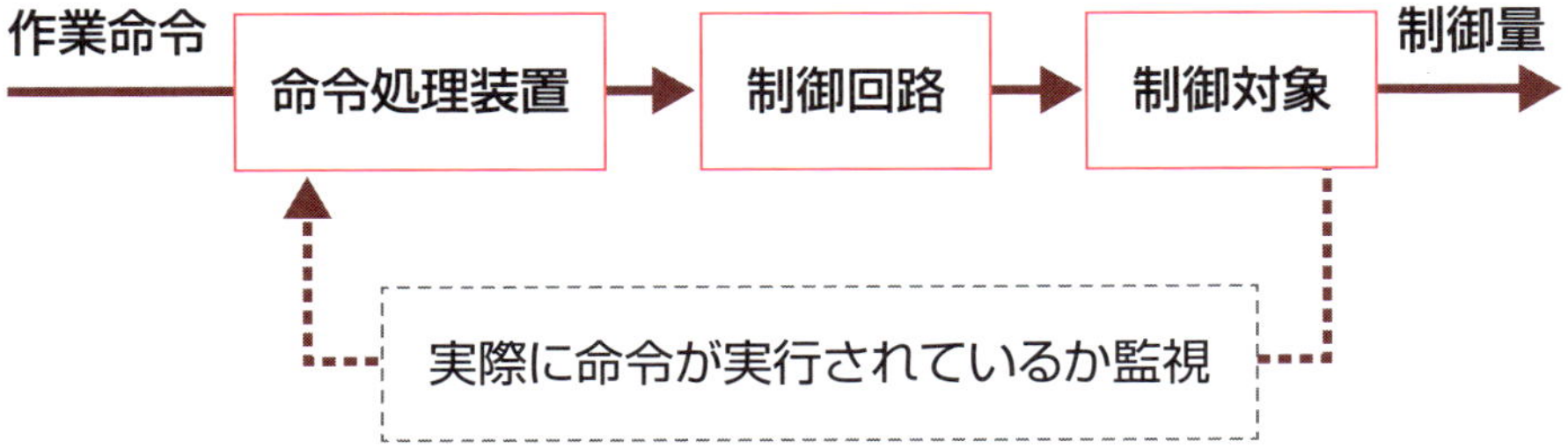

45 PWM制御

アクチュエータをどのように制御するか

サーボ機構ではものを動かすために何らかのアクチュエータを動作させます。

アクチュエータにはモータがよく用いられます。様々な種類のモータがありますが、DCモータの場合、電圧をかけ電流を流し、トルクを発生させ回転させます。回転の速度やトルクを変化させる場合、電圧を変化させる必要があります。

電圧を変化させ、速度やトルクを調整する手法としてよく用いられるものが、PWM(Pulse Width Modulation：パルス幅変調)制御です。

パルスとは、一定電圧のオンとオフを繰り返す矩形波です。1パルス中のオンの時間の比率のことをデューティ比と呼びます。パルスが出力されている区間の平均電圧は、パルスのデューティ比に応じて変化します。例えば、デューティ比が25%であれば、パルスが出力されている区間の平均電圧は入力電圧の25%となります。PWM制御は、早い周期でオンオフを繰り返すことで、デューティ比のオン時間に比例した任意の電圧を作り出すことが可能です。

図のようにデューティ比を段階的に変化させると、その区間の平均電圧も段階的に変化します。これにより、モータに入力する電圧を調整し、速度やトルクの制御を行います。また、デューティ比を調整し正弦波の交流を作り出しモータの制御を行うことも可能です。

一般にトランジスタとタイマICなど、専用のハードウエアを用いてパルスを発生させ、ユーザはハードウェアにデューティ比を指定し、電圧調整を行います。PWM制御は、トランジスタの効率のよいオンオフの状態の繰り返しで電圧の調整が行えるため、電力損失と発熱が少なく、必要な時だけ通電するので効率もよくなります。

PWM制御は、サーボ機構のアクチュエータのモータ制御に用いられる、電圧の調整方法です。

要点BOX
- ●パルス幅で電圧を調整する
- ●損失、発熱が少なく高効率
- ●電圧の調整の自由度が高い

パルス

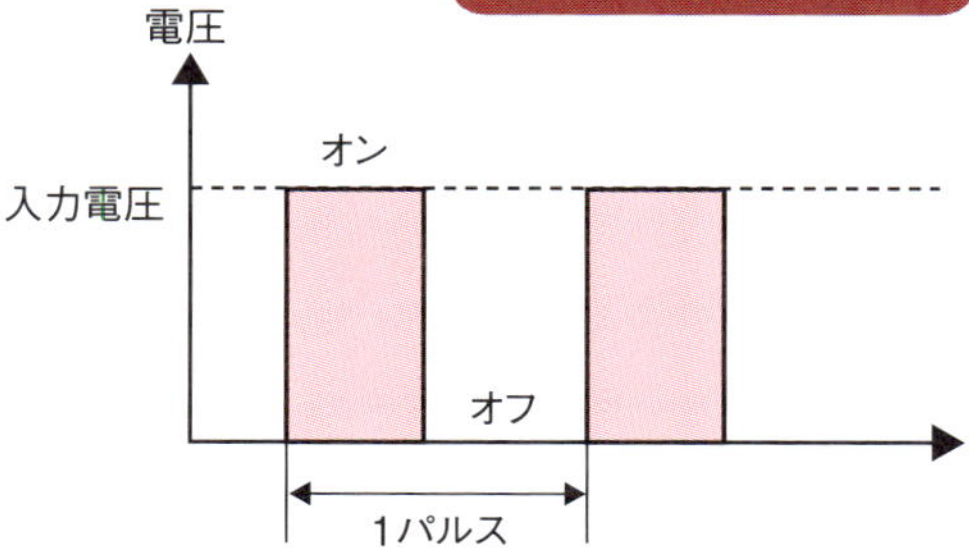

一定の電圧を入力し、
オンとオフを繰返す矩形波

デューティー比と平均電圧

デューティー比：1パルス中のオンの時間の比率

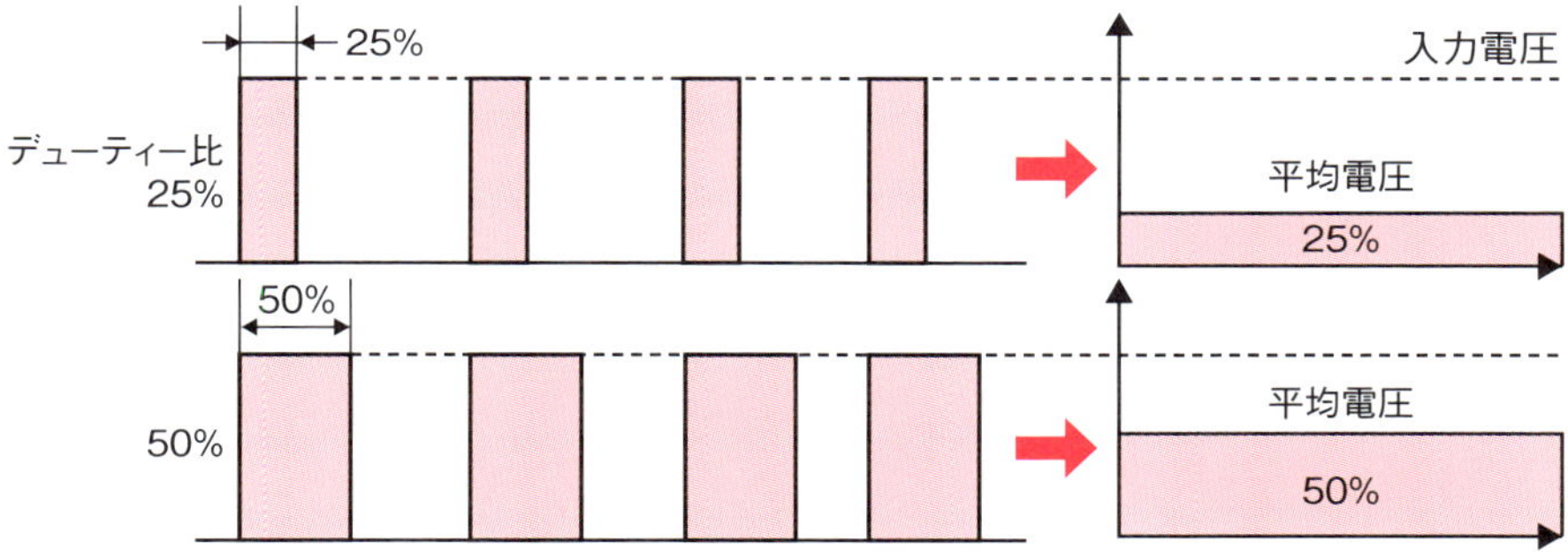

出力電圧の調整例

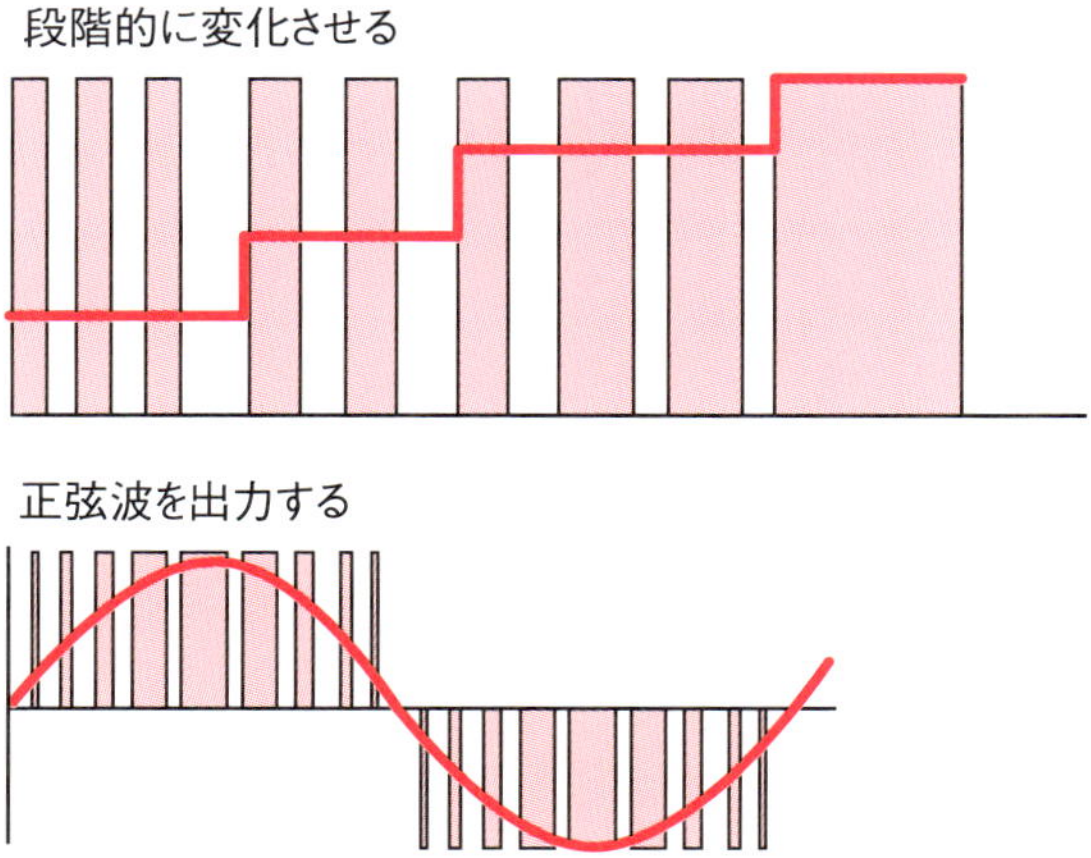

パルスのデューティー比（オンの時間）を調整し、出力電圧（平均電圧）を調整する

46 ラプラス変換と伝達関数

制御系の入力と出力の関係

制御対象は、どのようなシステムであるかをどう表現したらよいのでしょうか。制御系の式は、微分方程式で表現され、直接用いると扱いが難しく不便と感じる人が多いことでしょう。微分方程式を直接用いるより、ラプラス変換を行うことで、微分方程式はラプラス演算子sの代数式として扱えるようになります。微分方程式から伝達関数を求めることで、制御系の理解も出力はどのようになるかも、微分方程式を扱うより容易に行えます。

伝達関数は、初期条件を全てゼロとした際の制御系の微分方程式をラプラス変換し、入力信号と出力信号の比を取ったものです。ラプラス変換は、表に示すラプラス変換表を用いれば、難しい知識は必要なく行うことができます。ラプラス変換表を用いて微分方程式をsに関する代数式に変え、入力と出力について整理し、比を取れば伝達関数が求まります。

ラプラス変換は苦手という人もいますが、ラプラス変換の数学的扱いを深く理解しなくても、変換表を用いて変換をすることは可能です。伝達関数による制御系の特徴の把握や後に説明するブロック線図（47項参照）を用いて図示でき便利です。

伝達関数は、出力と入力の比の式なので、様々な入力信号を伝達関数に掛け合わせれば、出力の式が得られます。ラプラス変換表を用いて、この式を逆ラプラス変換すれば、微分方程式を解かなくても時間領域での出力の解が得られるため便利です。

伝達関数がわかれば、制御系や制御要素の特徴やどのような働きをするかを知ることができます。制御の分野では広く用いられる手段です。専門書などでも伝達関数を用い説明されていることが多く、様々な系の伝達関数や入力に対する出力の解法などの例が記載されています。ラプラス変換と伝達関数に慣れてしまえば、制御系に対する理解や扱いが容易になります。

要点BOX
●伝達関数は、制御系の特性を示す式
●伝達関数は出力と入力の比の式

システムの微分方程式と伝達関数

$$\frac{d}{dt}y(t) + ay(t) = bx(t)$$

入力 $= x(t)$　出力 $= y(t)$

ラプラス変換すると

$$sY(s) + aY(s) = bX(s)$$

$$(s+a)\,Y(s) = bX(s)$$

伝達関数 $G(s)$ はラプラス変換された式の出力／入力

$$G(s) = \frac{Y(s)}{X(s)} = \frac{b}{s+a}$$

代表的な関数のラプラス変換表

	時間関数 $f(t)$	ラプラス変換 $F(s)$
導関数	$\frac{d}{dt}f(t)$	$sF(s) + f(0)$
定積分	$\int_0^t f(t)\,dt$	$\frac{1}{s}F(s)$
デルタ関数	$\delta(t)$	1
ステップ関数	$u(t)\,(=1)$	$\frac{1}{s}$
ランプ関数	t	$\frac{1}{s^2}$
時間 t のべき乗	t^n	$\frac{n!}{s^{n+1}}$
指数関数	e^{at}	$\frac{1}{s-a}$
正弦関数	$\sin \omega t$	$\frac{\omega}{s^2+\omega^2}$
余弦関数	$\cos \omega t$	$\frac{s}{s^2+\omega^2}$

47 ブロック線図

制御系の特性を図示するには

制御する対象は、どのようなシステムや要素であるかの表現方法として、伝達関数があることを述べました。さらに、数式ではなく、図でシステムを表現する手法として、信号の伝達を矢印とブロックを用いて表すブロック線図があります。

ブロック線図は、伝達要素、加え合わせ点及び引き出し点の三つの基本要素から構成されます。伝達要素は、伝達関数を四角のブロックで囲み、信号の伝達方向に矢印をつけます。信号の記号は矢印の上部に記載します。入力Xが伝達関数に入力され、その出力がYの場合、入力信号Xと伝達関数Gの積が、出力Yとなります。信号は矢印の方向にのみ伝達され、逆方向には伝達しません。加え合わせ点は、複数の信号を足し引きする際に用い○で表します。足す場合は＋、引く場合は－を矢印の部分に明示します。引き出し線は、一つの信号を複数に分岐する際に用い●で表します。引き出し点の前後は同じ値となります。

複数の伝達要素を結合する場合は、直列、並列、フィードバック結合の三種類があります。直接は伝達関数を掛け合わせ、並列は足し合わせます。フィードバックは図の式のように結合されます。その他、加え合わせ点、引き出し点に関する等価変換の式を示します。

複雑に見えるブロック線図でも、三つの基本要素からのみ構成されており、結合と等価変換を繰り返していけば、簡略化した系の伝達関数を求めることができます。また、ブロック線図は元々数式を図示したものですので、伝達要素の前後、加え合わせ点、引き出し点の前後で、どのような値(数式)となっているかを確認しながら計算していけば理解が進みます。

微分方程式で構成される制御系を、伝達関数とブロック線図を用い表現すると、数式を扱うことなく伝達関数が求まり、制御系の特性を把握でき便利です。

要点BOX
- ●ブロック線図は系の特性を図示
- ●等価変換で伝達関数が求まる

ブロック線図の三つの基本要素

① 伝達要素

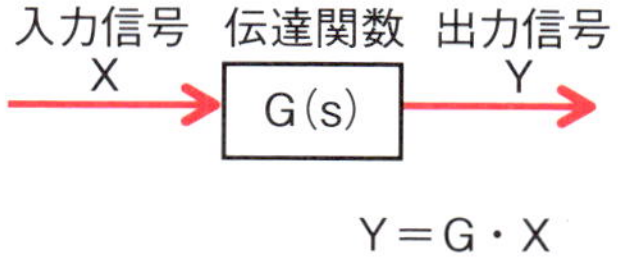

② 加え合わせ点

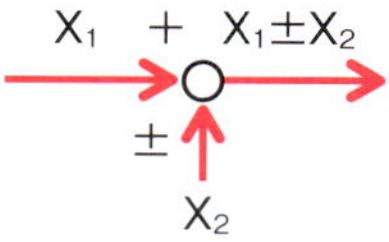

③ 引き出し点

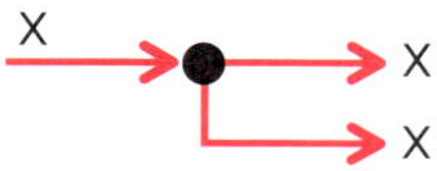

ブロック線図は、上記①②③の組合せでできています。

ブロック線図の結合

① 直列結合

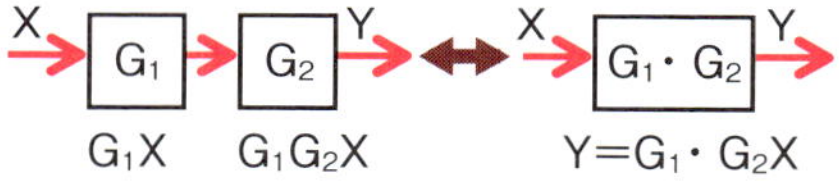

② 並列結合

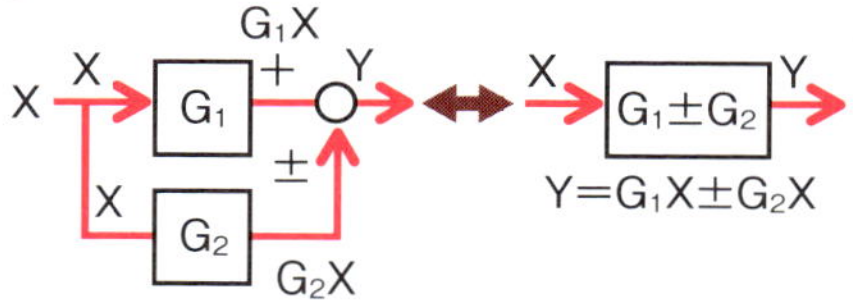

③ フィードバック結合

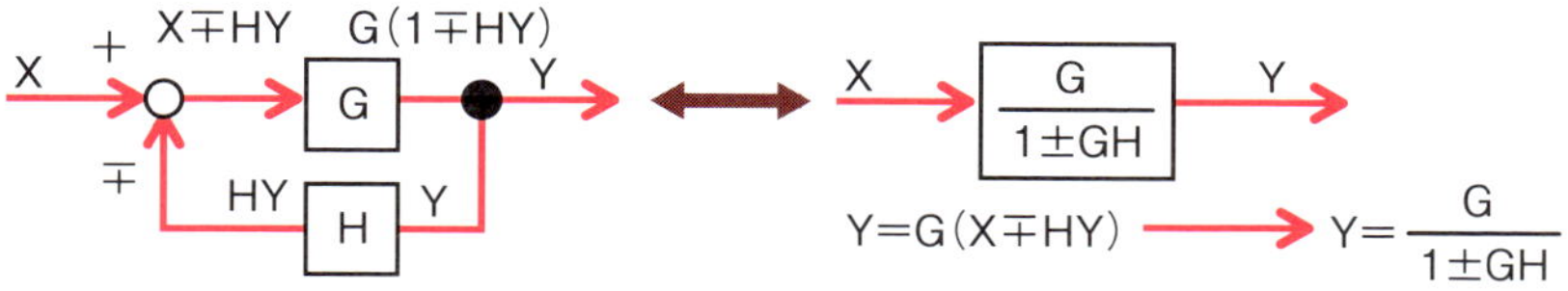

ブロック線図の等価変換

① 加え合わせ点の交換　その 1

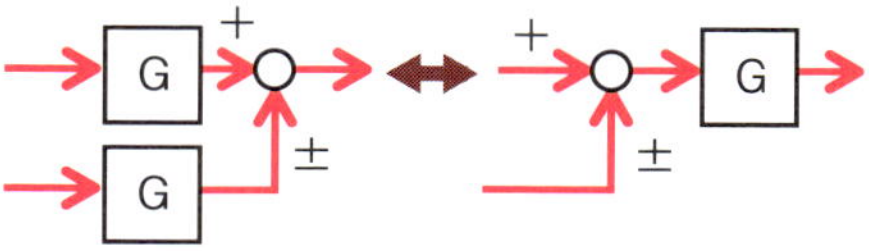

② 加え合わせ点の交換　その 2

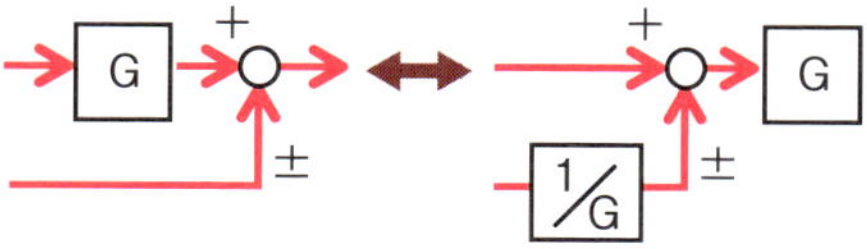

③ 引き出し点の交換　その 1

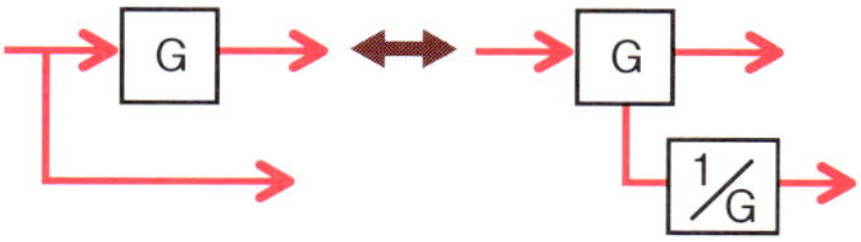

④ 引き出し点の交換　その 2

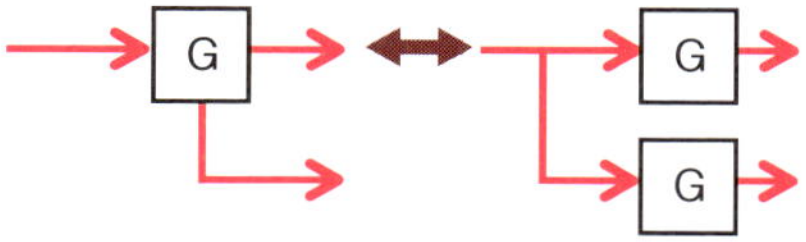

48 過渡応答と過渡特性

制御系の特性の確認方法

制御系に目標値の入力を加えた場合、すぐに出力が目標値になることはなく、入力が加えられてから、出力が目標値まで到達して落ち着くまで時間を要します。この入力を加えてから、出力が目標値に落ち着くまでの間の状態を過渡状態と呼びます。また、目標値に落ち着いた状態を定常状態と呼びます。制御系に入力信号が入り定常状態になるまでの出力信号の時間的変化を過渡応答といいます。過渡応答がどのようになるかは、制御系の持っている特性により決定され、過渡特性と呼ばれます。

制御系の特性を調べるために用いられる試験信号としてインパルス信号とステップ信号があります。インパルス状の入力を入れたときの応答は、インパルス応答と呼ばれ、伝達関数そのものの逆ラプラス変換で伝達関数の時間応答となります。ステップ入力は、伝達関数を積分したものの逆ラプラス変換で得られます。伝達関数の形がわかっていれば、伝達関数の内部の係数を変えることで、応答がどのように変化していくかが検討できます。

ステップ入力に対する制御系の応答例を図に示します。ステップ入力は時間ゼロで目標値になっています。制御系はすぐに目標値には到達せず、遅れて目標値に近づいていきます。その後、目標値を行き過ぎ、目標値付近で振動しながら、目標値に落ち着いていきます。

ステップ応答については、過渡特性を表現する指標が定量化されており、制御工学において慣習的に使用されています。よく用いられる指標を次頁に示します。①～④は速応性に関する指標、⑤は減衰性に関する指標、⑥は速応性と減衰性に関する指標となります。制御系の持つ振動数を決める係数や減衰性能を決める係数を変化させることにより、応答性を高めたり、オーバーシュートの量を減少させたりできます。

要点BOX
- ●過渡応答は定常値に至るまでの過程
- ●過渡応答は制御系の特性により決まる

代表的な試験信号と応答

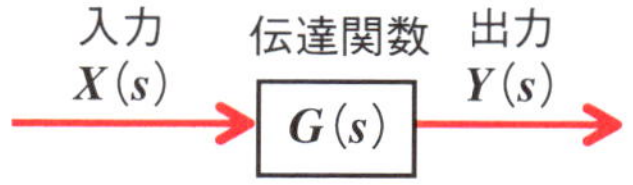

$$Y(s) = G(s) \cdot X(s)$$

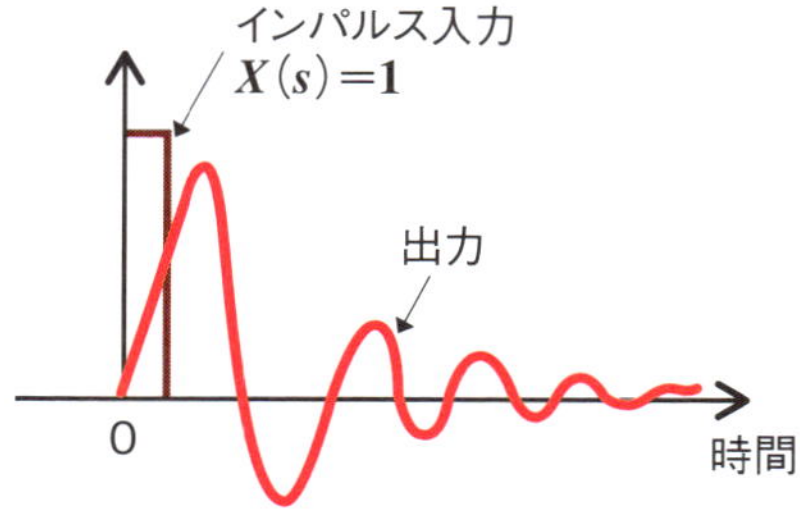

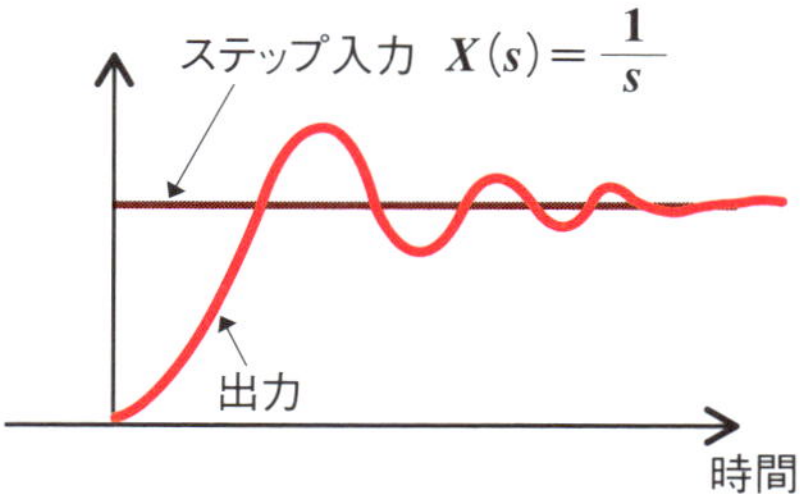

インパルス応答

$Y(s)=G(s)\ \cdot 1$

出力は伝達関数の逆ラプラス変換となる。

ステップ応答

$Y(s)=G(s)\ \cdot \dfrac{1}{s}$

出力は伝達関数の積分の逆ラプラス変換となる。

過渡特性を示す指標

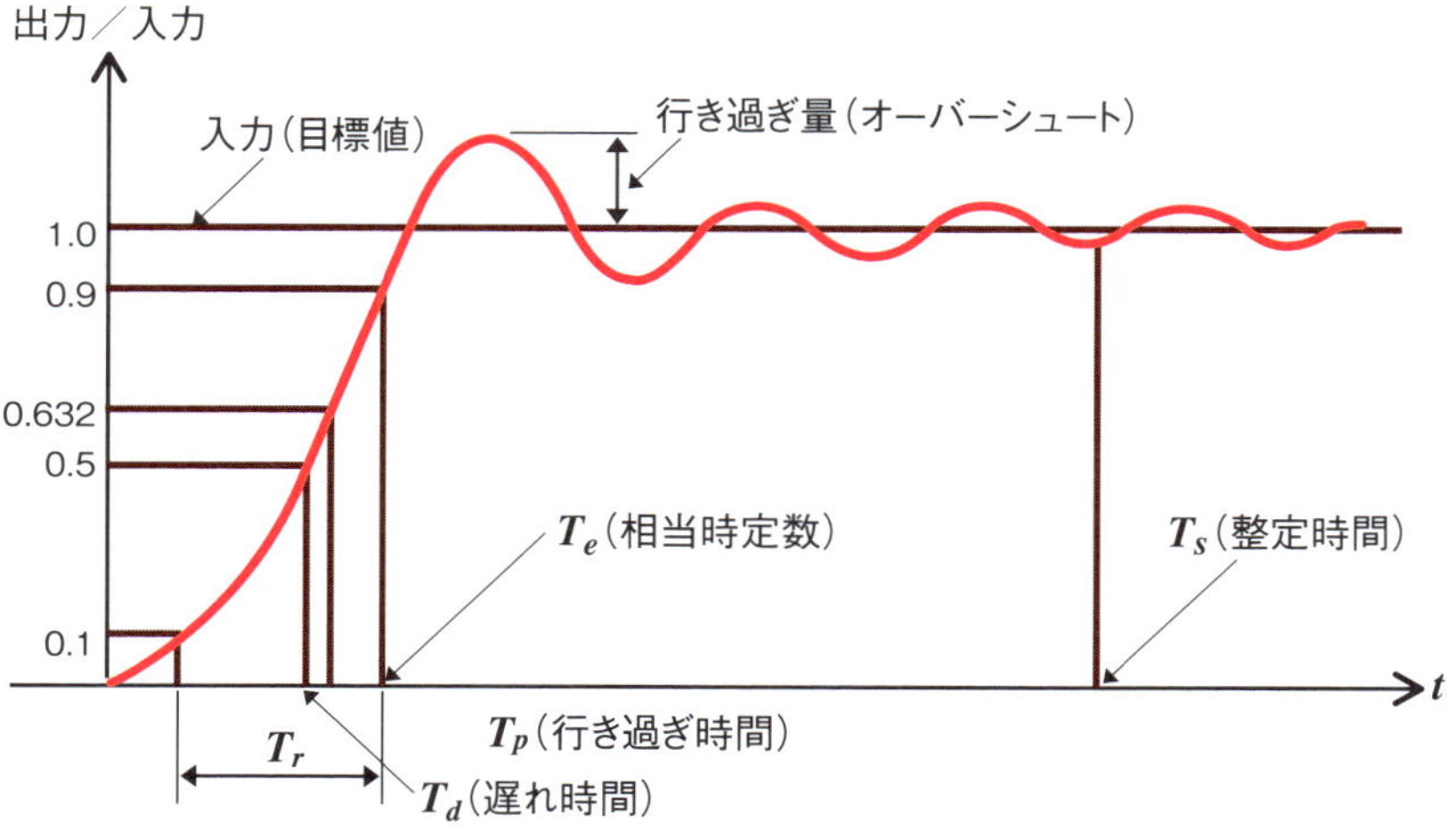

① 立ち上がり時間 T_r：最終値の10%～90%まで変化するのに要した時間
② 遅れ時間 T_d：最終値の50%に到達するまでの時間
③ 相当時定数 T_e：最終値の 63.2%に到達するまでの時間
④ 行き過ぎ時間 T_p：過渡状態の最大値に到達するまでの時間
⑤ 行き過ぎ量（オーバシュート）：過渡状態で目標値を超えてしまうことがよくあります。
最大値と最終値の差が、最終値の何%であるかで表します。
⑥ 整定時間 T_s：最終値の±2%または±5%以内に収束するまでに要する時間。

49 周波数応答

周期的に変化する入力に対する応答

制御系の過渡特性を把握するためにインパルス入力やステップ入力など周波数成分を含まないものを扱いました。次に制御系に周波数成分を含んだ正弦波の入力を行った場合の応答を確認していきます。入力の周波数は、系の固有振動数付近のものであれば、入力の振幅に対して出力は大きくなり、固有振動数より、十分高い周波数の入力では、入力より出力は小さい振幅となります。また、出力が入力に対し同調する場合、遅れる場合や山谷が逆になる場合があります。正弦波の入力に対しては、入力側の周波数によって出力の振幅と位相が異なってきます。

この制御系の特性を把握するため、伝達関数を用いて次頁のように周波数伝達関数を求めます。入力の周波数に対する出力の大きさであるゲイン（51項参照）は周波数伝達関数の絶対値、位相は偏角を求めることで得られます。ゲインと位相を図示する方法として、ボード線図を説明します。

ボード線図は、横軸に角周波数を対数で取り、縦軸には応答の大きさであるゲインのデシベル量と位相を取った図です。この図を描くことにより、入力の周波数に対して、振幅と位相がどのように出力されるか、つまり制御系の正弦波入力に対する周波数特性を容易に把握することができるようになります。

実際にフィードバック制御を行う際、入力の周波数によっては、位相が−180 degずれ逆相になった際、ゲインが0より大きいと発振し不安定になります。この発信を避ける指標であるゲイン余裕と位相余裕を制御系のボード線図から容易に確認することができます。制御系の安定判別もボード線図を確認することにより行うことができます。

制御系がゲイン余裕、位相余裕が少ない場合、制御系が不安定になってしまうので、PID制御などを用いた制御系の特性の改善が必要となります。

要点BOX
- ●周波数入力に対する制御系応答
- ●ゲイン、位相特性の把握
- ●ゲイン余裕と位相余裕の理解

周波数伝達関数

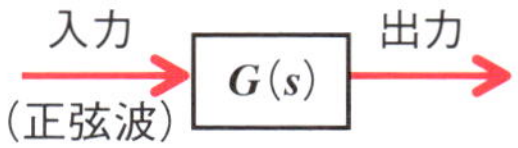

伝達関数 $G(s) = \dfrac{1}{1+Ts}$

周波数伝達関数 $G(j\omega) = \dfrac{1}{1+j\omega T}$

$s = j\omega$（$j = \sqrt{-1}$、ω周波数）を入力

ゲイン $G(j\omega) = \dfrac{1}{\sqrt{1+\omega^2 T^2}}$ 、位相 $\angle G(j\omega) = \tan^{-1}(\omega T)$

ボード線図

ゲイン線図 ＝ $20 \log_{10} G(j\omega)$ [dB]
位相線図 ＝ $\angle G(j\omega)$ [deg]

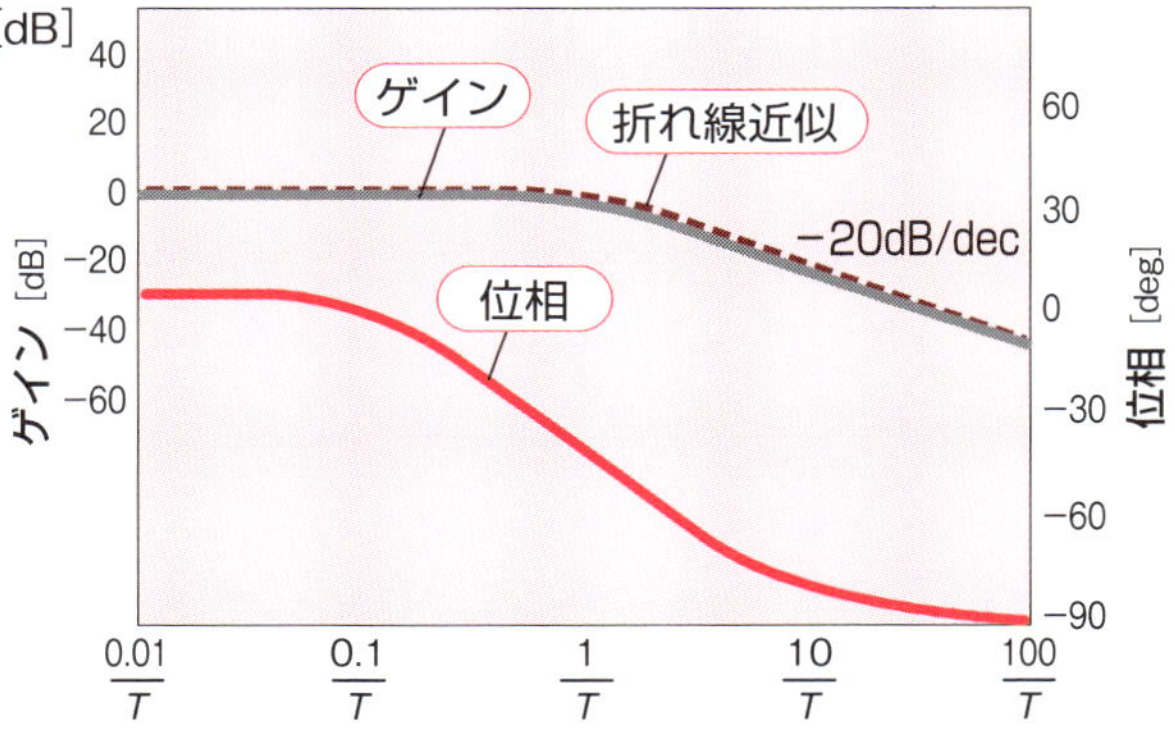

ゲイン余裕と位相余裕

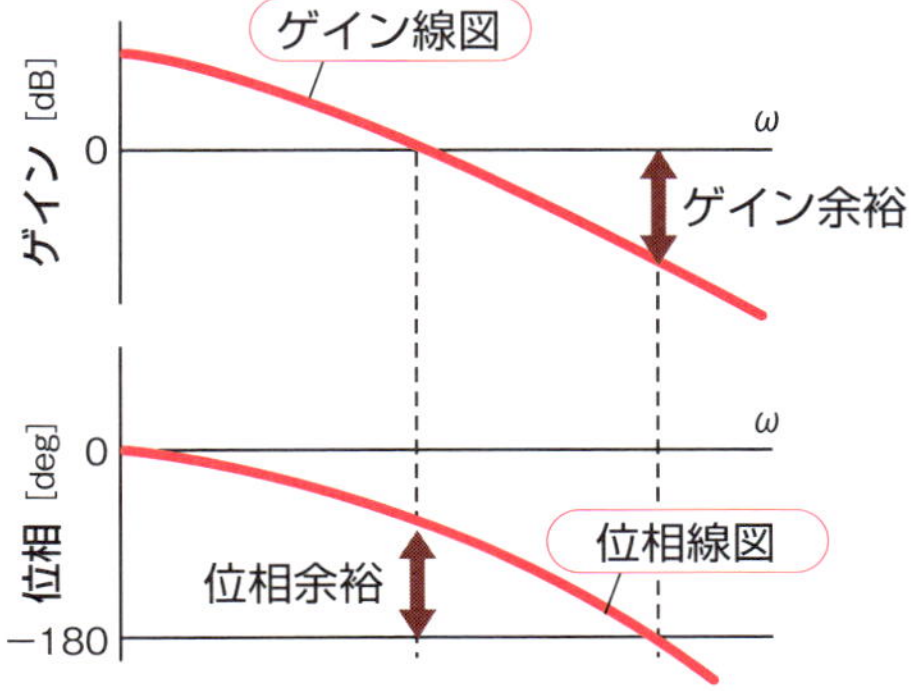

位相余裕：ゲイン0のとき位相が−180 degから何 degあるかを示す。

ゲイン余裕：位相−180 degのとき、ゲイン0 dBから何 dBあるかを示す。

位相が−180 degずれると逆相になり、ゲインが 0より大きいと発振してしまう。

50 PID制御

制御系の特性を改善する

　実際に実機を制御する際、フィードバック制御（44項参照）で目標値と現在の制御量の差である制御偏差を操作量として制御対象に入力しても、制御量の最終値と目標値の間に差が生じてしまうことがあります。この目標値と制御量の最終値の差を定常偏差と呼びます。また、制御量が最終値になった状態で、最終値付近で制御量が振動している状態になることがあります。制御偏差をフィードバックするだけでは、実際に希望通りの制御が行えないことが多くあります。

　これらの問題の改善を行う手段の一つとして、PID制御があります。PID制御は、制御偏差の比例（Proportinal）要素、積分（Integral）要素、微分（Derivative）要素にそれぞれ係数をかけ、操作量とする制御手法です。この係数のことをゲイン（51項参照）と呼びます。

　比例要素に係数を掛ける比例動作を加えると、定常偏差（目標値と制御量差）を減少させることができ、目標値に到達するようになります。しかし、制御量の最終値近傍での振動が残ってしまうことがあります。そこで、積分動作を加えると、制御量を目標値と等しい値で保持し、振動の改善が行えます。この時点で、制御量が目標値まで到達するまでの時間が短時間で速応性が良ければ問題ないのですが、速応性の改善が必要な場合は、微分動作を追加します。微分動作を追加することで、速く目標値まで到達するように制御系を改善できます。

　このように、P動作、PI動作、PID動作など目的に応じて、動作を組み合わせて制御系の改善を行います。実際のPIDの各動作のゲイン（係数）の決定には時間がかかります。

　ゲインの決定方法も様々提案されていますが、実際のゲイン決定は、実機を使用し調整しながら行うことが多くなります。

要点BOX
- ●PID動作を加え制御系の特性を改善
- ●PID各動作が改善できる特性を理解する

フィードバック制御のみ

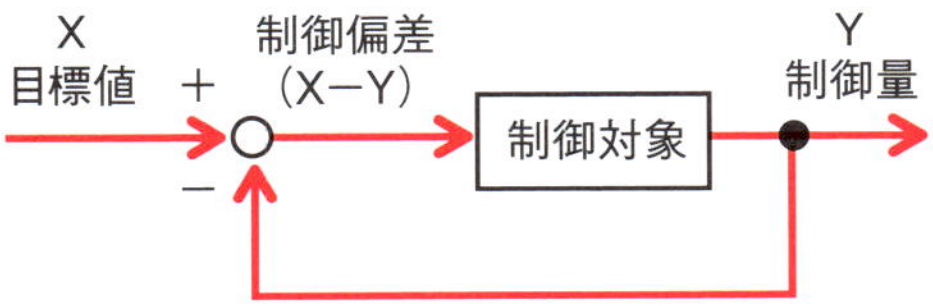

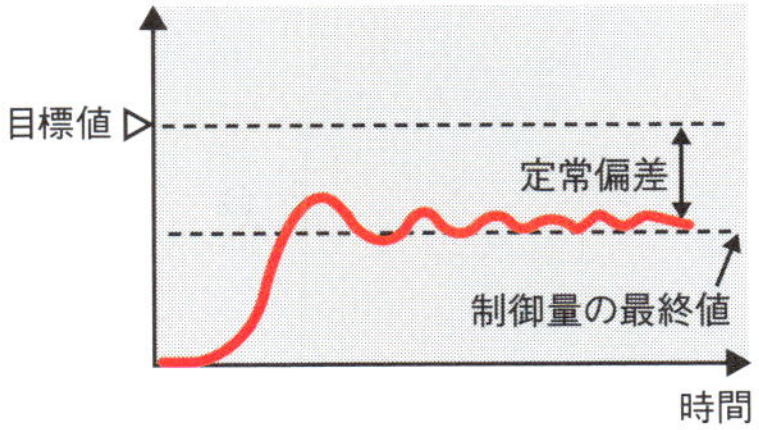

フィードバック制御のみだと定常偏差が残り、振動することがある

PID制御を追加

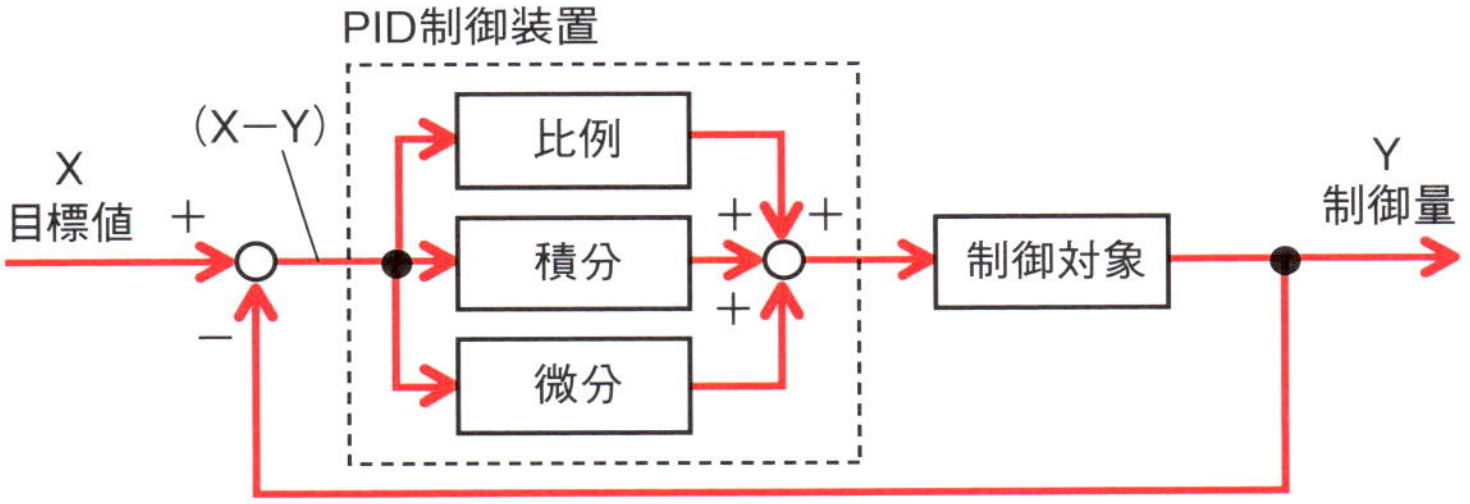

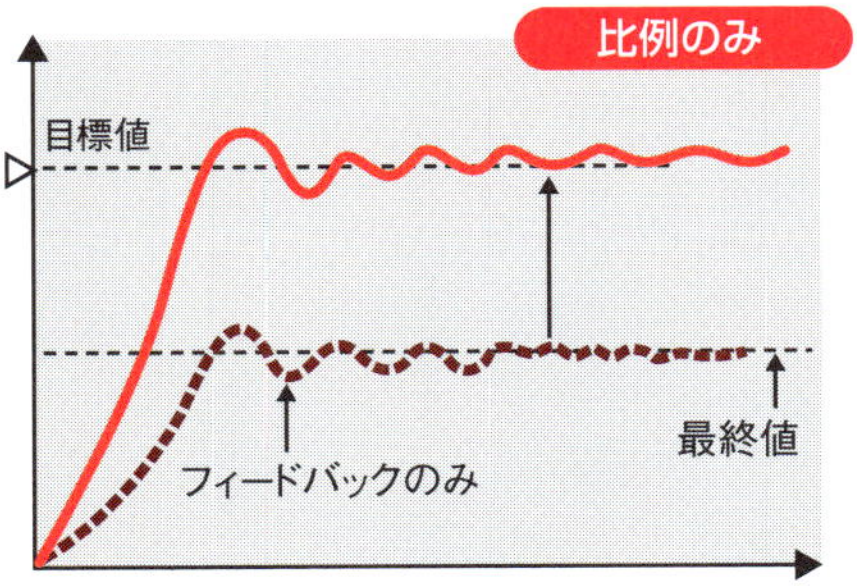

比例動作を加えると定常偏差の量が減少

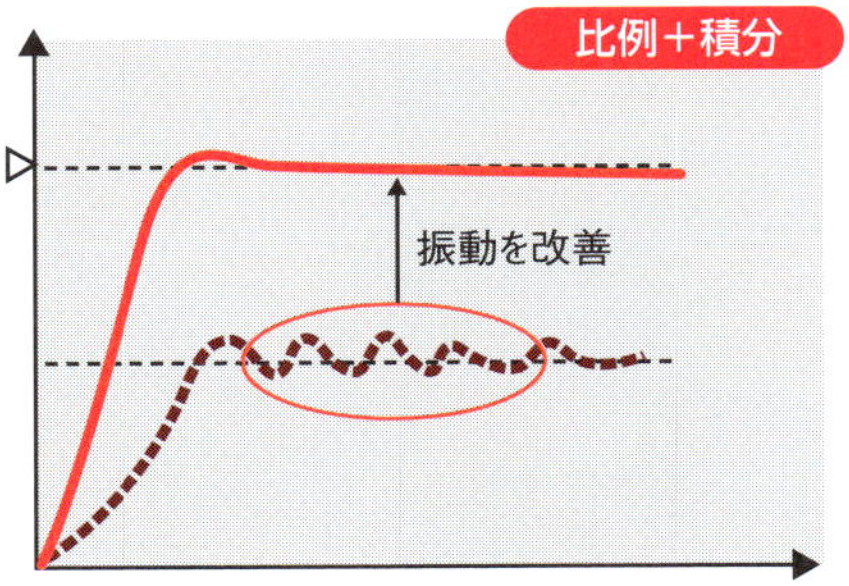

積分動作を加えると、制御量を目標値と等しい値で保持する（振動が改善する）

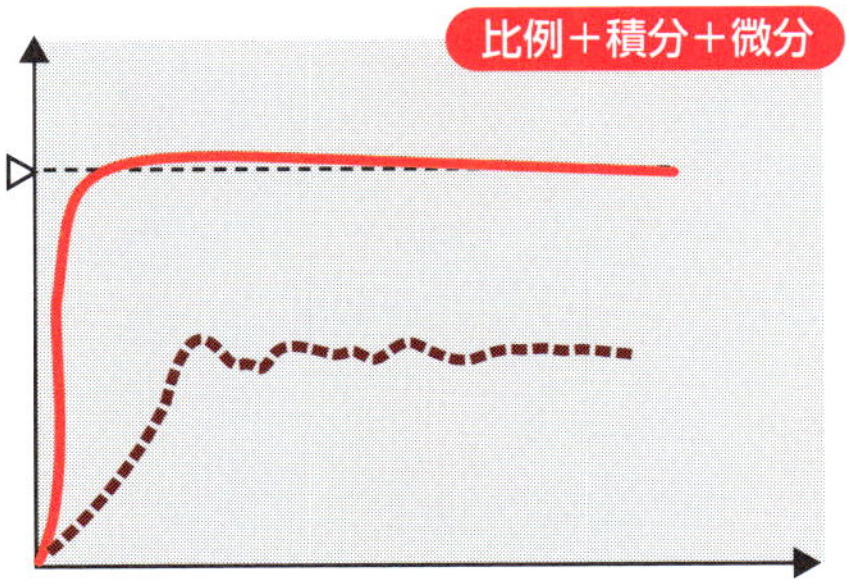

微分動作を加えると速応性が改善する
（速く目標値に達する）

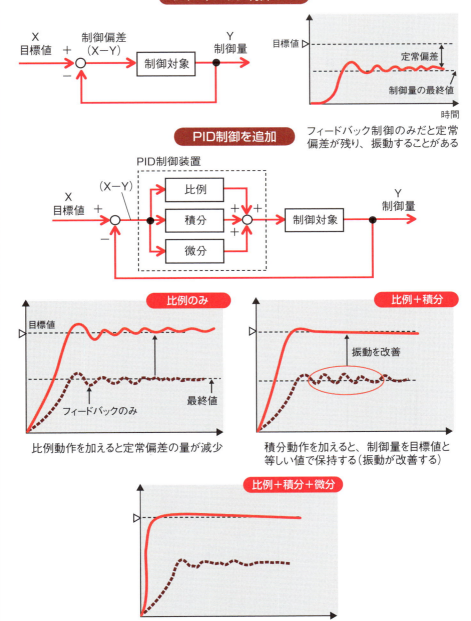

51 ゲイン

サーボ機構の応答性に影響を及ぼす

サーボ機構においては、「ゲイン」を調整することによって、サーボ機構の最適な制御が可能になります。フィードバック制御（44項参照）では、「応答性」と呼ばれる指令値と実測値の誤差を修正する速度を変えるものです。ゲインが高いほど応答性がよくなり、外乱に対する安定性が向上します。さらに、指令値に対して高い追従性が発揮され、高精度化が可能になります。

一方、ゲインを上げすぎるとオーバーシュート（59項参照）やハンチング（57項参照）が発生しやすくなり、機械振動が発生します。逆にゲインを下げすぎると応答性が悪くなって、目標値になるまでの時間が長くなってしまいます。

主なゲイン調整には、以下のものがあります。

①速度ループ比例ゲイン：全周波数帯の応答性を変化させます。これを大きくすると応答性が上がりますが、大きすぎると振動しやすくなります。

②速度ループ積分ゲイン：低い周波数での応答性を変化させます。これを大きくするとサーボロック力が強くなり応答性が上がりますが、振動しやすくなります。

③位置ループゲイン：フィードバックの応答性、位置決め速度・精度を最適化します。

制御系の安定性を確認するために、49項で解説した「ボード線図」が用いられます。ボード線図は、振幅と周波数との関係を表した「ゲイン特性」と位相と周波数との関係を表した「位相特性」で表されます。そして「ゲイン余裕」や「位相余裕」によって、制御系の安定性を確認します。

最適なゲインは、機械重量、負荷イナーシャ、摩擦などの運動特性、サーボモータやサーボアンプの特性などによって変わります。そのため、サーボモータを機械装置に取りつけた後、サーボアンプの調整パラメータとして、ゲインを調整するようにしましょう。

要点BOX
- ●ゲインが高いほど応答性はよい
- ●ゲインを上げ過ぎると機械振動が発生
- ●ゲインを下げ過ぎると停止誤差が増大

速度ループ比例ゲインの調整

速度指令に対する応答性を決定

設定値が大きすぎると機械が振動して、小さすぎると速度追従に時間がかかる

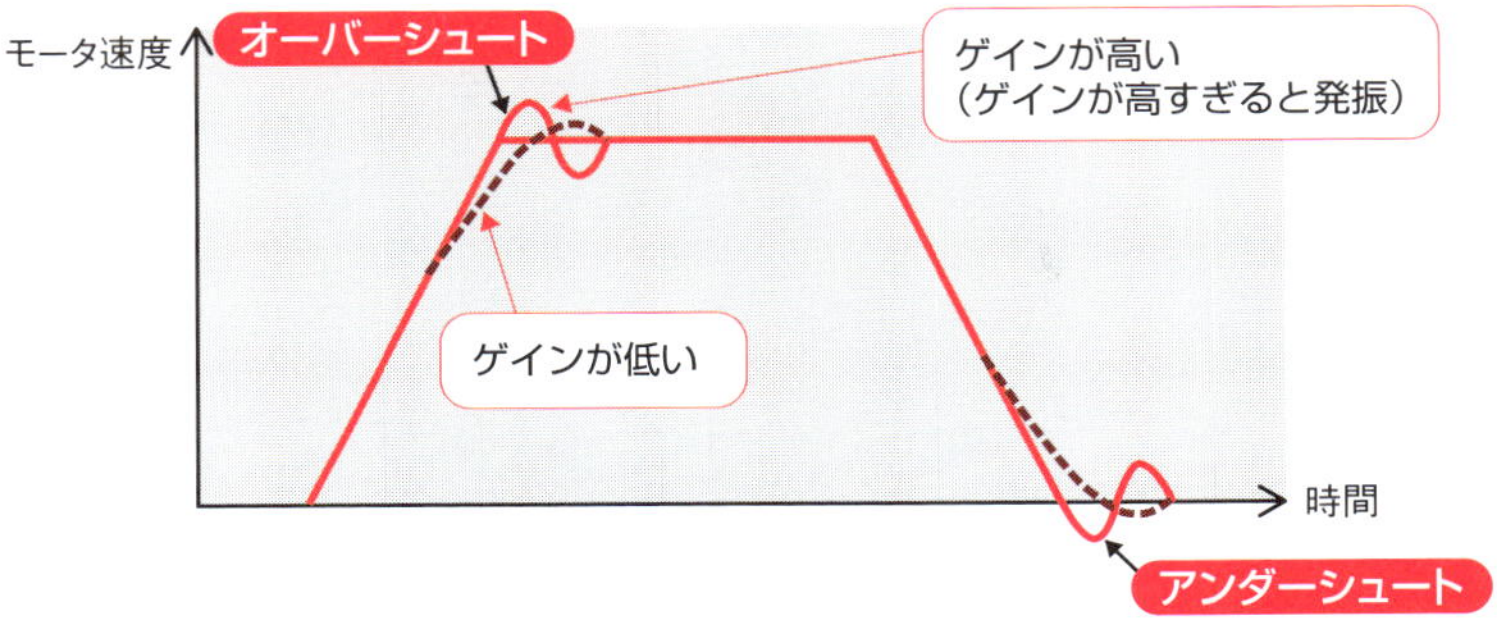

速度ループ積分ゲインの調整

速度指令に対する応答性を決定

設定値が大きすぎると機械が振動して、小さすぎると速度追従に時間がかかる

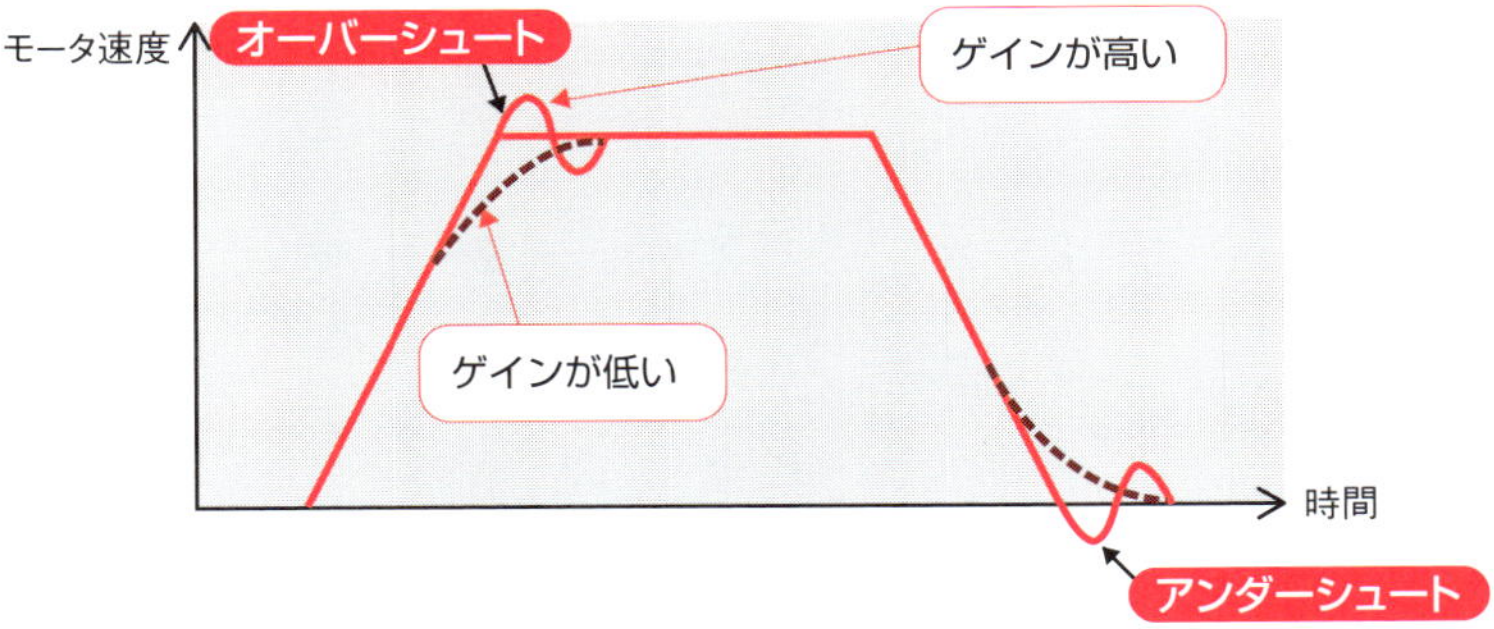

位置ループゲインの調整

位置指令に対する応答性を決定

設定値が大きすぎると機械が振動、小さすぎると位置決めに時間がかかる

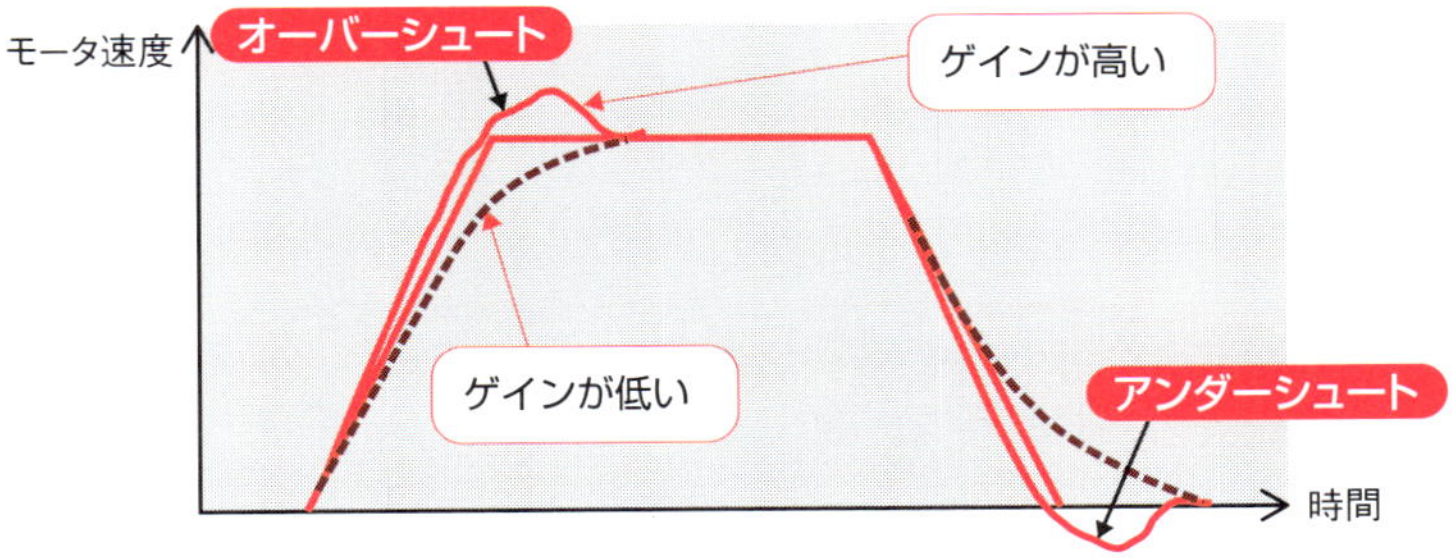

52 時定数

サーボ機構の応答性に影響を及ぼす

時定数とは、時間の次元を持ち、応答の速さを特徴付ける定数です。サーボ機構においては、指令値に対する応答性のよさに影響を及ぼします。

時定数の値は小さいほど、変化が急激になり応答性はよくなります。逆に時定数が大きいほど、変化が緩やかになって応答性が悪くなります。そのため、時定数の値はできるだけ小さくなるように設定するようにします。しかし、時定数の値が小さすぎると、ノイズ成分をカットするフィルタ効果が得られなくなって、メカニズムの振動や騒音が発生したり大きくなってしまいます。

サーボモータは、コイルやイナーシャを持っているので、電圧を印加してもすぐに最終の回転数や電流値にはなりません。これを過渡現象といいます。また逆に、回転しているサーボモータの電源を切っても、しばらくは惰性で回転してすぐには停止しません。

サーボモータに電圧を印加したときに、最終回転数あるいは最終電流値になるのには時間がかかります。このとき、最終回転数の63・2%に達するのに要する時間を「機械的時定数」といいます。一方、最終電流値の63・2%に達するのに要する時間を「電気的時定数」といいます。このように、時定数には機械的時定数と電気的時定数があります。

一般的に、電気的時定数は機械的時定数に比べて小さいため、サーボ機構の応答性に関して無視することができます。しかし、高速回転用サーボモータでは、電気的時定数が大きくなり、機械的時定数に近づくことが多くなるため、応答性に影響が出ることがあります。

以上のように、時定数はサーボ機構の命ともいえる「応答性」を左右する重要な定数です。メカニズムへの影響を十分に検討しながら、最適な設定値に調整するようにしましょう。

要点BOX
- ●時定数の値が小さいほど応答性はよい
- ●機械的時定数と電気的時定数がある

機械的時定数

モータにステップ状の電圧をかけたとき、
モータの最終回転数の63.2%に達するのに要する時間

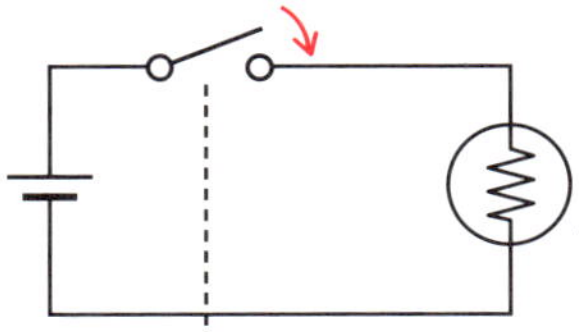

モータ
- R：電機子抵抗［Ω］
- GD^2：ロータイナーシャ［kg・m²］
- K_T：トルク定数［kgf・m／A］
- K_E：誘起電圧定数［V／rpm］

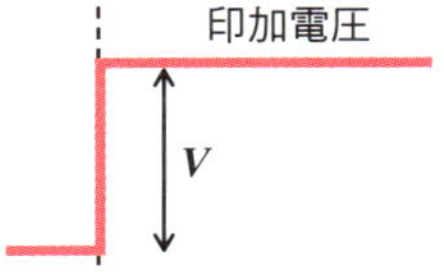

機械的時定数：$t_m[s] = \dfrac{2\pi}{60} \times \dfrac{1}{9.8} \times \dfrac{1}{4} \times \dfrac{GD^2 \cdot R}{K_T \cdot K_E}$

モータの回転数：$N[\mathrm{min}^{-1}] = \dfrac{V}{K_E}(1-e^{-t/t_m})$

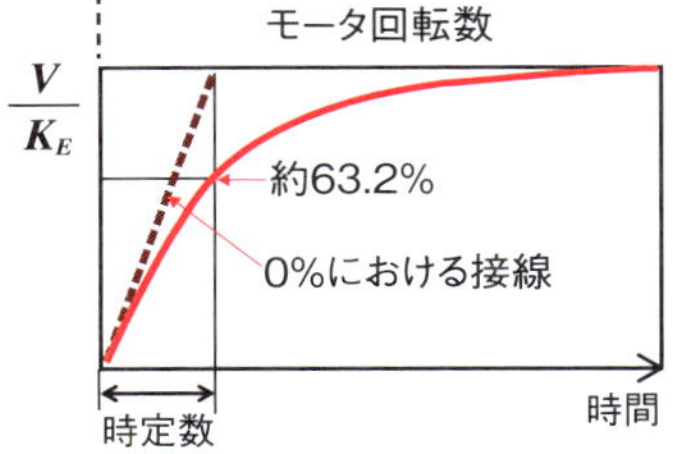

電気的時定数

モータの回転をロックしてモータに電圧を印加したとき、
モータの最終電流値の63.2%に達するのに要する時間

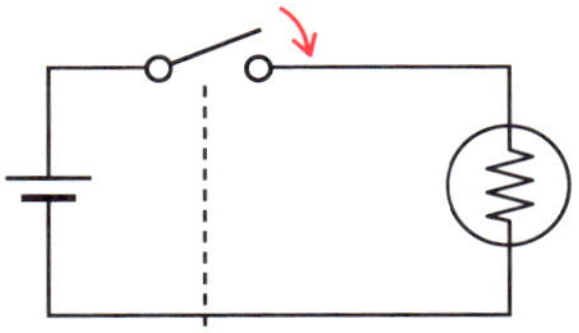

モータ
- R：電機子抵抗［Ω］
- GD^2：ロータイナーシャ［kg・m²］
- K_T：トルク定数［kgf・m／A］
- K_E：誘起電圧定数［V／rpm］

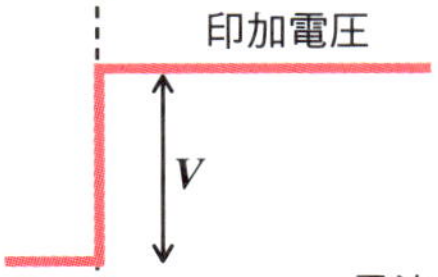

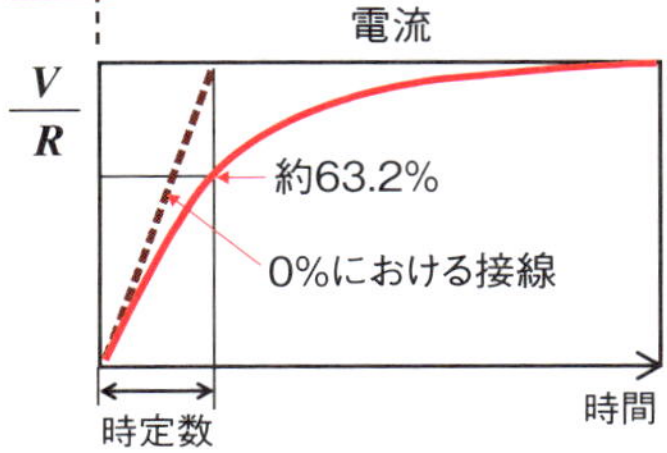

モータの電流：$I[A] = \dfrac{V}{R}(1-e^{-t/t_e})$

電気的時定数：$t_e[s] = \dfrac{L}{R}$

電機子インダクタンス：L［H（ヘンリー）］

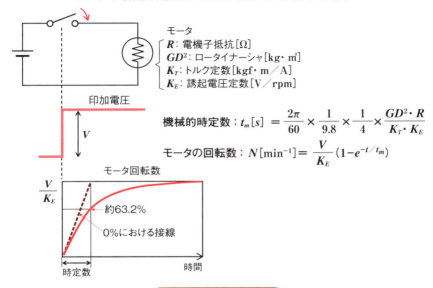

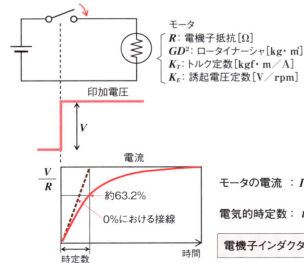

53 オートチューニング

制御パラメータを自動調整

オートチューニングとは、サーボモータをフィードバック制御するための制御パラメータの調整を、学習機能を持ったコンピュータが自動的に行うものです。従来はサーボモータの位置、速度、電流を計測して、各パラメータを最適なものに調整していたため、作業者の経験と時間が必要でした。

主な制御パラメータとしては、ゲイン（51項参照）、時定数（52項参照）、機械共振抑制フィルタ（56項表1参照）などがあります。

オートチューニング時に求められることには以下の事項があります。

①目標値に対してできるだけ早く、または設定した時間通りに到達する。
②目標値到達時にオーバーシュート（59項参照）がない。
③設定した目標値通りに安定している。
④外乱を受けてもすぐに復帰することができる。

オートチューニング方式には、サーボアンプによるものとパソコン上のソフトウェアによるものがあります。サーボアンプで行う場合、あまり細かい調整ができなく、ゲインを十分に高く設定できません。そのため、十分な高速化、高精度化は望めません。

一方、ソフトウェアで行うとメカニズムを強制的に低い周波数から高い周波数まで振動させて、周波数特性を測定するため、共振周波数がはっきりします。また、設定されたゲインが安定的かどうかも理論的に検出可能になります。

以上より、オートチューニングを行うことによって、サーボモータの調整作業は簡単になり、時間も大幅に短縮されます。しかし、まだ発展途上の技術のため、制御パラメータの調整が十分にできているとはいえません。そのため、今後さらに高度化が進み、適正な調整ができるようになることが期待されています。

要点BOX
●経験豊富な技術者が不要になる
●調整時間が短縮される
●発展途上の技術で今後の進化を期待

オートチューニング

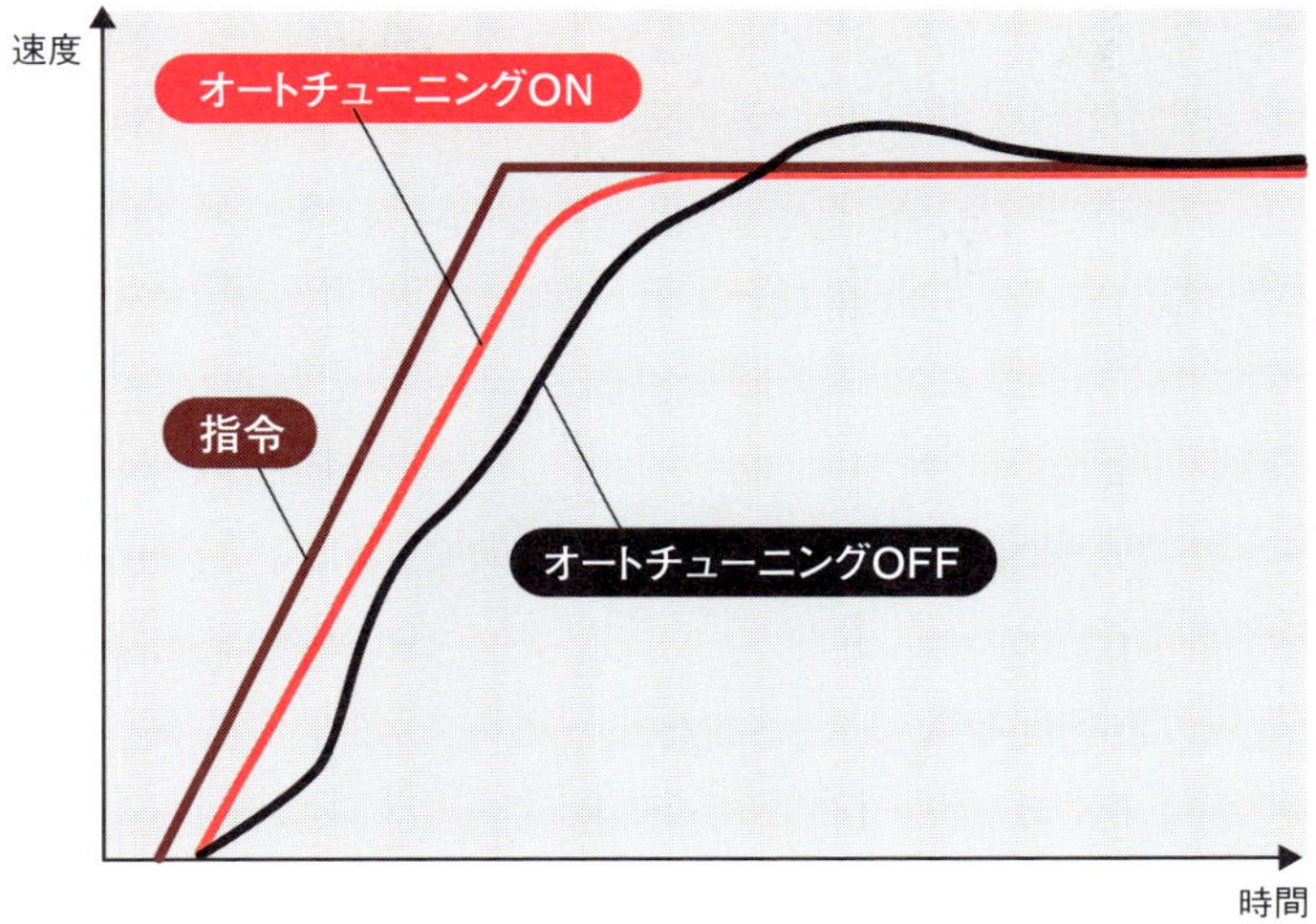

制御パラメータの自動調整

Column

ブロック線図を描いてみよう

運動方程式からブロック線図を描いたことはあるでしょうか。業務での使用頻度が少ないと、機会がないかもしれません。ここでは、バネ―マス―ダンパ系の運動方程式からブロック線図を描いて行く手順を記載しますので、ご自身で扱う系の運動方程式からブロック線図を描いてみましょう。

① モデルから運動方程式をたてる

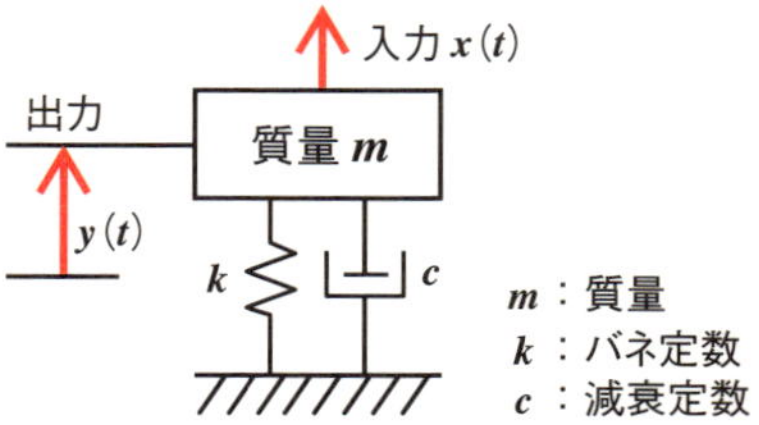

② 運動方程式を微分の次数の最も高いものについて整理する

$$\frac{d^2}{dt^2}y(t) = \frac{1}{m}\left[x(t) - c\frac{d}{dt}y(t) - ky(t)\right]$$

③ ラプラス変換する

$$s^2Y(s) = \frac{1}{m}\left[X(s) - csY(s) - kY(s)\right]$$

④ ブロック線図を描く

①加え合わせ点を使い図の式を描く
② $\frac{1}{m}$ をかけ、s^2Y をつくる(加速度)
③積分し、sY をつくる(速度)
④積分し、Y をつくる(変位)
⑤フィードバックを使い csY をつくる
⑥フィードバックを使い kY をつくる

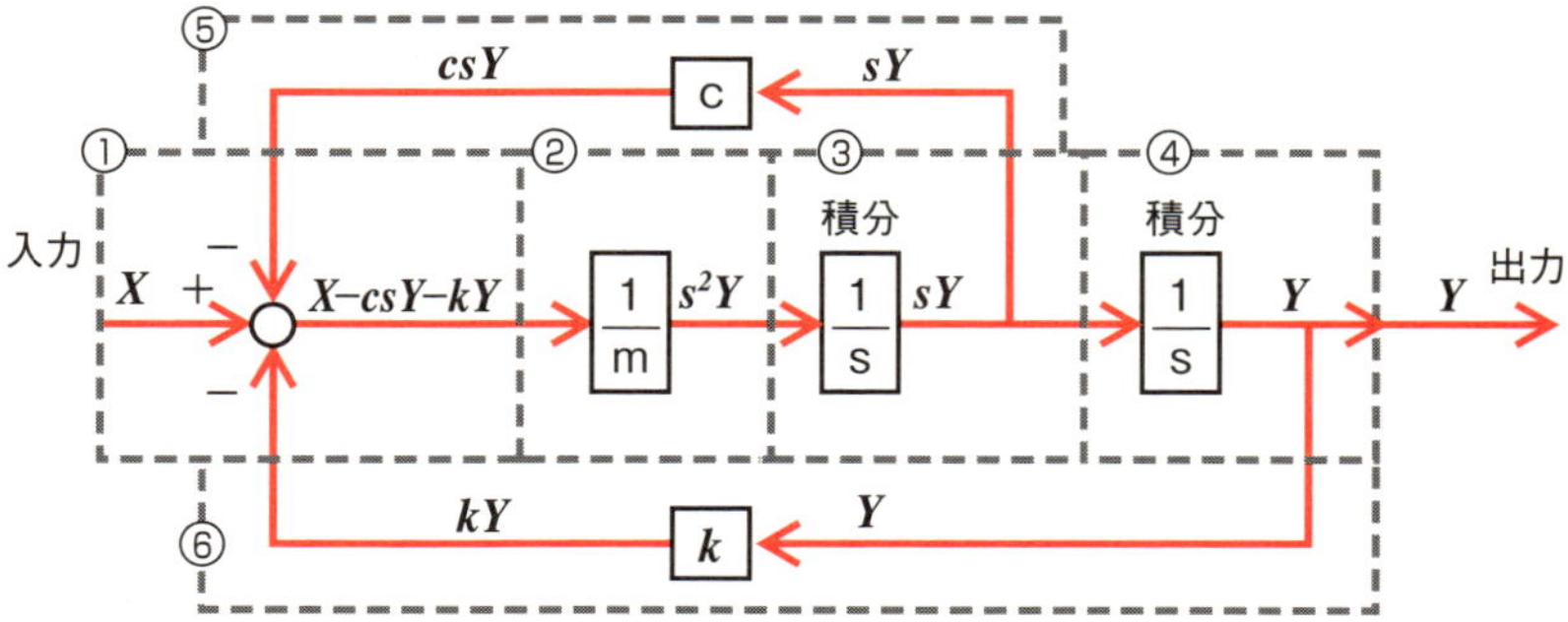

第8章

サーボ機構に関するトラブルの現象

54 ロストモーション

正・負逆方向指令時の位置ズレ量

ロストモーションとは、サーボモータを正転、逆転させて、負荷を途中の同じ位置で止めるときの位置ズレ量を表すものです。JIS B 0181 数値制御工作機械用語では、「ある位置への正の向きでの位置決めと、負の向きでの位置決めによる両停止位置の差」と定義されています。ボールねじの伸び縮みやボールねじナットのつぶれ、予圧をかけたボールねじ部や摺動するガイドに発生する摩擦抵抗などが原因で生じる"メカニズム"に起因したトラブルといえます。ロストモーションがあると、センサの分解能を上げて高精度化しようとしてもできません。

ロストモーションの値は、測定することによって求めることができます。この測定方法については、次頁の図を参照して下さい。

ロストモーションが発生する主な原因としては、次のものが挙げられます。

①メカニズムの剛性不足
②バックラッシ（巻頭のキーワード解説参照）
③摩擦抵抗が大きい

そのため、ロストモーションをなくすには、その原因となるメカニズムの剛性を上げることによって、対策することができます。具体的には、ボールねじの径を大きくしたり、カップリングの剛性を高めます。バックラッシをなくすために、ボールネジやガイド、軸受に予圧を与えることも有効です。また、摩擦抵抗を小さくするために、継続的に適正な潤滑を行ったり、摩擦抵抗が小さい材料を適用します。そのほか、回転方向を把握して位置指令に補正を与えるような、制御的に補正をすることも可能です。

以上のように、高精度で安定したサーボ機構を実現するためには、ロストモーションをなくすことが重要です。メカニズムに起因して発生するため、機械装置の構造を細かく見直すことが大切です。

要点BOX
- ●メカニズムの剛性を上げる
- ●バックラッシをなくす
- ●摩擦抵抗を小さくする

ロストモーション（両方向再現性）

正・負逆方向に何度か動かしたときに、どれくらいの位置ズレがあるかを表す
① ストロークの中央と両端点の3ヵ所で以下の測定を行う。
② B1から基準位置Aに対して位置決め（正方向位置決め）した時の停止位置：C1
③ D1から基準位置Aに対して位置決め（負方向位置決め）した時の停止位置：C1
④「正方向位置決め」を 7 回測定した平均値：Xを求める
⑤「負方向位置決め」を 7 回測定した平均値：Yを求める
⑥ ストロークの中央と両端点での“X−Y”の最大値のこと

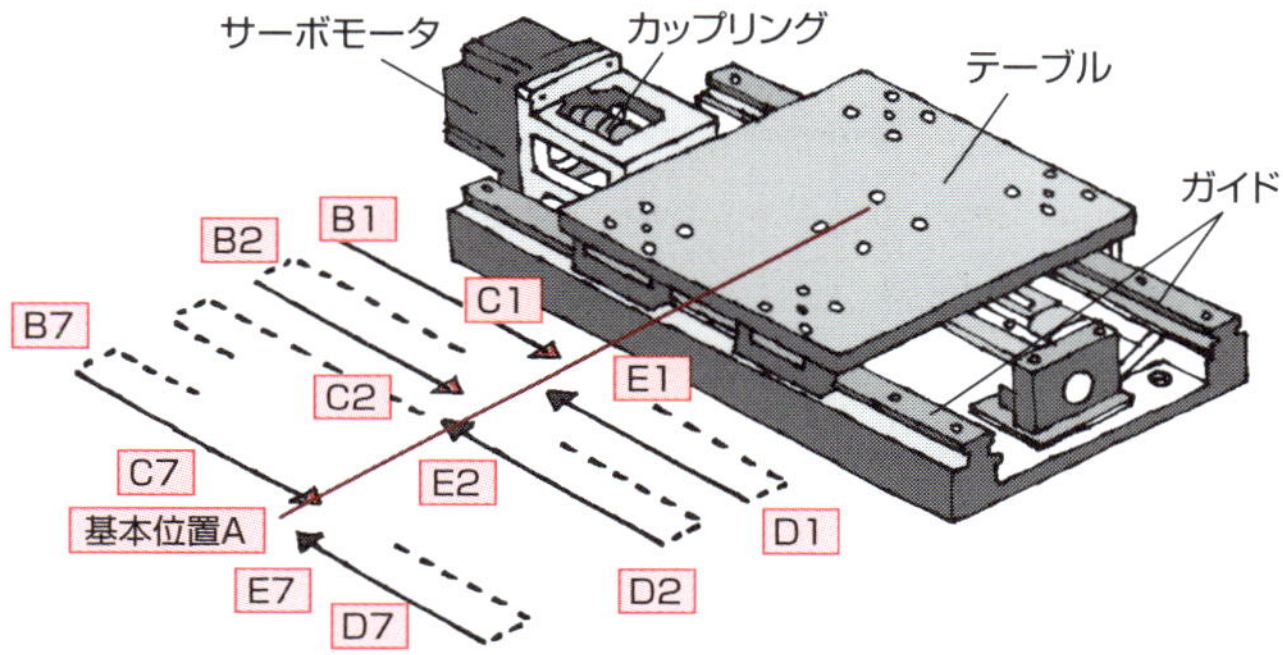

一方向位置決め精度（絶対位置決め精度）

同じ方向に何度も動かしたときに、どれくらいの位置ズレがあるかを表す。全ストロークにおいて、同じ方向に 1/10 づつ10回移動させた時の測定値の最大値のこと

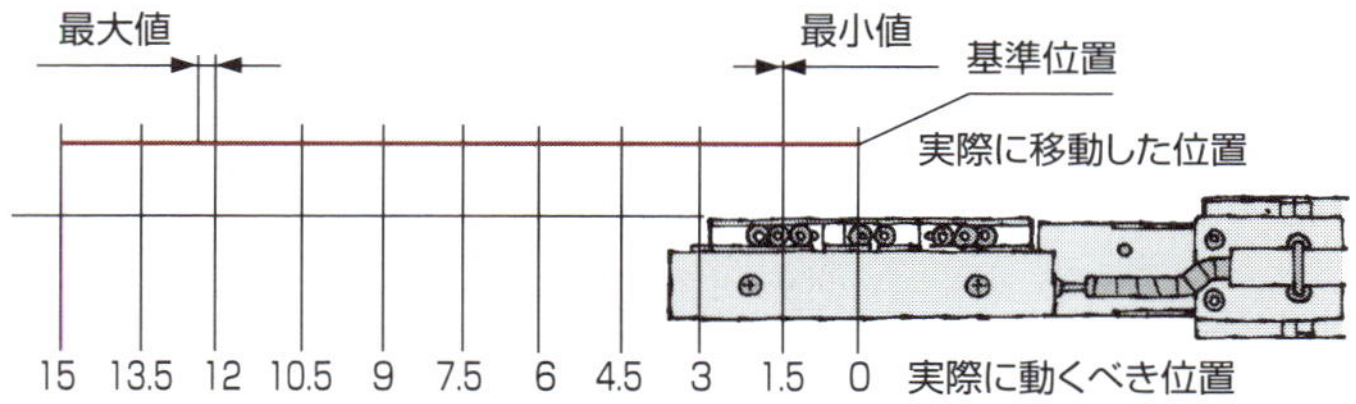

繰り返し位置決め精度（片方向再現性）

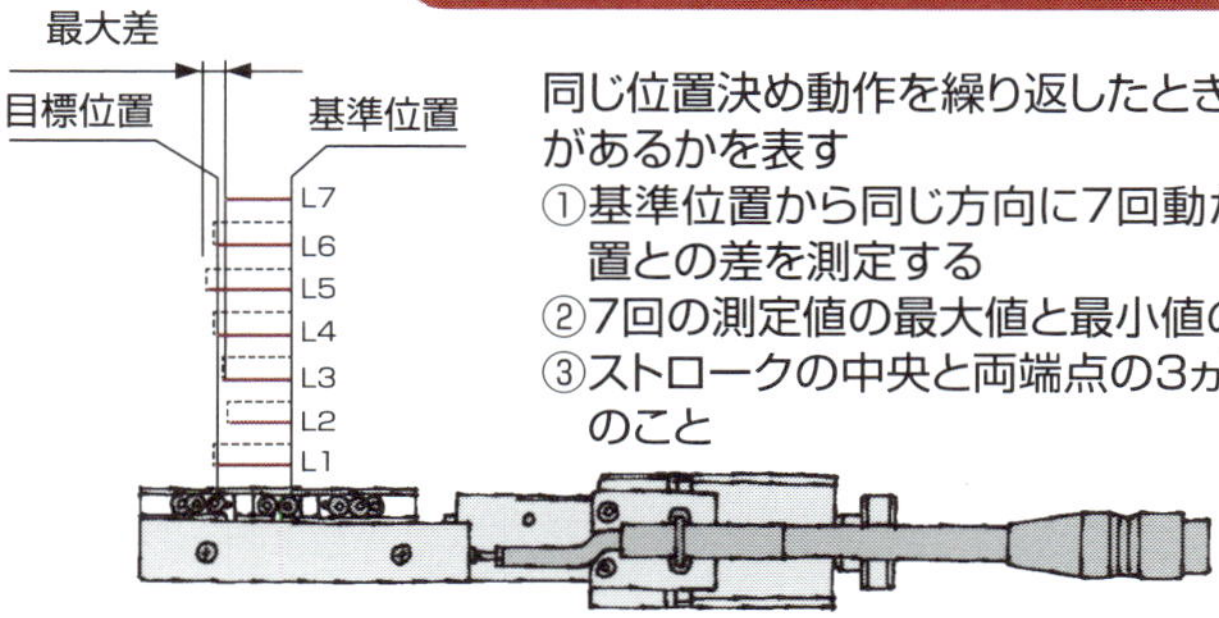

同じ位置決め動作を繰り返したときに、どれくらいの位置ズレがあるかを表す
①基準位置から同じ方向に7回動かして、それぞれの目標位置との差を測定する
②7回の測定値の最大値と最小値の 1/2 を求める
③ストロークの中央と両端点の3ヵ所を測定したときの最大値のこと

55 ノイズ

信号が正確に伝わるのを防ぐ要因

ノイズとは、目的とする信号が正確に伝わるのを防ぐ要因のことです。ここでいう信号は、センサから受け取る情報やサーボモータに指令する情報のことになります。これらの信号がノイズによって邪魔されることなく正確に伝わることで、サーボ機構を用いた機械装置を正常に精度よく動かすことが可能になります。

ノイズが発生した場合には、ノイズ源にできる限り近い箇所にノイズ対策部品を追加して、ノイズ成分のみを取り除きます。主なノイズ対策には、次のようなものがあります。

①シールド：空中を伝わるノイズを遮蔽
②バイパス：ノイズ成分をグラウンドに流す
③反射：ノイズ源側にノイズ成分のみを戻す
④吸収：ノイズ成分を熱に変換する

ノイズに影響されない、あるいは他の機器に影響を与えない製品をつくるために、EMC規格が制定されています。EMCとは、Electro Magnetic Compatibilityの略称で、電磁適合性と訳されます。EMCは、外部にノイズを出さないEMI（Electro Magnetic Interference）と、外部からのノイズによって影響を受けないEMS（Electro Magnetic Susceptibility）の両方を合わせたものになります。

世界的には、国際規格の国際電気標準会議（IEC）や国際無線障害特別委員会（CISPR）などを各国で取り入れた規制が行われています。EMC認証済みの機器には、各国で次のようなマークを添付します。

VCCI（日本）、FCC（アメリカ）、IC（カナダ）、CE（EU加盟国）、KC（韓国）、CCC（中国）、BSMI（台湾）、RCM（オーストラリア、ニュージーランド）などがあります（**図2参照**）。

以上のように、サーボ機構を用いた機械装置が正確に動作するには、信号が正確に伝わる必要があるため、適切なノイズ対策が必要になります。

要点BOX
●ノイズ源に近い箇所にノイズ対策部品を追加
●世界各国でEMC規格が制定されている

図1　EMC試験（例）

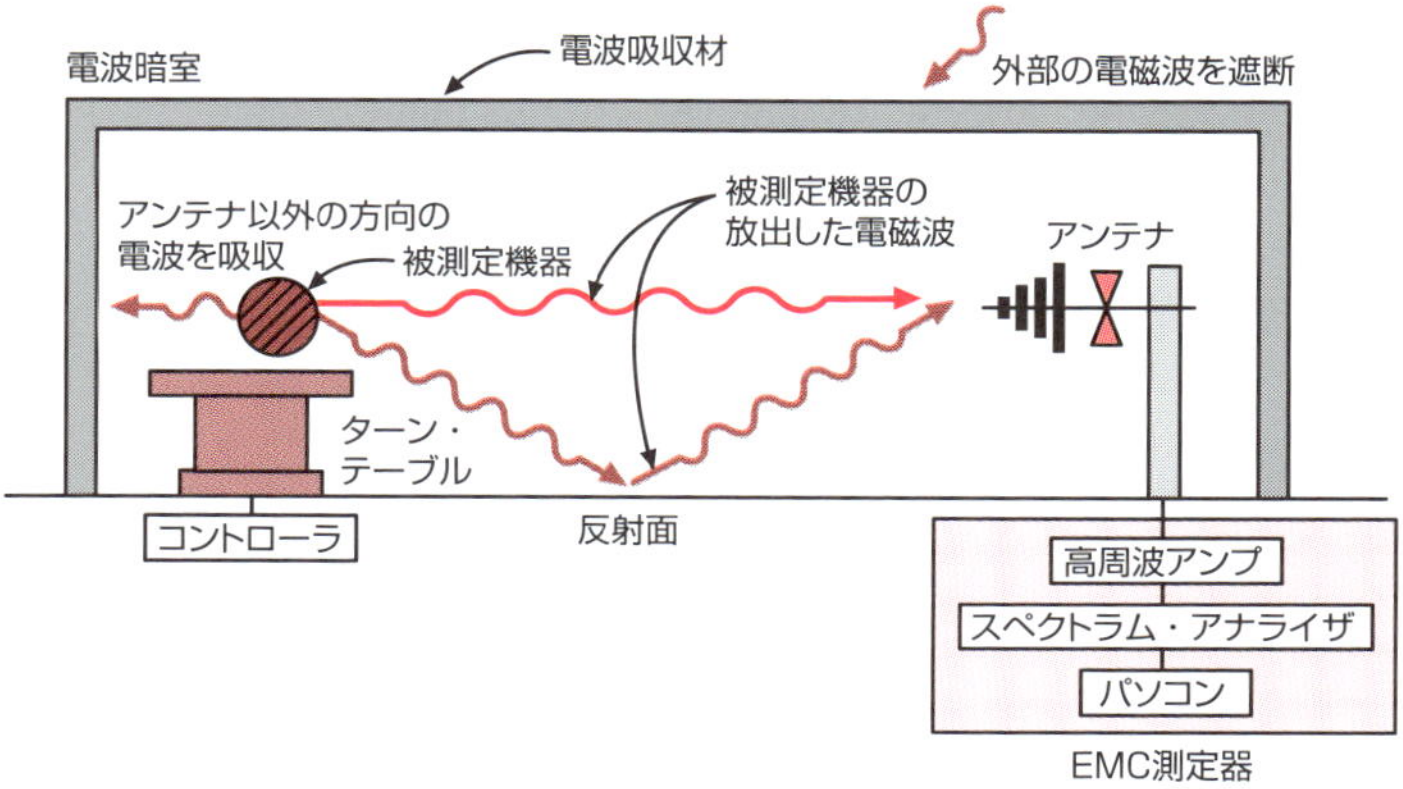

表1　EMC規格

国際規格	IEC（国際電気標準会議）、CISPR（国際無線障害特別委員会）
地域規格	EN（欧州）、AS／NZS（オセアニア）など
国家規格	FCC（米国）、IC（カナダ）、KN（韓国）、GOST（ロシア）、DIN（ドイツ）など
団体規格	VCCI（日本）、VDE（ドイツ）、各工業規格 など
社内規格	各メーカー独自社内規格

図2　EMC認証マーク

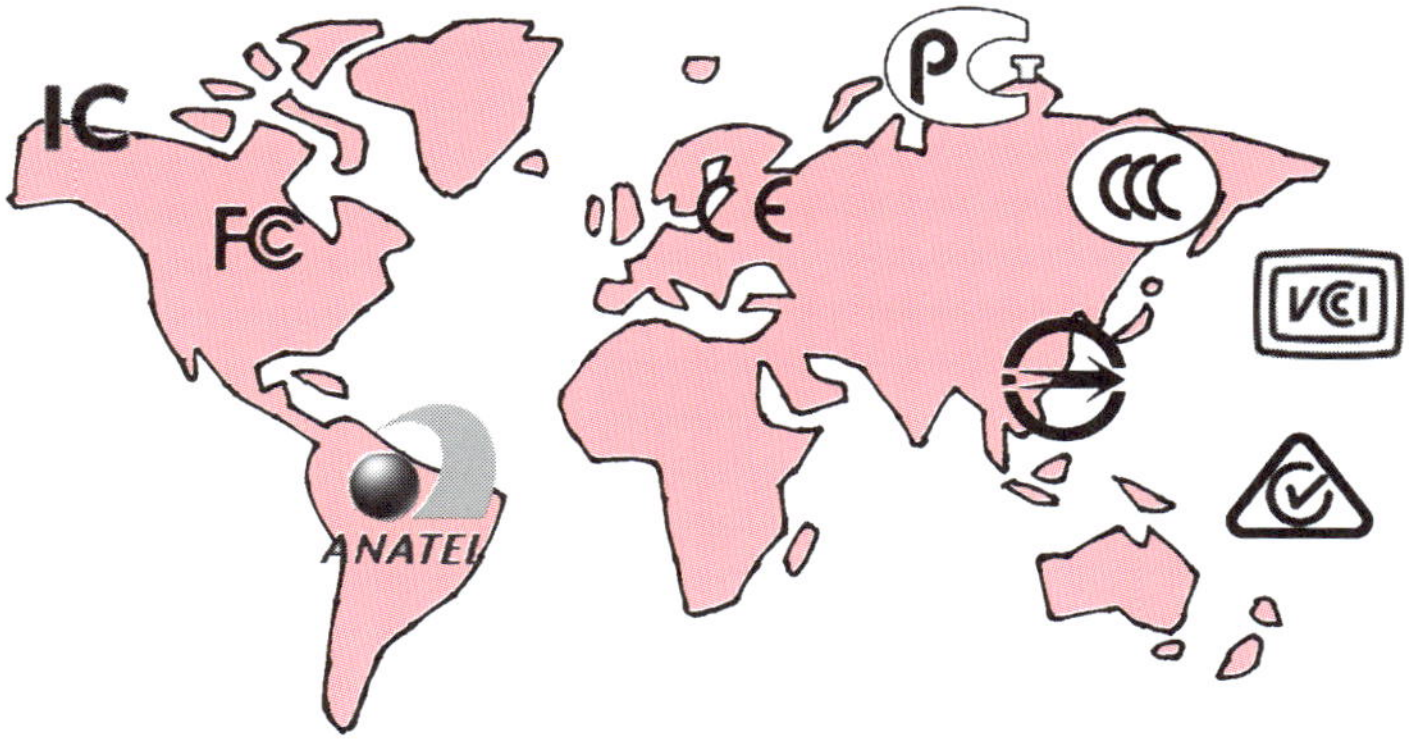

・日本：VCCI（Voluntary Control Council for Information Technology Equipment：情報処理装置等電波障害自主規制協議会）
・米国：FCC（Federal Communications Commission：米国連邦通信委員会）
・カナダ：IC（：Industry Canada：カナダ産業省）
・ブラジル：ANATEL（Agencia Nacional de TelecomunicacOes: ブラジル国家電気通信局）
・EU加盟国：CEマーキング（仏語 Conformité Européenne（英語：European Conformity））
・ロシア：GOST（GOSSTANDART of RUSSIA：ロシア国家標準規格）
・中国：CCC（China Compulsory Certificate system：中国強制製品認証制度）
・韓国：KCマーク（Korea Certification Mark：韓国国家統合認証マーク）
・台湾：BSMI（Bureau of Standards, Metrology and Inspection：台湾標準検験局）
・オーストラリア・ニュージーランド：RCM（Regulatory Compliance Mark：RCM マーク）

56 共振

固有振動数に等しい振動を与えたときに発生

サーボ機構を用いた機械装置で、外部から力を加えなくても振動する振動数を「固有振動数」といいます。その固有振動数と等しい振動数を外部から加えたとき、非常に大きな振動になる現象のことを「共振」といいます。

機械装置が共振することで振動や騒音が大きくなり、機械装置の精度不良や破壊、寿命低下につながります。そのため、できる限り共振が起こらないようにすることが重要になります。

共振を防止するためには、まずは対象の機械装置の固有振動数を把握する必要があります。そして、それと同じ振動数が外部から加わらないようにします。加速度計やFFTアナライザ（**図2参照**）などによって実際に固有振動数を測定することができます。測定結果との相関や解析の精度を確認するためにシミュレーションが活用されます。また、解析用ソフトウェアを使用して3次元CADでシミュレーションすることで、事前に振動状態を確認することも可能です。

サーボ機構の応答性を上げるためには、ゲイン（51項）を高く設定する必要がありますが、共振が起こりやすくなります。その場合には、共振ポイント付近ではゲインを低く設定します。

フィードバック制御時の制御信号の周期と、機械装置の固有振動数が一致することで、共振が発生します。また、サーボモータの微小トルク変動（トルクリップル）と、機械装置の固有振動数が一致することでも共振が発生します。

この場合、制御装置内の制御パラメータや時定数を変えることで振動を抑えられます。さらに、ハンチング（57項）が発生した場合には、共振周波数を設定しなおすと有効です。

以上のように、共振はできるだけ未然に防ぎ、発生してしまった場合には原因を明確にして、適切な対策をするように心がけましょう。

要点BOX
- ●シミュレーションを活用する
- ●共振ポイント付近ではゲインを低く設定
- ●制御装置内の制御パラメータや時定数を変える

図1　固有振動数

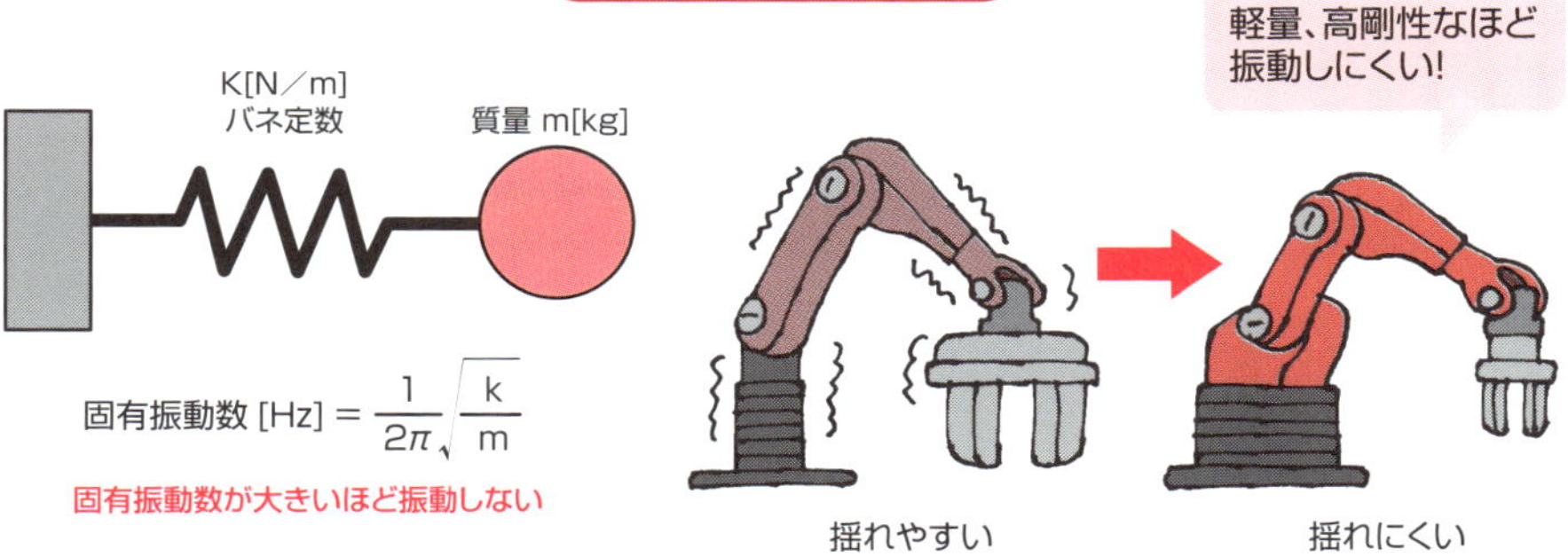

図2　固有振動数(共振)の測定方法例

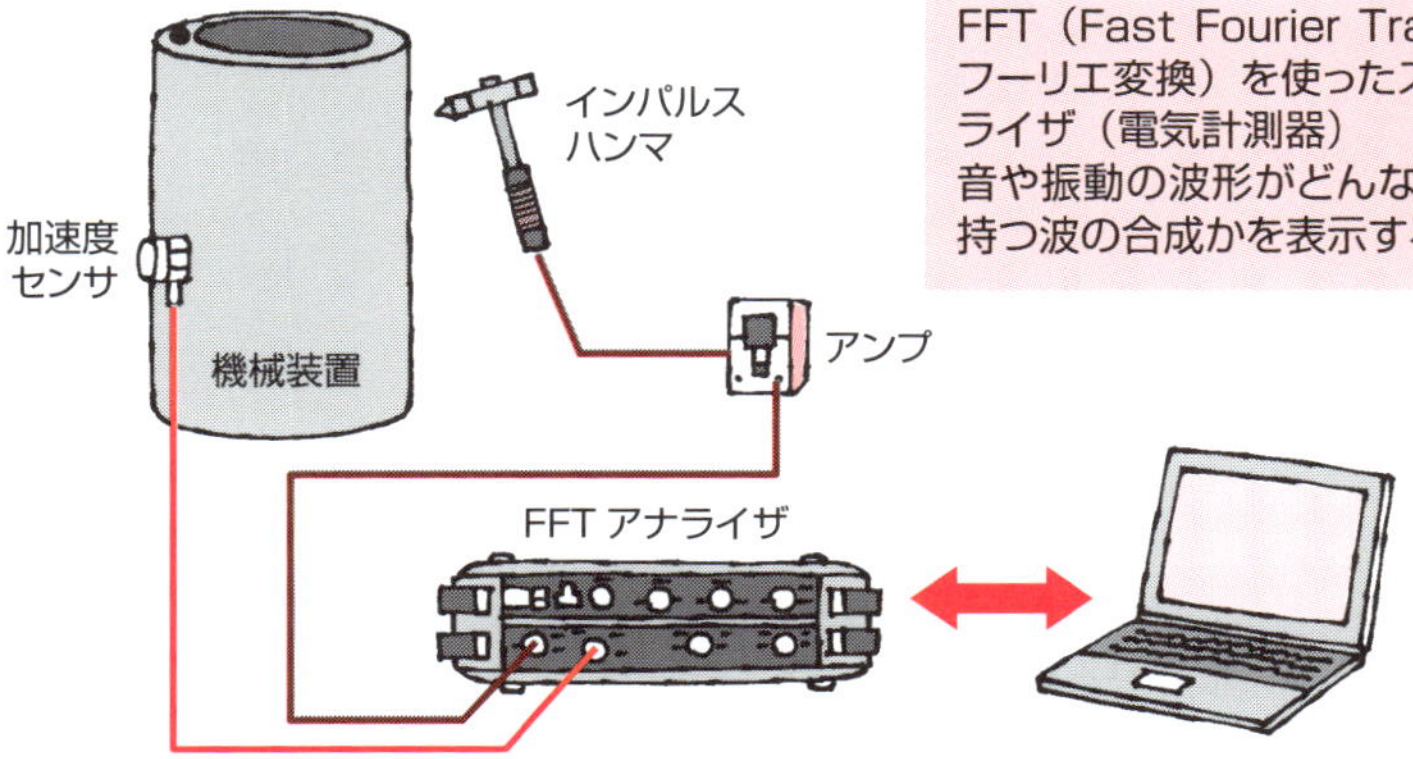

FFTアナライザとは…

FFT（Fast Fourier Transform：高速フーリエ変換）を使ったスペクトラムアナライザ（電気計測器）
音や振動の波形がどんな周波数と振幅を持つ波の合成かを表示する

表1　サーボ機構を用いた機械装置の共振防止策

機械的	剛性を上げて軽量化する	材料、断面二次モーメントの見直し。振源の拘束カップリングの剛性、タイミングベルト幅や張力、ギヤのバックラッシ
	負荷トルクを増やす	摩擦トルクを増やす
	機械的ダンパの追加	防振ゴム、ショックアブソーバ、制振装置
電気的	ノッチフィルタ(機械共振抑制フィルタ)の設置	電気回路で特定の周波数(信号)のみ取り出す装置
	電気的ダンパの追加	コンデンサダンパ
制御的	加減速の変更	共振周波数を避ける、励磁方式を変更する
	ゲイン、時定数の調整	制御パラメータを設定する

57 ハンチング

振幅が減衰しないで振動する現象

ハンチングとは、フィードバック制御系において、振幅が減衰しないで振動する現象のことです。速度や位置などの目標値近辺で、制御量が上下に振動して不安定な状態になることをいいます。外乱ではなく制御自体によって引き起こされるもので、乱調と呼ぶこともあります。

通常、**図1**のようなオン―オフ制御をすることで発生します。オン―オフ制御は制御が簡単なため、よく用いられます。しかし、単純な制御量のオン―オフ動作では、目標値に達した時点で入力が切り替わるため、**図2**のように設定値に対して制御量が上下します。チャタリング(巻頭のキーワード解説参照)しないように、通常設定値には幅を持たせます。これを調整感度といい、調整感度を小さくするとハンチング幅も小さくなります。また、52項の時定数が大きいほどハンチング幅は小さくなります。

ハンチングがない安定した状態にしないと、振動が長く続いたり、振動の振幅が次第に大きくなってしまいます。線形システムにおいては、安定限界に近い状態で発生します。非線形システムでは、振幅と周波数とが定まったハンチングを起こします。

ハンチングが発生しないようにするには、ゲイン(51項)を上げすぎないように調整したり、PID制御(50項)で解説した比例制御(P制御)の比例値(P値)を変更します。**図2**のように、比例値が大きすぎると、設定値への到達時間がかかって、オフセットも大きくなります。逆に比例値が小さすぎると、オン―オフ動作に近づいて、ハンチングが発生します。

以上より、ハンチングが発生しないように、電気制御系と機械駆動系を最適に調整することが大切です。ハンチングが起こるのは安定限界に近づいた状態といえるので、より細かい最適な調整を行う必要があります。

要点BOX
- ●調整感度を小さくする
- ●時定数を大きくする
- ●比例制御の比例値を大きくする

図1　オン－オフ制御

ハンチングが発生しやすい制御法

- 出力が設定値より低いとき出力をオンして、設定値より高いとき出力をオフ
- 出力をオン、オフすることによって、設定値を一定に保つ制御方式
- 入力信号を与えてからそれに応じた出力信号が現れるまでの時間を「ムダ時間」

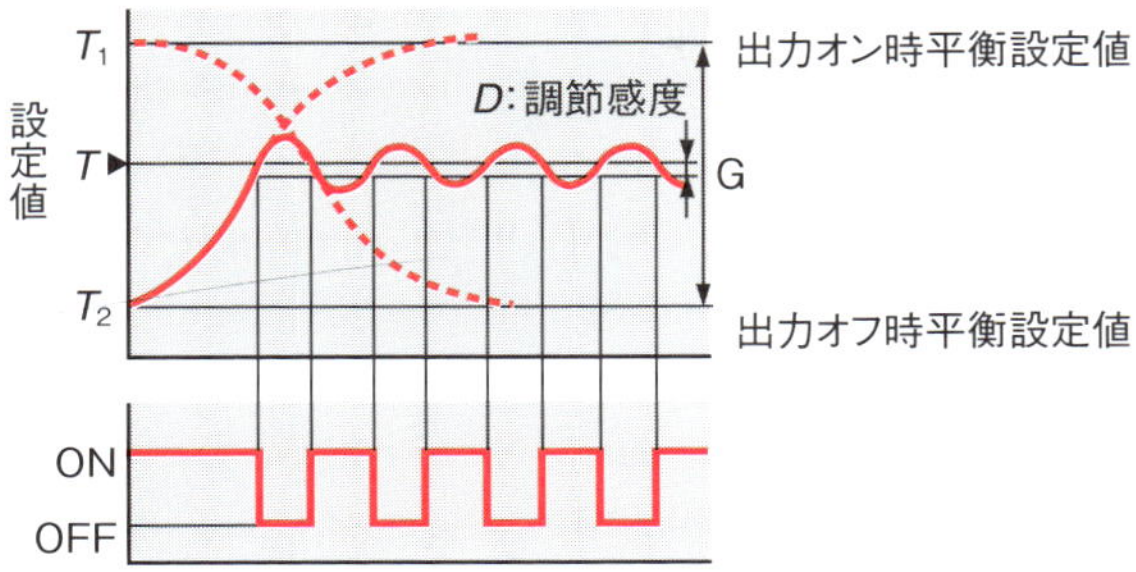

ハンチング

オン－オフ制御では、設定値に対して図 1 のようなハンチング波形の特性を示す
ハンチング幅は次式で表すことができる

$$ハンチング幅 = \frac{L\ (T_1 - T_2)}{\tau} D$$

ハンチング幅が小さいほど良い制御

- L：ムダ時間
- τ：時定数（52項参照）
- D：オン－オフ動作の調節感度
- T_1：出力オン時平衡設定値
- T_2：出力オフ時平衡設定値

図2　比例制御(P制御)とハンチングとの関係

比例制御の比例値を小さくしすぎるとハンチングが発生

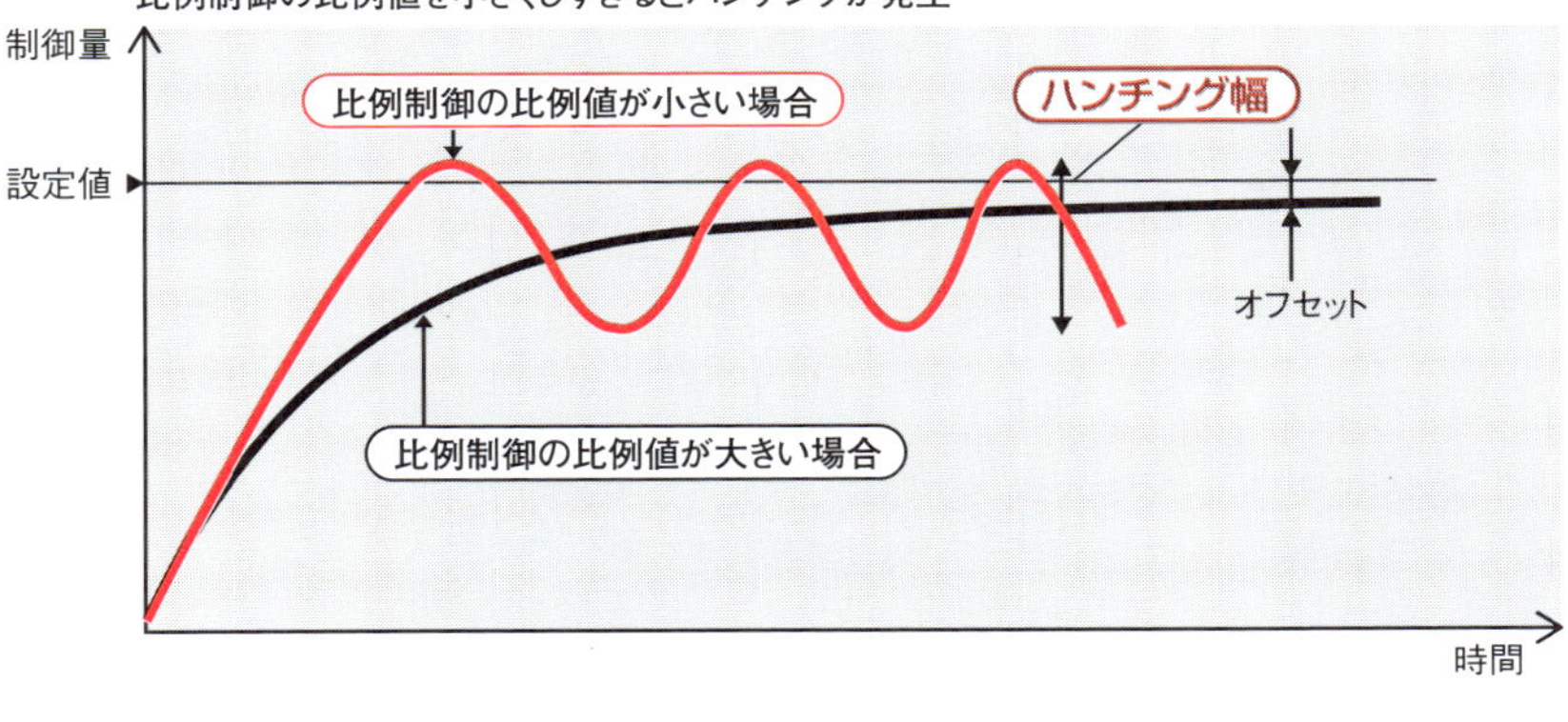

58 ヒステリシスと不感帯

往きと帰りが違う経路をたどる場合に生じる現象

ヒステリシスというのは日本語でいうと「履歴」という意味があります。これは、ある動作の状態などが、それまでたどってきた履歴に依存して変化することです。つまり、過去に比べて、現在の状態が変わる特性をいいます。これをヒステリシス特性といいます。具体的には、**図1**に示すように、a–b–c–d–e–f–gの順に上げ下げした状態の時間変化（履歴）をグラフに画いたとき、「往き」と「帰り」とでは違う経路をたどる場合の曲線を、ヒステリシスカーブと呼びます。また、結果が直線的にならないため、非線形カーブとも呼んでいます。

ヒステリシスは、いろいろな分野に存在し、いろいろな解釈があります。たとえば、アナログ信号をデジタルに変換する電気回路で、最大5Vの範囲で3V以上では「1」、それ以下では「0」と判定するように「しきい値」を設定したとします。アナログ信号にはノイズ成分が含まれることがあり、信号がしきい値にさしかかると、0と1の間を不安定に行き来するヒステリシス現象が発生します。ヒステリシスが小さすぎるとチャタリング（巻頭のキーワード解説参照）が起こり、大きすぎると動作が復帰しにくくなります。このような不安定現象を防ぐために、0–1に対応させる方法があり、この方法を「ヒステリシスを設ける」といいます。

一方で、センサで運ばれてきた物体を検知して、掴む動作を開始するとします。このときセンサの前を一瞬何かが横切ると、物体がないにもかかわらず掴む動作を開始してしまう場合があります。これを回避するため、1秒以上センサがONしないと掴む動作を開始しないようにします。この1秒のような時間を設定することを「不感帯（信号が変化しない領域）を設ける」といいます。ヒステリシスも不感帯も連続的な入力の変化に対し、出力の変化も連続的である場合にズレが起こる現象です。

要点BOX
●ヒステリシス現象と不感帯について理解する
●連続的な入力（アナログ）の変化で起こる現象

ヒステリシスと不感帯

(a) ヒステリシス

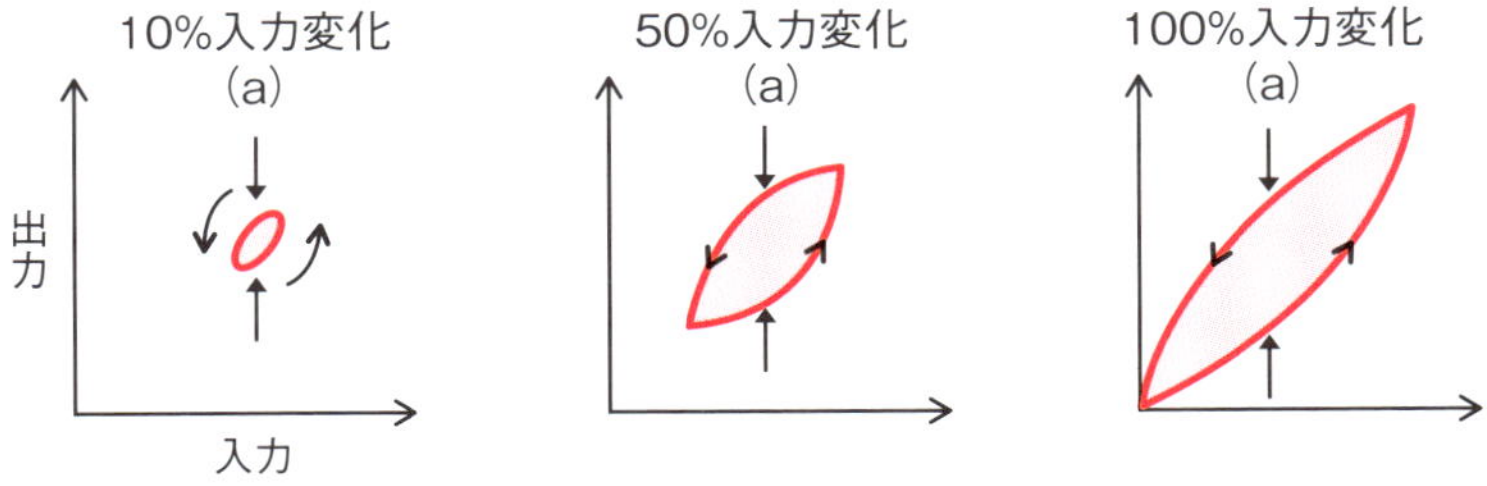

(b) 不感帯

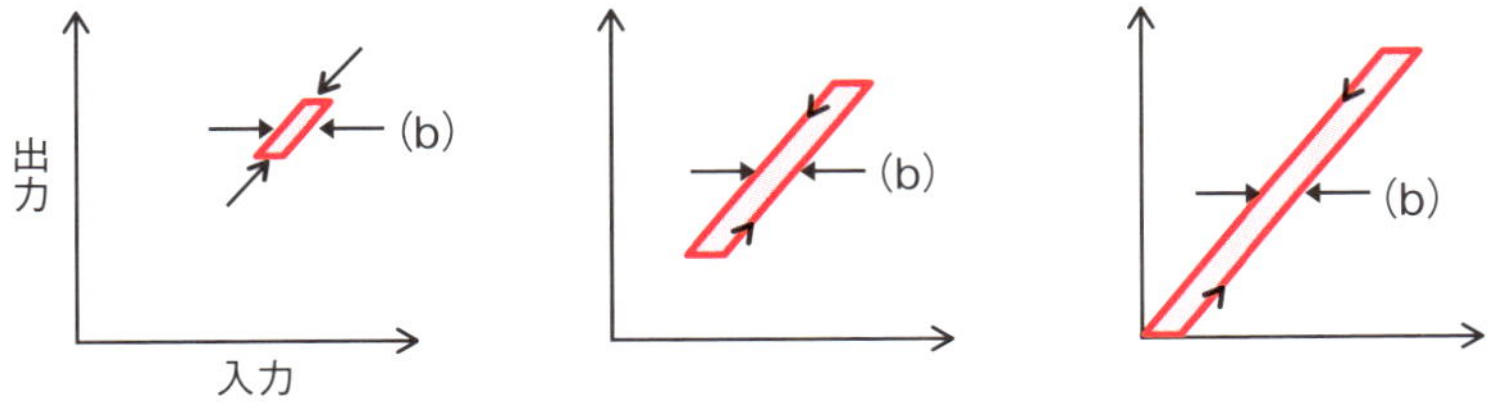

(c) ヒステリシス差と不感帯を同時に含む場合

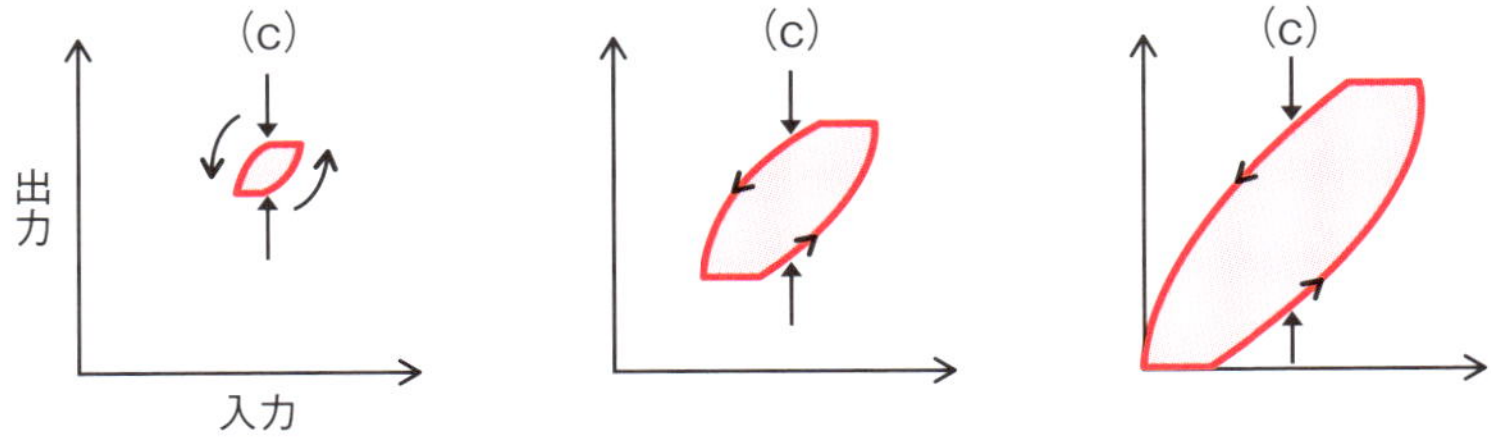

用語 ヒステリシス

定義 印加された入力値の方向性によって、出力値が異なる機器の特性
JIS B 0155

図1

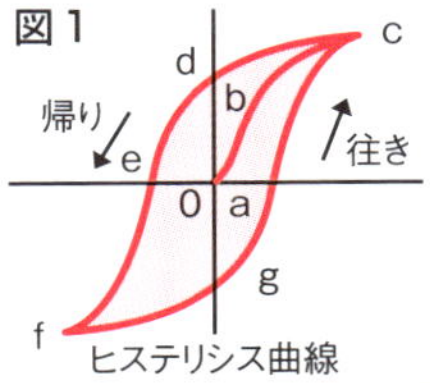

用語 不感帯（Dead Band）

定義 出力値の変化として感知できる変化を全く生じることのない入力変化の有限範囲
JIS B 0155

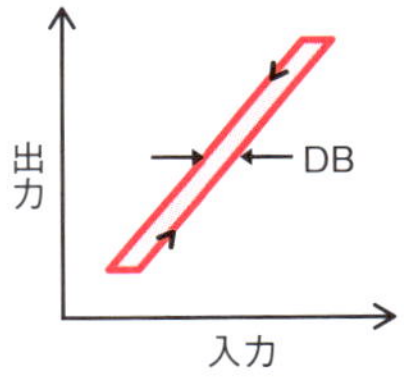

59 オーバーシュートとアンダーシュート

制御量が目標値に対して上下する

オーバーシュートとは、制御量が目標値を上まわることをいいます。行過ぎ量とか、過渡行過ぎ量とも呼ばれます。これに対して、アンダーシュートとは、制御量が目標値を下まわることをいいます。どちらの場合も、制御量の変化速度が速かったり、制御系の応答性が悪い場合に大きく発生します。

単純な制御量のオン-オフ動作では、サーボモータや負荷の慣性によって、機械装置はすぐには停止またはは起動できません。そのため、オーバーシュートあるいはアンダーシュートが発生します。50項で解説した比例(P)制御や積分(I)制御、微分(D)制御によって、オーバーシュートやアンダーシュートを抑制できます。これらの制御との関係は次頁を参照してください。

オーバーシュートやアンダーシュートをできる限り無くすためには、制御系の応答性をよくすることや、サーボモータや負荷のイナーシャを小さくすることが有効です。そうするには、最適な制御パラメータの調整を行ったり、メカニズムの小型・軽量化を検討する必要があります。

しかし、それだけでは十分になくすことができないので、より細かな指令を受けられるような工夫をする必要があります。

例えば、センサで検知する位置を増やしたり、検知する精度を向上させたりします。時間や回数など他の尺度を使って、制御量やタイミングを変えることも有効です。また、経験値を蓄積しておいて、その値による補正を加えることで、オーバーシュート量やアンダーシュート量を減らすことができます。

以上のように、オーバーシュートやアンダーシュートが発生すると、制御量が目標値に対して上下してしまいます。そのため、できる限りなくなるように、メカニズムや制御方法を見直して工夫するようにしましょう。

要点BOX

- ●制御系の応答性をよくする
- ●サーボモータや負荷のイナーシャを小さくする
- ●より細かな指令を受けられるようにする

比例制御（P制御）との関係

●比例制御の比例値を大きくした場合

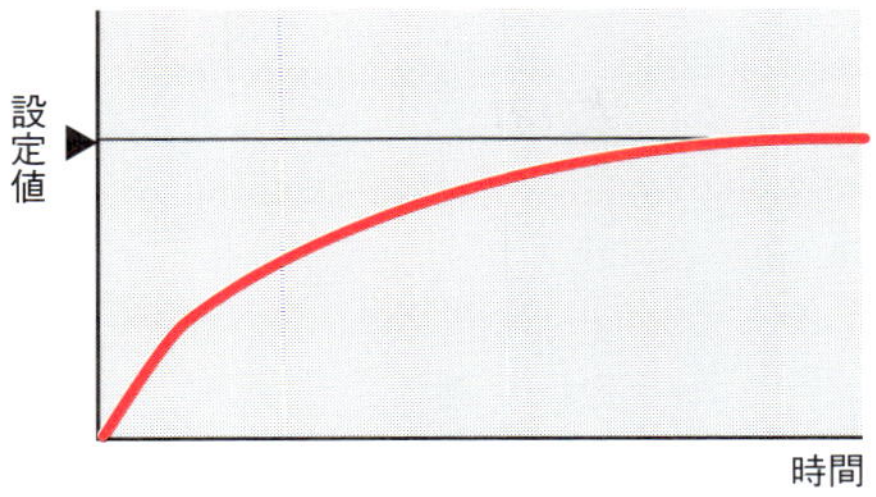

設定値になるまでの時間が長くなるが、オーバーシュートしなくなる

●比例制御の比例値を小さくした場合

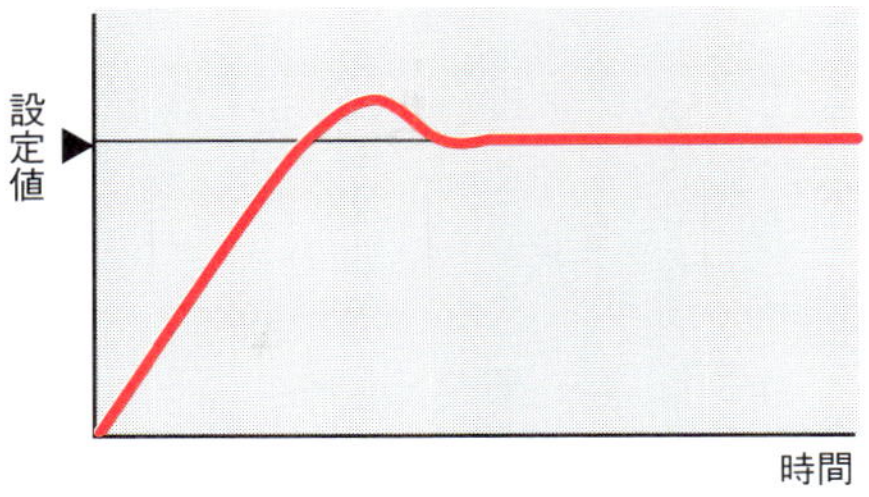

設定値になるまでの時間が短くなるが、オーバーシュートやハンチングが発生しやすくなる

積分制御（I制御）との関係

●積分制御の積分値を大きくした場合

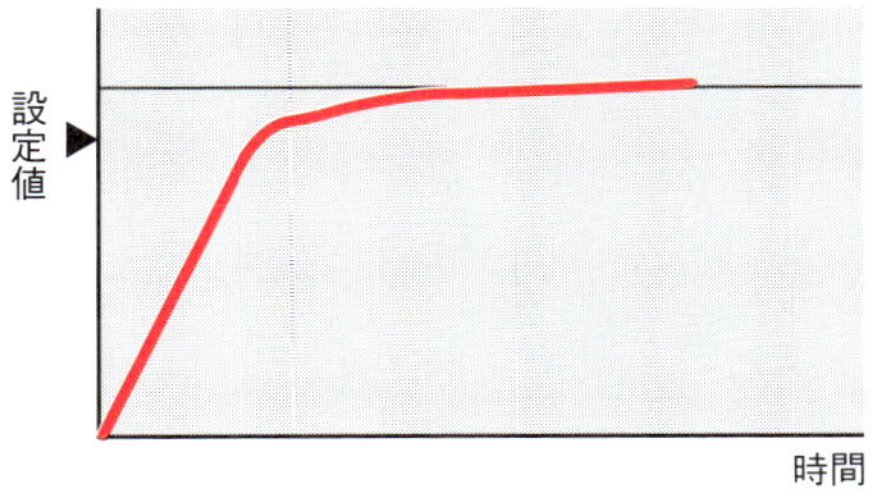

設定値になるまでの時間が長くなり、安定するまでに時間がかかる。オーバーシュート、アンダーシュート、ハンチングは小さくなる

●積分制御の積分値を小さくした場合

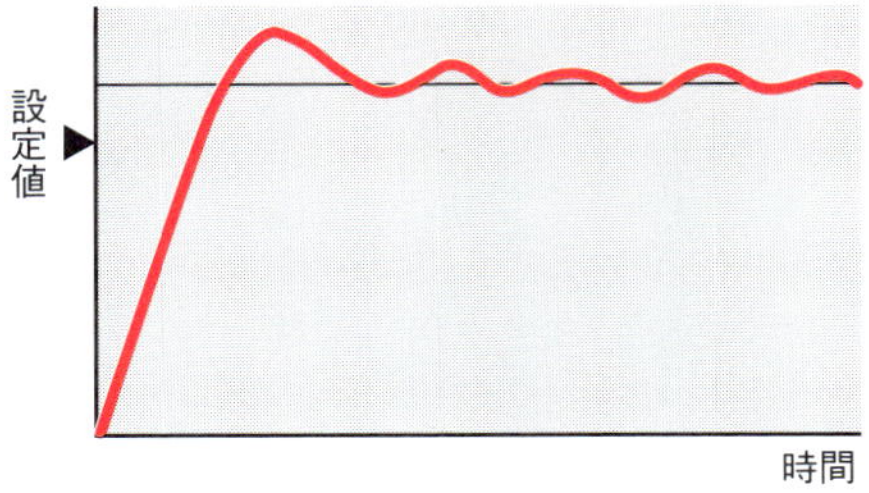

立ち上がりが早くなるが、オーバーシュート、アンダーシュート、ハンチングが発生

微分制御（D制御）との関係

●微分制御の微分値を大きくした場合

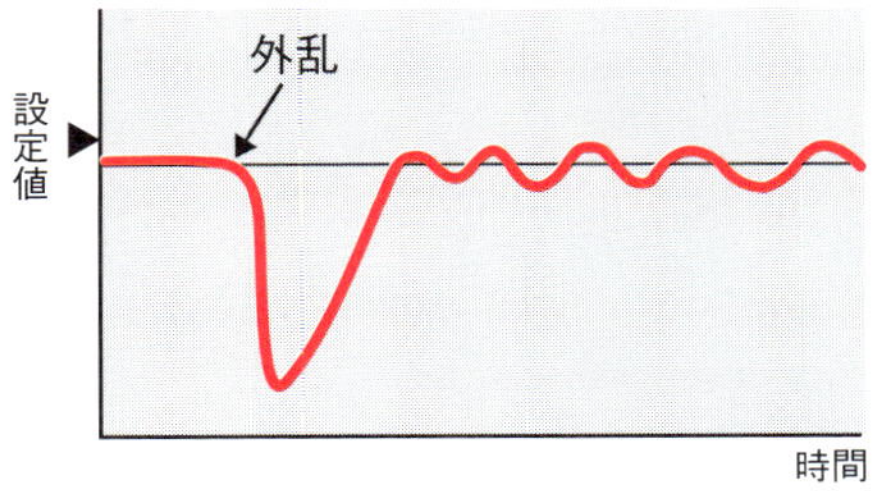

アンダーシュートは小さくなるが、ハンチングは発生する

●微分制御の微分値を小さくした場合

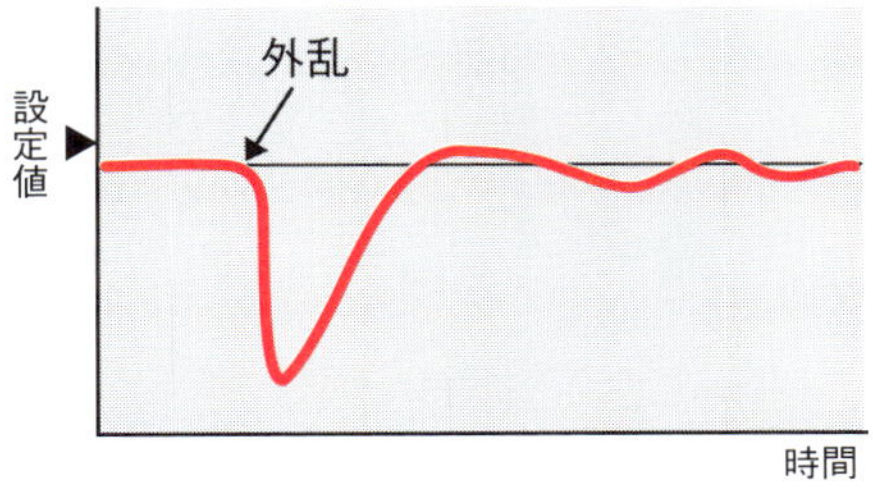

アンダーシュートが大きくなって、設定値に戻るまでの時間がかかる

60 スティックスリップ

不連続で小刻みに進む現象

スティックスリップとは、制御する対象の機械装置が主に低速領域において、小刻みに不連続で突出するように進む現象です。そのため、機械装置の位置決めは、目標値通りにはなりません。

スティックスリップを引き起こす最大の要因としては、摩擦力（10項参照）が考えられます。潤滑が不十分な「臨界摩擦」（巻頭のキーワード解説参照）の状態で、摩擦面の付着と滑りが繰り返されることによって引き起こされる「自励振動」（巻頭のキーワード解説参照）です。摩擦係数が、すべり速度が速くなるにつれて低下したり、静摩擦から動摩擦に移行するような条件で特に発生します。

このスティックスリップが連続的に続くと、57項で解説したハンチングを引き起こして、まったく制御ができない状態になってしまいます。

スティックスリップをなくすには、できる限り静止摩擦を小さくすることで改善されます。静止摩擦と動摩擦との差をなくし、機械装置がスムーズに動けるようにします。さらに、機械装置の剛性を向上したり、バックラッシ（巻頭のキーワード解説参照）をなくすことが有効です。機械剛性を向上させることによって、摩擦力の変化に対して影響を受けにくくなります。そして、バックラッシをなくすことですき間がなくなり、小刻みに動くことができなくなります。

具体的対策としては、軸受やガイドに空圧、油圧、磁力などによる非接触の軸受やガイドを使用して、摩擦抵抗をなくします。また、転がり軸受やガイド、ボールねじ部に予圧を与えて剛性を向上させるとともに、バックラッシをなくします。

以上のように、スティックスリップが発生することによって、サーボ機構の位置決め精度に悪影響を及ぼします。そのため、サブミクロン以上の高い位置決め精度が必要な場合には、スティックスリップが発生しないようにしなければなりません。

要点BOX

- ●主な発生原因は摩擦抵抗
- ●摩擦面の付着ー滑りを繰り返す
- ●位置決め精度に大きな悪影響を及ぼす

スティックスリップ現象

要因

- 低速度領域
- 摩擦力の変化
  潤滑が不十分な
  「臨界摩擦」の状態
- 荷重の変動
- 温度変化

**スティック
スリップ**

対策

- 静止摩擦を小さくする
- 静止摩擦と動摩擦との差をなくす
- 機械装置の剛性を上げる
- バックラッシをなくす

自励振動

低速度領域

↓

ハンチング（57項参照）の発生

↓

停止位置精度が出ない

スティックスリップの時間ー摩擦力線図

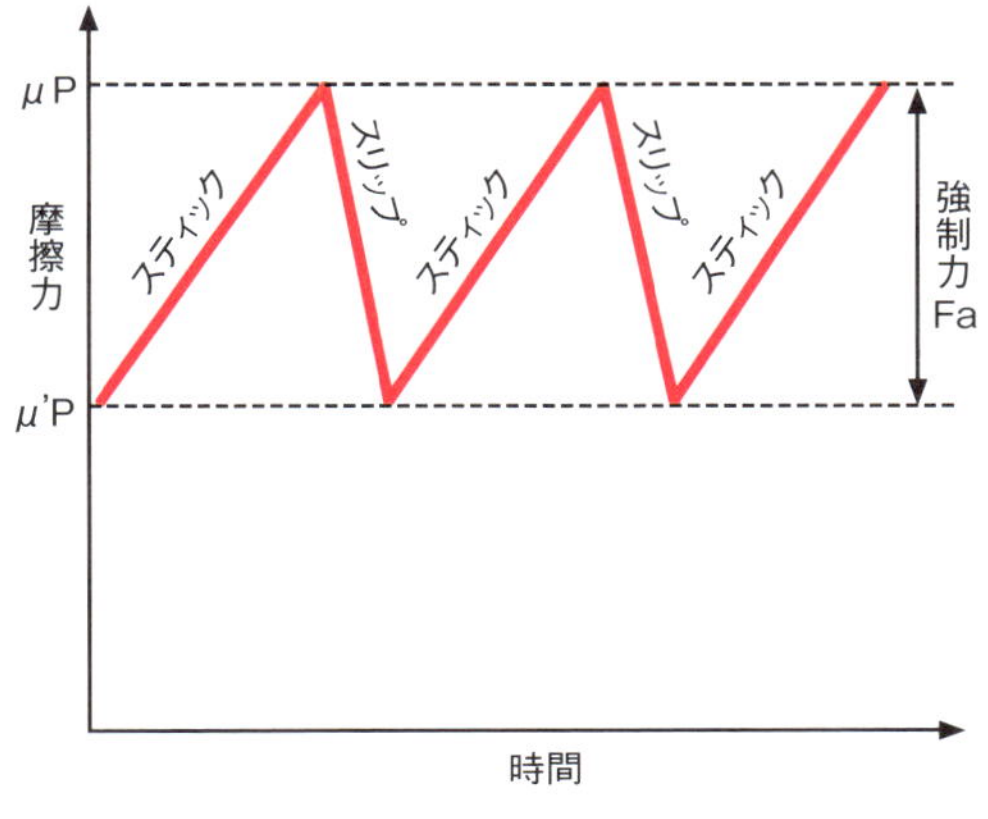

Column

スマートファクトリー

従来までの大量生産から多品種少量生産に移行し、短納期で品質が高いものをいかに安く製造するかが重要になっています。全世界的でグローバルな競争をするとともに、人材不足への対応も必要になっています。そのため、「スマートファクトリー」への期待が高まっています。

スマートファクトリーとは、生産状況をリアルタイムに把握して、多品種少量、高付加価値の製品を大規模に生産することを目指すものです。このスマートファクトリーを実現するために、アクチュエータまたはセンサを設置した工作機械やロボット、生産ラインを制御するPLC（プログラマブル・ロジック・コントローラー）などの生産設備を、ネットワークにつなげたパソコンで遠隔管理する要望が高まっています。

これまでの生産設備は、メーカーや機種ごとに仕様が異なり、相互に情報のやり取りをすることができない場合がありました。そのため、あらゆるメーカーや機種の生産設備も、ネットワーク上で情報のやり取りをすることができるオープンネットワーク化が重要になります。

ネットワーク化することによって、生産状況をリアルタイムで把握することが可能になります。また、故障の予兆がわかるため、交換が必要な部品を事前に自動手配することによって、設備の稼働率が向上します。

以上のように、工場内の自動化を進めて、効率よく製品を生産する必要が増しています。そのためには、ネットワーク化をはかり全ての生産設備をコントロールすることによって、スマートファクトリーを実現することに期待が高まっています。

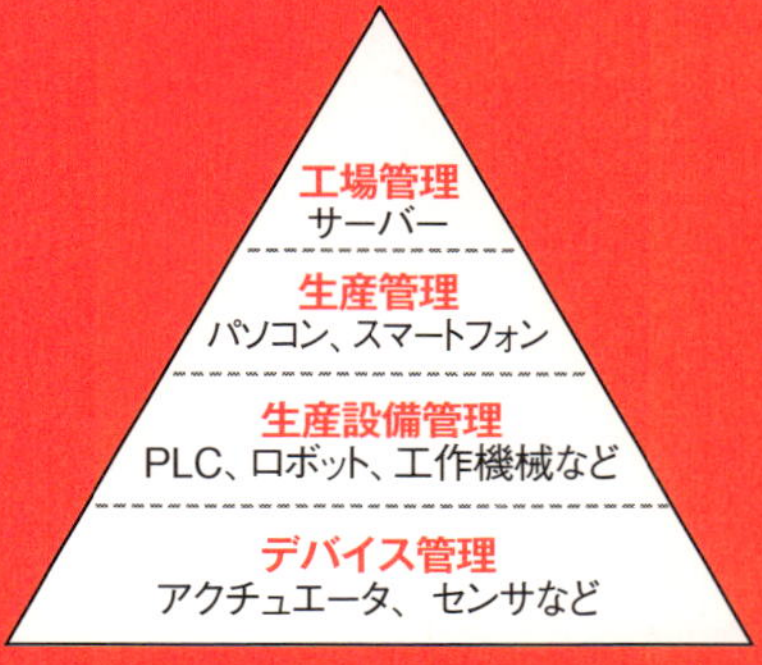

第 9 章

サーボ機構の応用例

61 自動車

動力源にサーボモータを用いる

資源の枯渇や二酸化炭素排出量の増加、排気ガスなどの環境問題によって、ハイブリッド自動車や電気自動車へのニーズが高まっています。これらの自動車にもサーボ機構が適用されています。

自動車に適用されるサーボ機構は、配置するスペースが限られるため小型・高出力で効率が良く、燃費向上のため軽量化したものが必要になります。そして乗り心地を少しでも良くするために、複雑な制御が必要です。

通常、自動車に使用されているモータは、インバータによって回転数を制御して自動車を加減速します。インバータは、電池に蓄えられた直流電力を交流電力に換えるとともに、周波数や電流を調整します。

これに対して、サーボ機構を適用することで指令に対する反応が速くなり、より高度な加減速の制御が可能になります。乗り心地や燃費が改善される一方、装置自体は高価になります。また、インバータの発熱量を抑えて、冷却装置を小型簡略化させることができます。

さらに各タイヤのホイール部分にサーボモータを設置した「インホイールモータ自動車」の開発も進んでいます。一つ一つのタイヤを単独で駆動できるとともに、回生エネルギによって減速することもできます。また自動車の構成部品点数を激的に減らすことも可能です。一方、各タイヤを制御して安全快適に走行するには、非常に高度な制御技術が求められます。

電気自動車のサーボ機構は、小型軽量であることはもとより、十分な走行性能を得るために低速時に高出力でかつ高速回転が可能で、低燃費で走行距離を伸ばすために高効率である必要があります。

以上のように、自動車に適用するサーボ機構は、特に小型、軽量、高出力であることが求められます。次世代自動車の重要な技術であるため、激しい開発競争が繰り広げられています。

要点BOX

- ●サーボ機構の小型、軽量化が必要
- ●低速時に高出力でかつ高速回転する
- ●高効率のため低燃費で走行距離が長い

電気自動車の方式

電気自動車

- オンボード方式
  車体にモータを設置して、ドライブシャフトなどでタイヤに動力を伝達
- インホイールモータ方式
  ホイール内にモータを設置
  - 減速機方式
    減速機で動力を伝達
    モータ小型、部品点数増
  - ダイレクト方式
    ダイレクトモータの設置
    構造がシンプル

インホイールモータ自動車(ダイレクト方式)

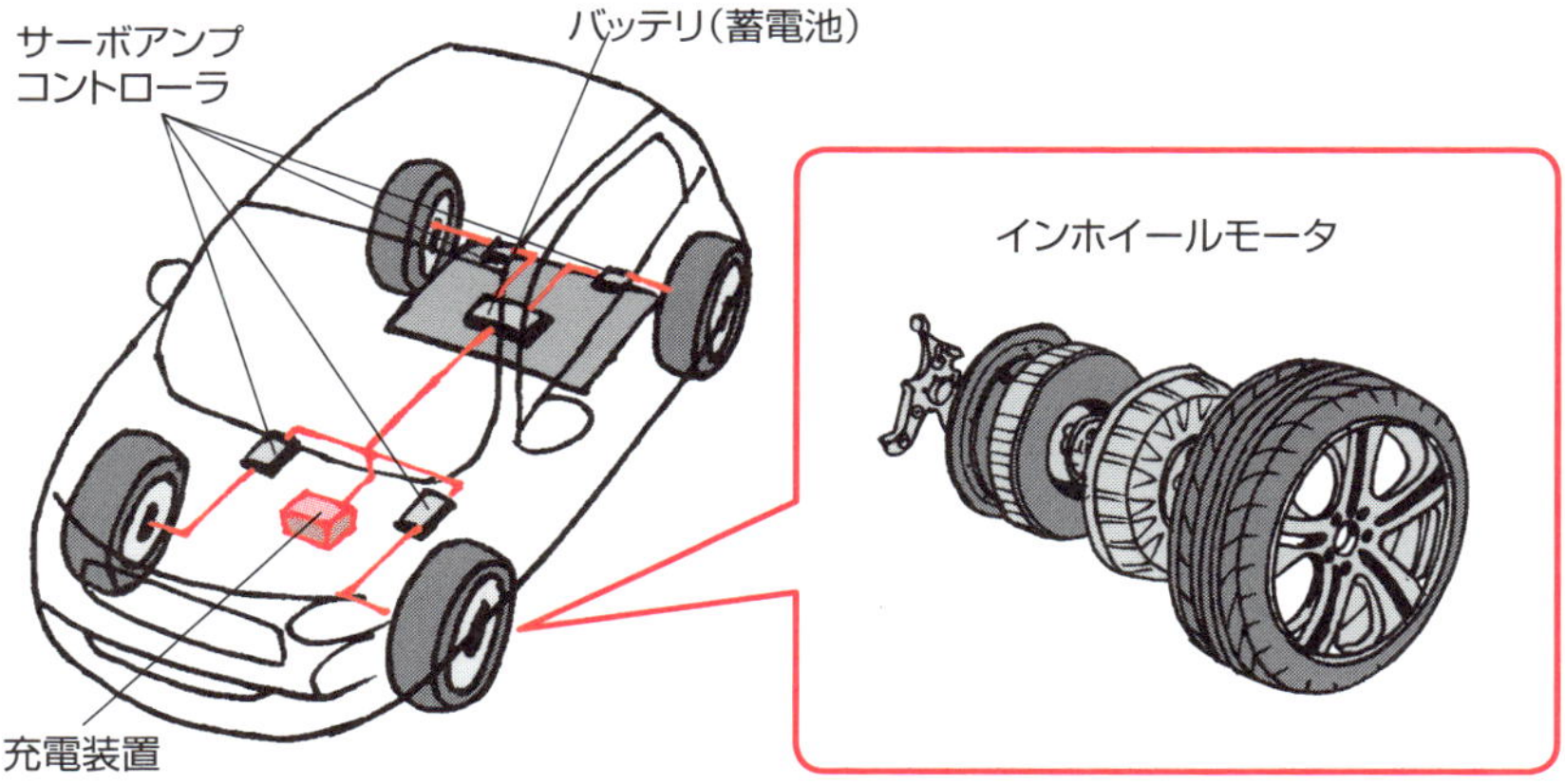

インホイールモータ部詳細

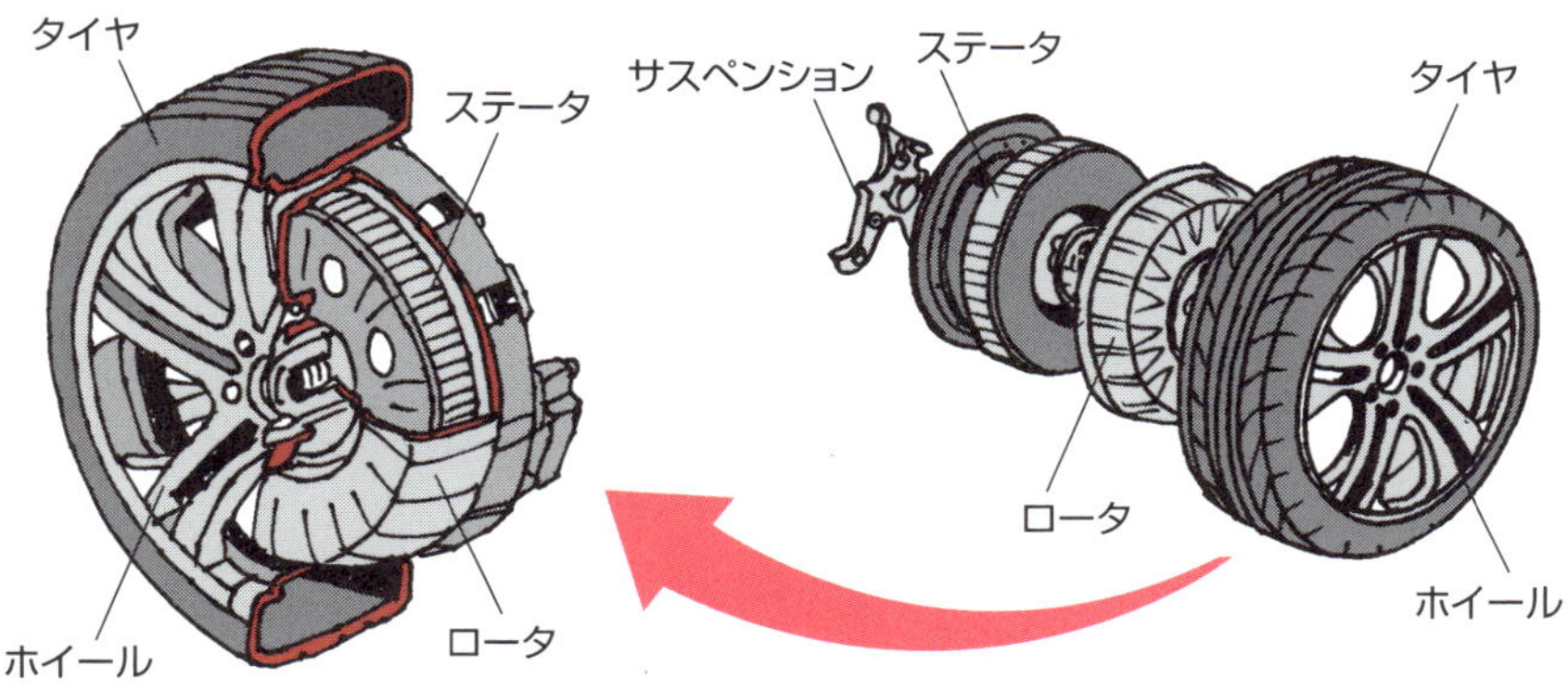

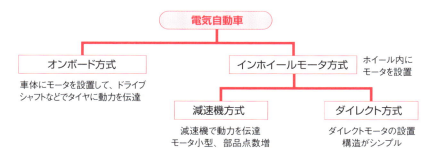

62 鉄道分野（ホーム安全設備）

ホームドアや可動ステップに適用

近年、公共交通機関を利用する高齢者や、移動の利便性および安全性を確保することを目的としたバリアフリー法が施行されました。都心部のターミナル駅を中心に、列車の乗降客の安全を確保する可動式ホーム柵（以下、「ホームドア」と呼びます）や可動ステップの設置が進んでいます。実は、このようなホーム安全設備の分野にも、サーボ機構が適用されています。

ホームドアは、ホームからの転落や電車との接触を防ぎ、乗降客の安全を守るためにホーム端に設置される装置です。この装置は、列車の運行に密接に関わっています。そのため、使用する装置は、信頼性の高いものでなければなりません。また、安全に列車を運行させるために、ドアの開閉状態を監視する機能や乗客がドアに挟まれた際にけがをしないように、動作させる仕組みが必要になります。そのような運用を確実に行うため、制御システムに、信頼性の高いサーボ機構が採用されています。

可動ステップ装置は、ホームと列車の隙間が広い箇所において、ステップを張り出す事により隙間を埋めて、乗降客の転落防止を図る装置です。可動ステップ装置は、ホームドアと組み合わせて運用され、ホームドアが開く前に車両とホームの隙間に可動ステップが張り出すことにより、乗降客の転落を防止しています。この装置は、都心部の列車が頻繁に走行する路線で使用されるため、高い信頼性が要求されます。そのため、装置の駆動部には工作機械の技術をベースにした信頼性の高いサーボ機構が採用されています。また、制御装置は、信号保安装置の技術を取り入れた、高性能のフェールセーフマイコンを使った部品が使用されています。

このように、普段、通勤で目にする身近な機器にもサーボ機構が活躍しています。次回、電車に乗る際に、ホームドアを見かけたら、サーボ機構のことを思い出してみてください。

要点BOX

- ホームドア、可動ステップにもサーボ機構が適用
- 鉄道に使用される装置は、高い信頼性と安全性が必須

可動式ホーム柵と可動ステップ

可動ステップ格納状態

可動ステップ張出状態

63 衛星をとらえるアンテナの応用例

方位角と仰角をサーボ機構で制御する

近年では、国際宇宙ステーションをはじめ、各国が独自の人工衛星を打ち上げるなど宇宙開発が進んでいます。なかでも、超小型人工衛星は、地球上の生物や気象の観測、衛星と地上との通信が可能な技術として注目されています。

衛星を追尾するために使われているのがアンテナです。アンテナの方向や姿勢が安定しなかったりすれば、精度よく観測することも通信を行うこともできません。また、追尾するためには、正確かつ継続的に目標の距離・方位角・仰角・偏波角などの位置情報を知る必要があります。アンテナを衛星に向け続けるために、アンテナの方位角と仰角を制御するという目的でサーボ機構が用いられています。

方位角のモータは、アンテナを方位角方向に回転させるためにステッピングモータやサーボモータが用いられています。たとえば、指令部から1パルスの出力で、アンテナが0・03度回転するとすれば、45度傾けるために、1500パルス出力し左右に動かします。仰角モータについても、アンテナを仰角方向に回転させるため、ステッピングモータやサーボモータを用いて上下に精度よく回転させます。

緯度や経度を測位するためには、方位角センサ、仰角センサが必要です。これらのセンサで衛星の位置情報を取得します。位置データは、A／D変換部から信号処理を経て、角度に変換され、方位角・仰角、それぞれのモータが指定された角度と最も近い角度に向けて上下左右にアンテナを回転させるという仕組みです。機構全体にわずかでもバックラッシ（巻頭のキーワード解説参照）があると、正しい位置でアンテナを停止させることができません。

アンテナに応用されるサーボ機構は、衛星がどのような軌道で動いても連続的に追跡し、目標物に一致するように、フィードバック制御（44項参照）されています。

要点BOX
- ●アンテナを衛星に向け続けるためのサーボ機構
- ●追尾できる閉ループ機構

アンテナの方位角や仰角を制御

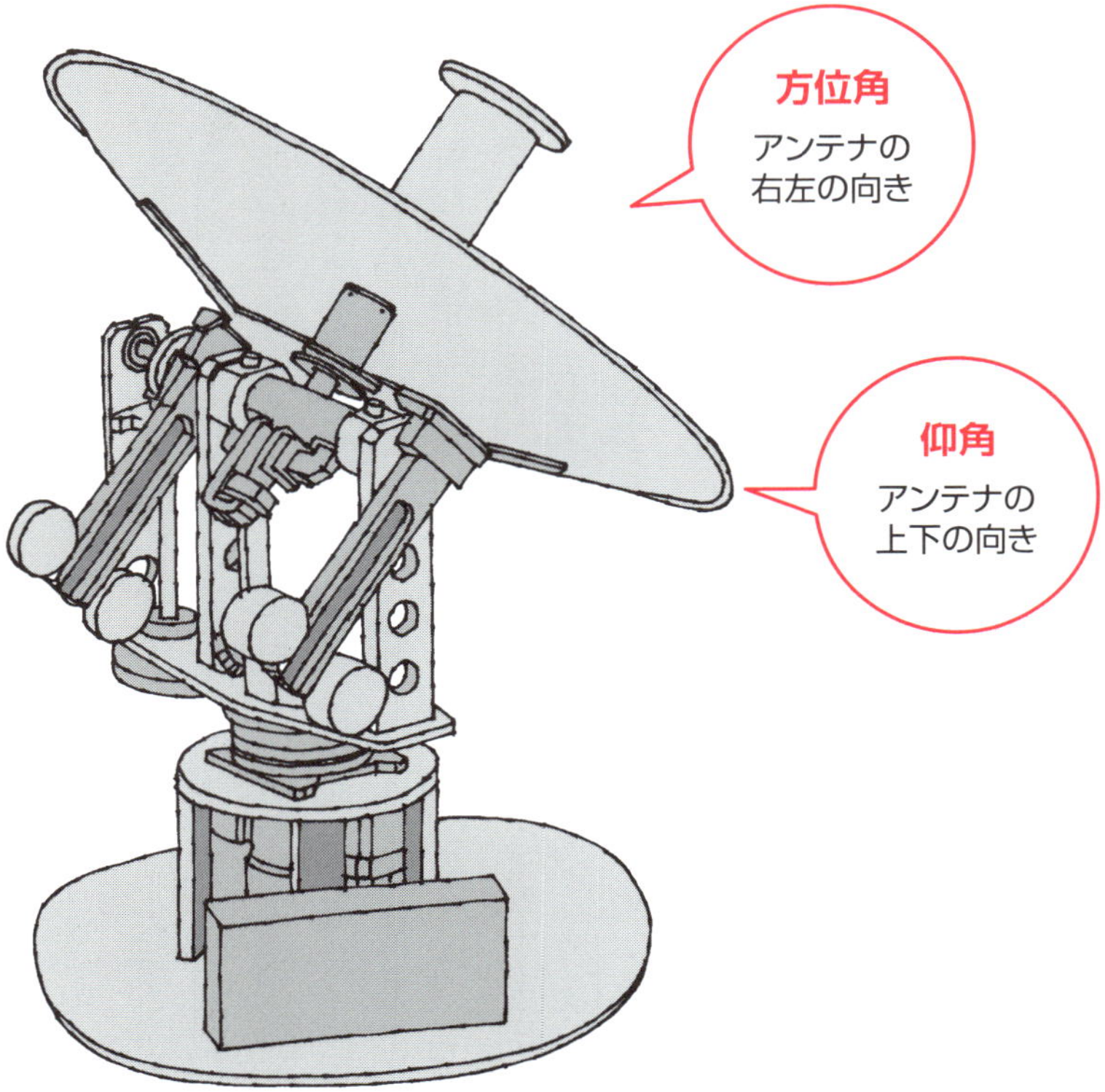

天体望遠鏡の方位角

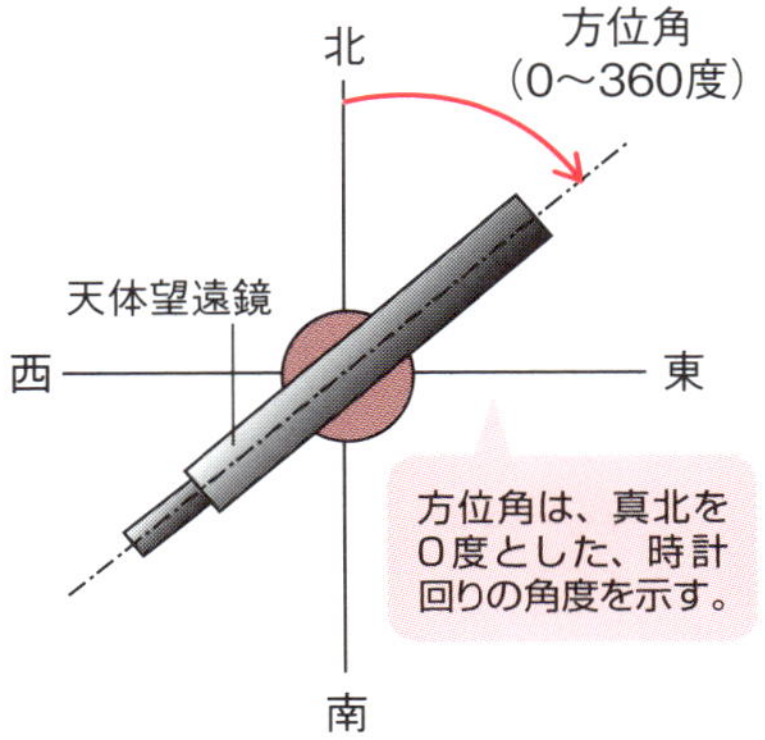

天体望遠鏡の仰角

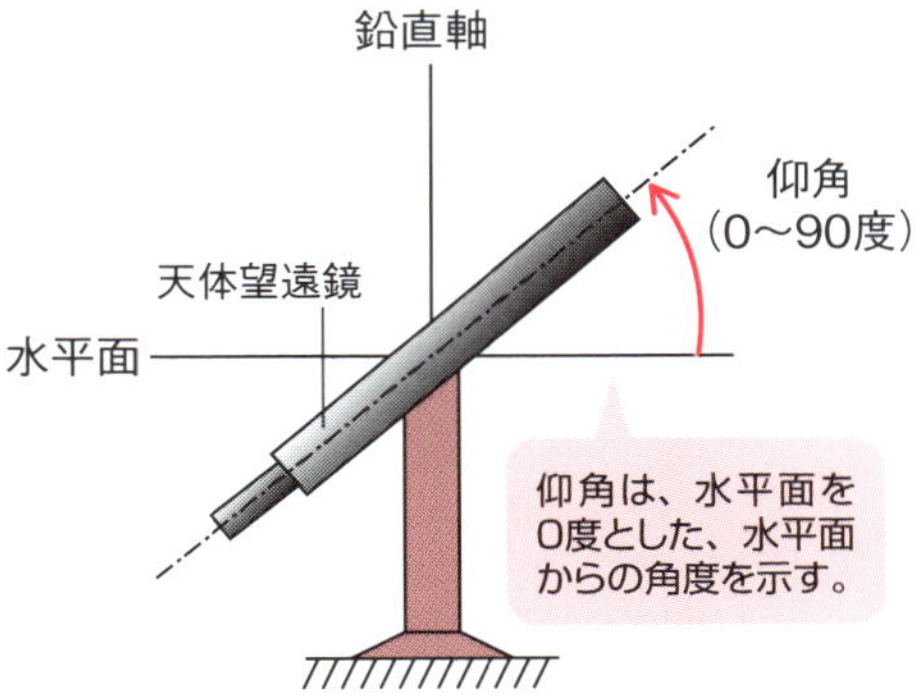

64 加工機械

高精度、高生産、省エネ加工を実現する

サーボ機構を適用した加工機械の代表的なものとしては、板金を加工するサーボプレスや、サーボモータを多数適用しているマシニングセンタや自動旋盤などの工作機械が挙げられます。

サーボプレスは、材料を型で抜く部分の駆動をサーボモータで制御して加圧するプレス加工機です。機械装置の高剛性、軽量化が進み、ハイテン（高張力鋼板）やチタン、マグネシウム合金などの難加工材料が素材として使用されるようになりました。サーボ機構を用いることによって、これらの材料の加工ができるようになり、さらに、高生産性、高精度、低騒音、省エネルギーな加工が可能になります。

マシニングセンタや自動旋盤などの工作機械は、工具によって製品（材料）を切削する加工機械です。加工時に工具や材料を移動したり位置決めする方法として、サーボ機構が用いられています。サーボモータを駆動してボールネジを回転させて、各工具や材料を想定した部品加工する位置に高速・高精度で移動させます。

サーボ機構を用いることで、高速、高精度、小型化、省エネルギー、低振動、低騒音、耐環境性能やメンテナンス性の向上が実現できます。

近年ではX、Y、Z軸の3軸の制御に加えて、2軸の回転制御を可能にした5軸制御が主流になっています。これによって、工具または製品の傾きを変えられるため、工具の突き出し量を少なくでき、最適な方向からの加工ができます。そのため、複雑な形状の部品を高速・高精度で加工することが可能になっています。

以上のように、加工機械にサーボ機構を適用することによって、構造が簡単になり信頼性を高めることが可能になります。さらに高速、高精度な加工が要求されているため、さらなる性能向上や新技術の開発が期待されています。

要点BOX
- ●難加工材料のプレスが可能になる
- ●5軸制御可能な工作機械による加工が可能

5軸制御工作機械

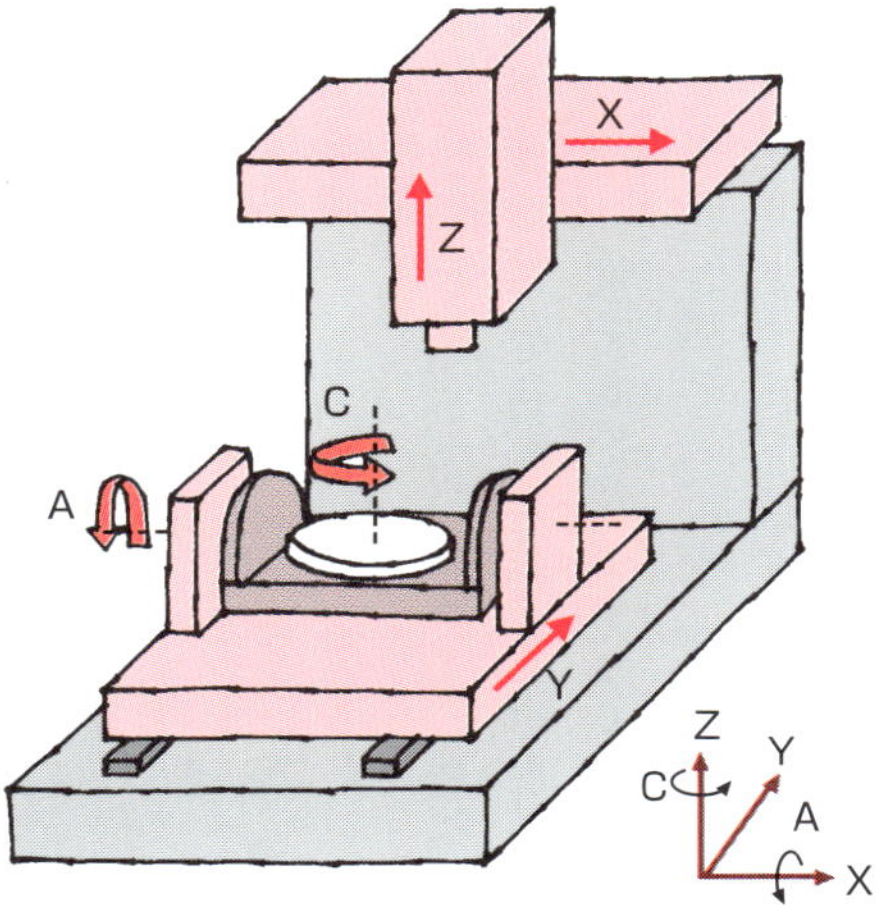

サーボプレス

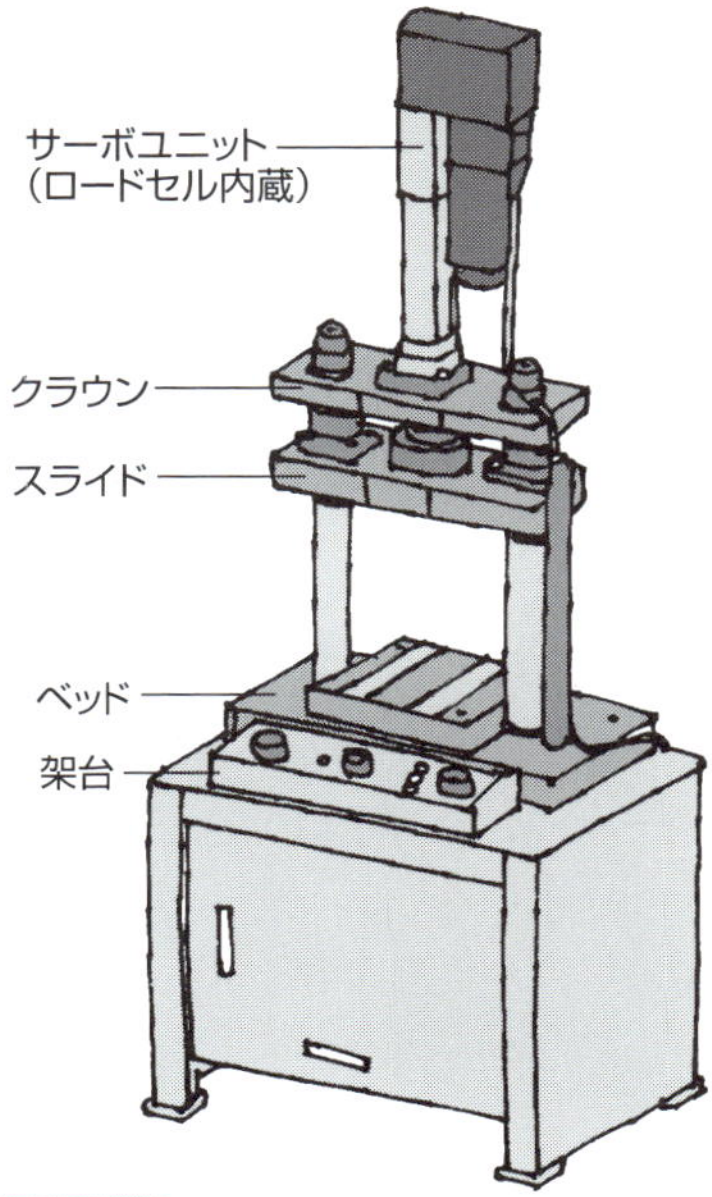

主な加工法

施削

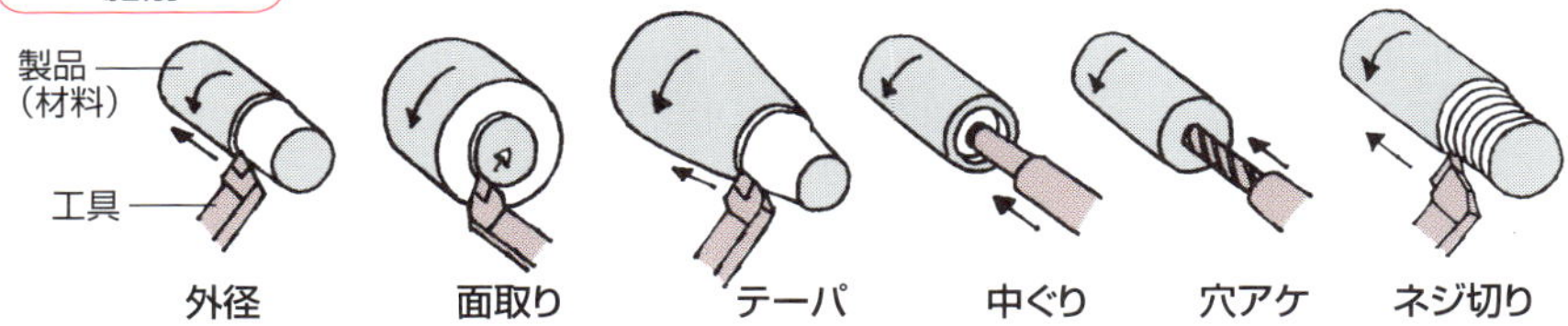

穴あけ

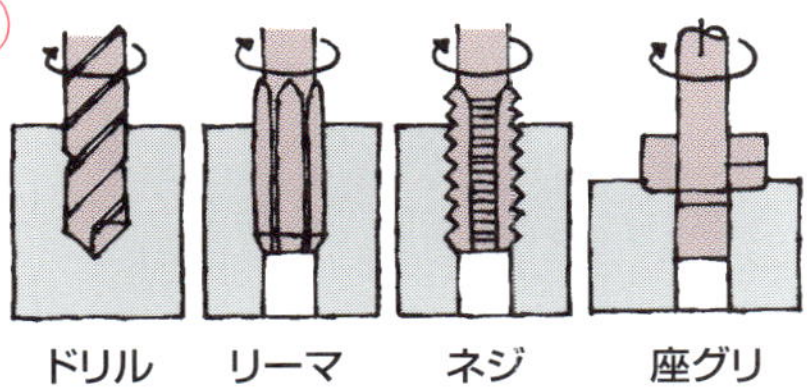

フライス削り

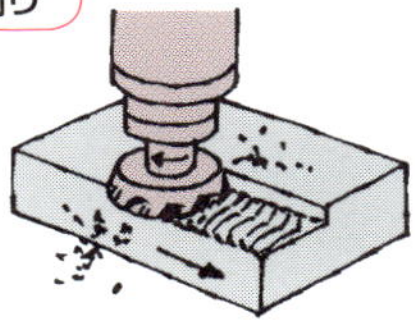

歯切り

研削

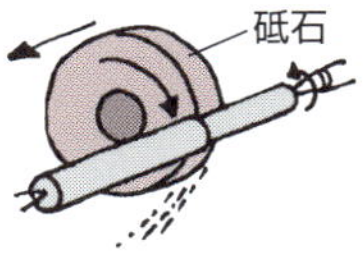

65 ファクトリーオートメーション(FA)

工場の自動化にサーボ機構が貢献

ファクトリーオートメーション(以下FA)は、工場での生産を人手に頼らないで自動化することです。そうすることによって、24時間休みなく工場を稼働することができ、安全で安定した生産を続けることが可能になります。

今まで人間が行っていた作業を自動化するためには、ある程度の正確さ(精度)が必要になります。また、自動化するメリットを出すには、速さも重要です。これらを実現するための装置に、サーボ機構が用いられています。

サーボ機構を用いることで、機械装置をより正確に速く動作させることが可能になります。そのためにサーボ機構を用いた電動シリンダや産業用ロボットなどが、FAでは活躍しています。電動シリンダとは、次頁の図のように、ボールねじやカップリング、ベアリングなどの機械要素をサーボモータで駆動させて、直線往復運動を得る装置です。

次にサーボ機構を用いた装置によるFAへの適用例を示します。

・加工機械への部品の供給と加工品の搬出
・製品の組立や分解、搬送
・塗装や溶接などの過酷な作業
・製品の外観や精度を確認する検査や測定
・入荷や出荷時の搬送、選別、梱包作業

このように、工場内のあらゆる工程への適用が可能です。そしてそれらの自動化された工程が通信ネットワークでつなげられ、集中的に管理されることでコラム「スマートファクトリー」(144頁参照)が実現されます。

以上のように、サーボ機構を用いた電動シリンダや産業用ロボットの普及によって、FA化が進んでいます。FA化することによって、省人、省エネルギー、時間短縮、不良品削減が可能になって、安全、安定した生産が実現されます。

要点BOX
- ●安全で安定した生産を休みなく続ける
- ●電動シリンダや産業用ロボットにより実現
- ●省人、省エネルギー、時間短縮、不良品削減

ファクトリーオートメーション（FA）の概念図

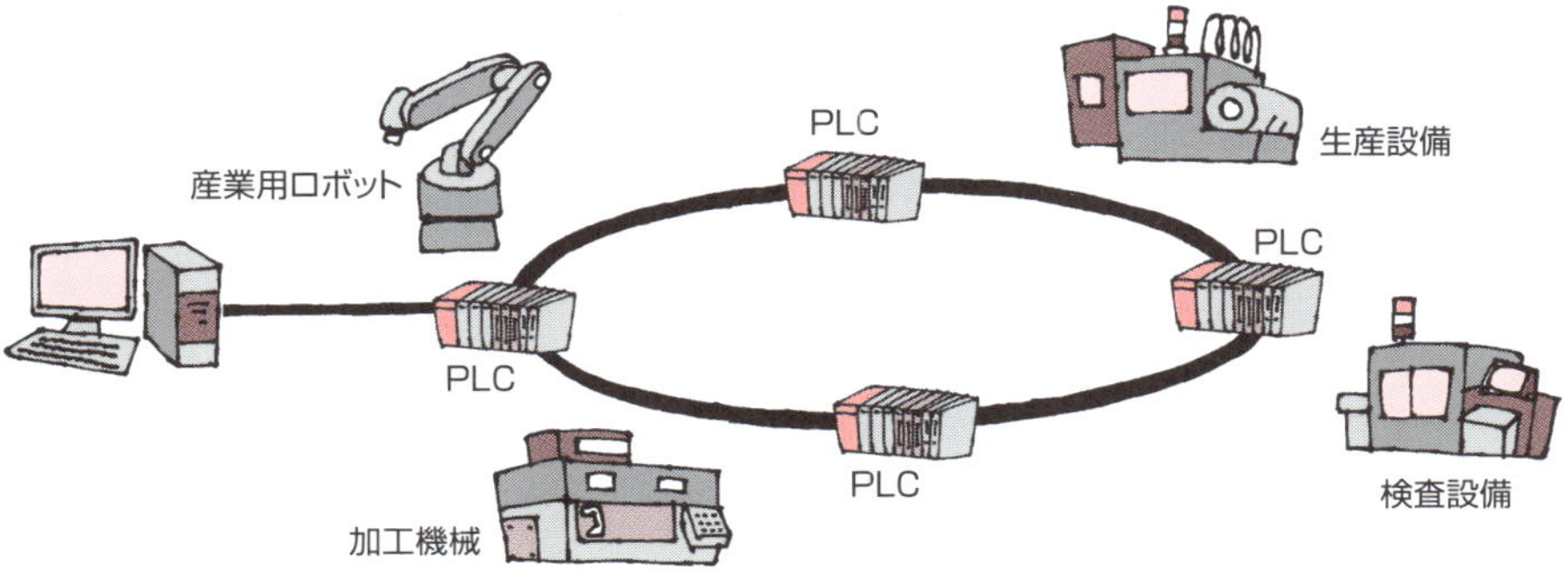

電動シリンダの構造例

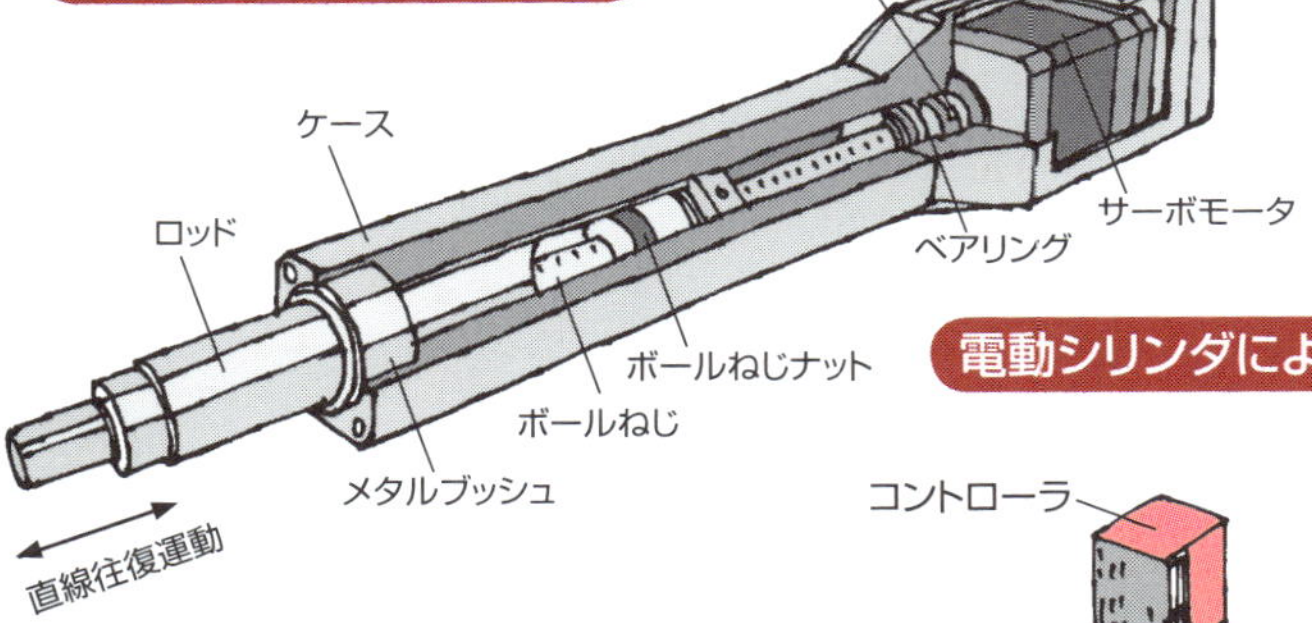

電動シリンダによる画像検査の自動化

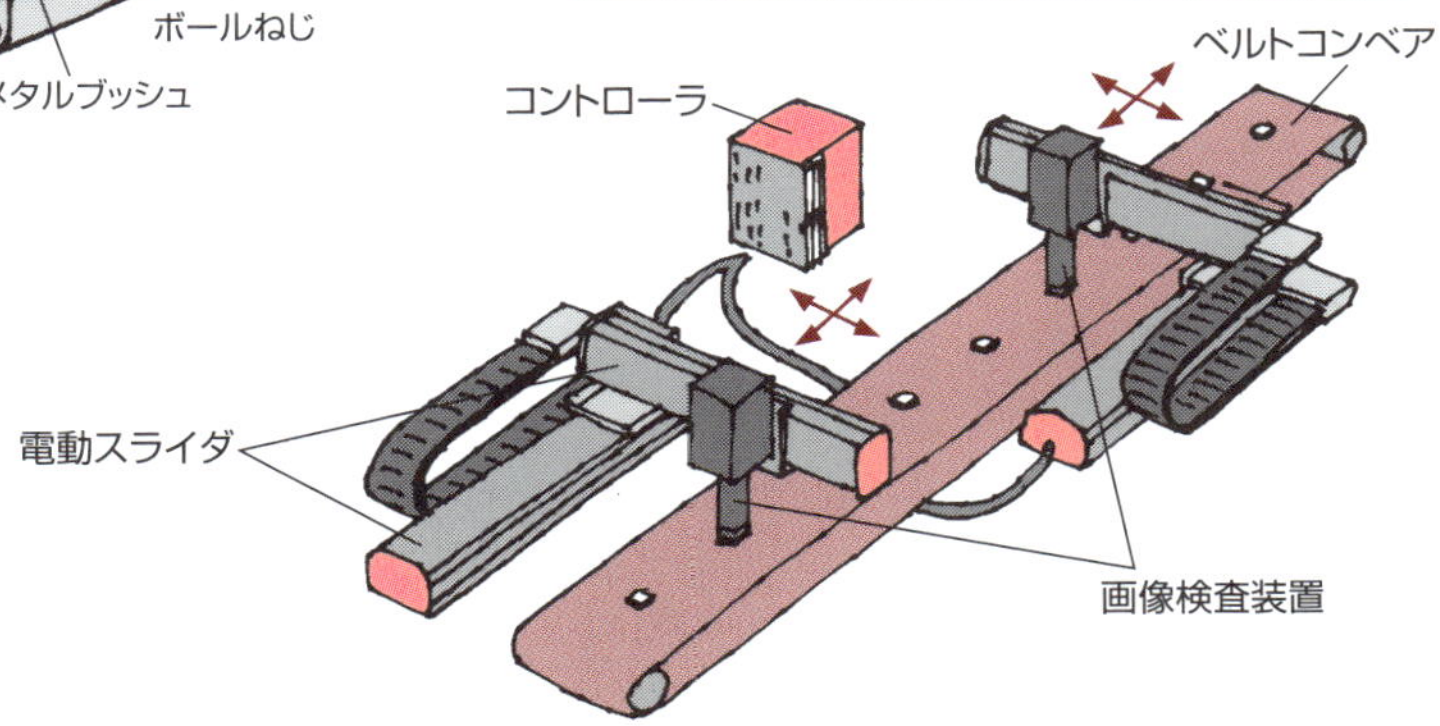

ロボットによる梱包作業の自動化

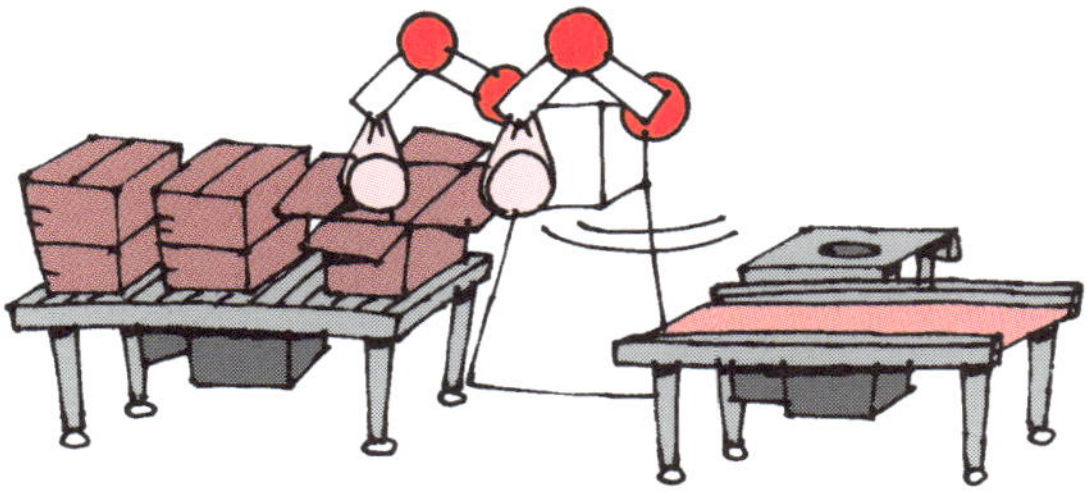

66 医療・福祉機器

補助的な役割により便利になる

医療・福祉機器でサーボモータが使用されている代表的なものとしては、歩行補助機器（WPAL：Wearable Power Assist Locomotor）があります。これは、その言葉の通り「人間が歩くのを助ける」機械です。

関節や足の裏にあるセンサの情報からサーボモータを駆動して、歩行に必要な足の動きをアシストします。歩行が困難な人にとってはとても便利な装置ですが、想定外の動きをしたときには非常に危険です。そのため、いかに安全で信頼性が高いものにするかが重要です。

また、人間が直接装着するものなので小型軽量化する必要があり、広く普及するためにコストの低減も求められます。

このようにアクティブに駆動するサーボモータを利用したものに対して、サーボモータを使用しないパッシブな歩行補助機器の開発も進んでいます。これらは、コストや安全性の面から期待されています。

そのほか、インホイールモータを用いた電動車椅子の開発も進んでいます。インホイールモータとは、各タイヤのホイール部分にサーボモータが設置されたものです。それぞれを制御して駆動することで、車椅子を動作させます。段差を乗り越えるときや登り坂ではインホイールモータによってアシストを行い、下り坂ではブレーキをかけます。

また、医療の現場では、専門的な技術を持った人材が検査や実験、分析などの単純労働を行っています。これらの作業もサーボ機構を適用したロボットなどを用いることで、作業の効率を上げることができます。

以上のように、医療や福祉の分野にもサーボ機構を適用した機械装置が利用されています。有効に活用することで飛躍的に便利になりますが、信頼性が高く安全であることが前提になります。小型軽量化やコスト低減も今後の課題です。

要点BOX
- ●安全で信頼性が高いものが求められる
- ●小型軽量、コスト低減が課題

医療分析

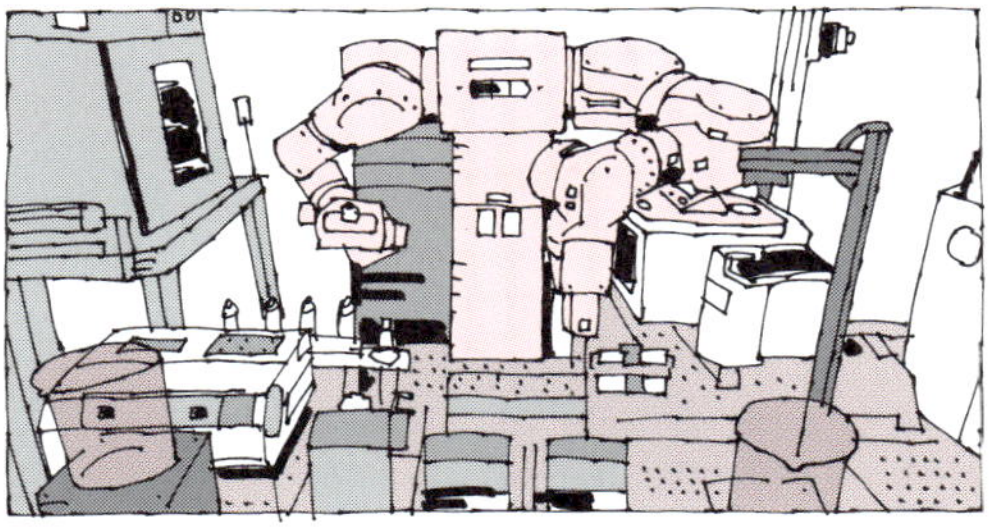

創薬研究の実験作業、検査、分析

歩行補助機器

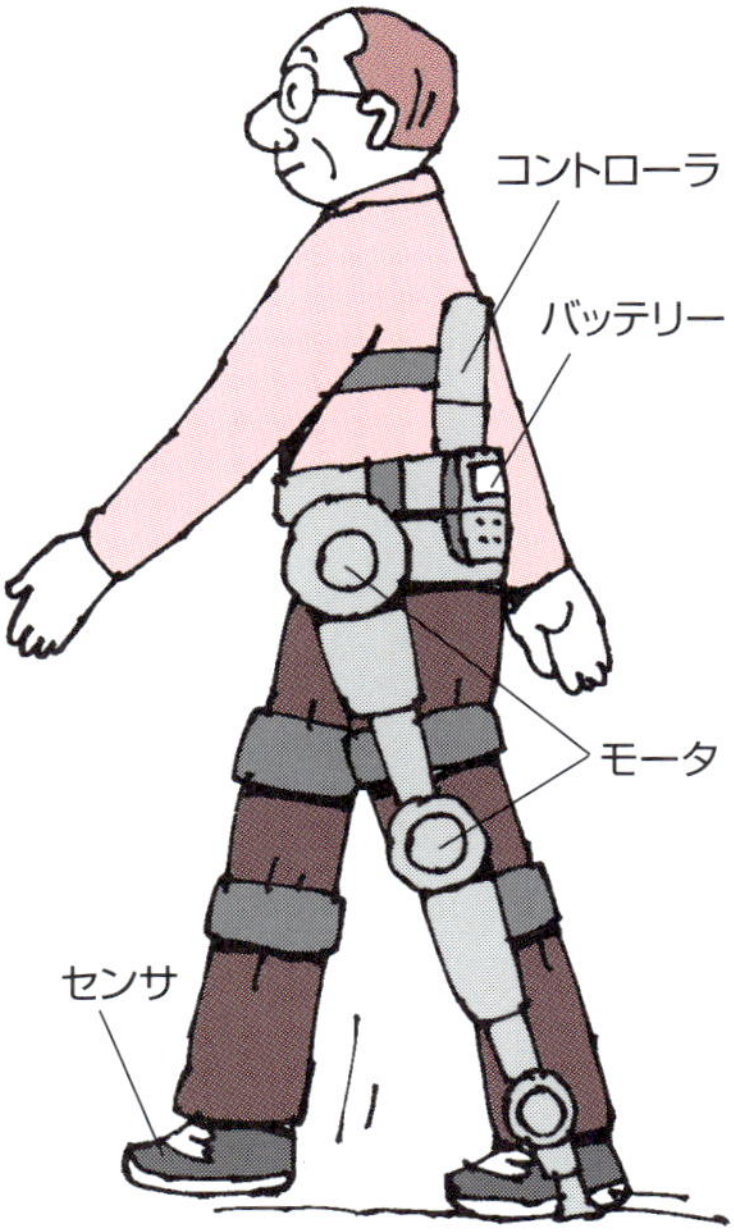

インホイールモータ（減速機方式）を用いた電動車椅子

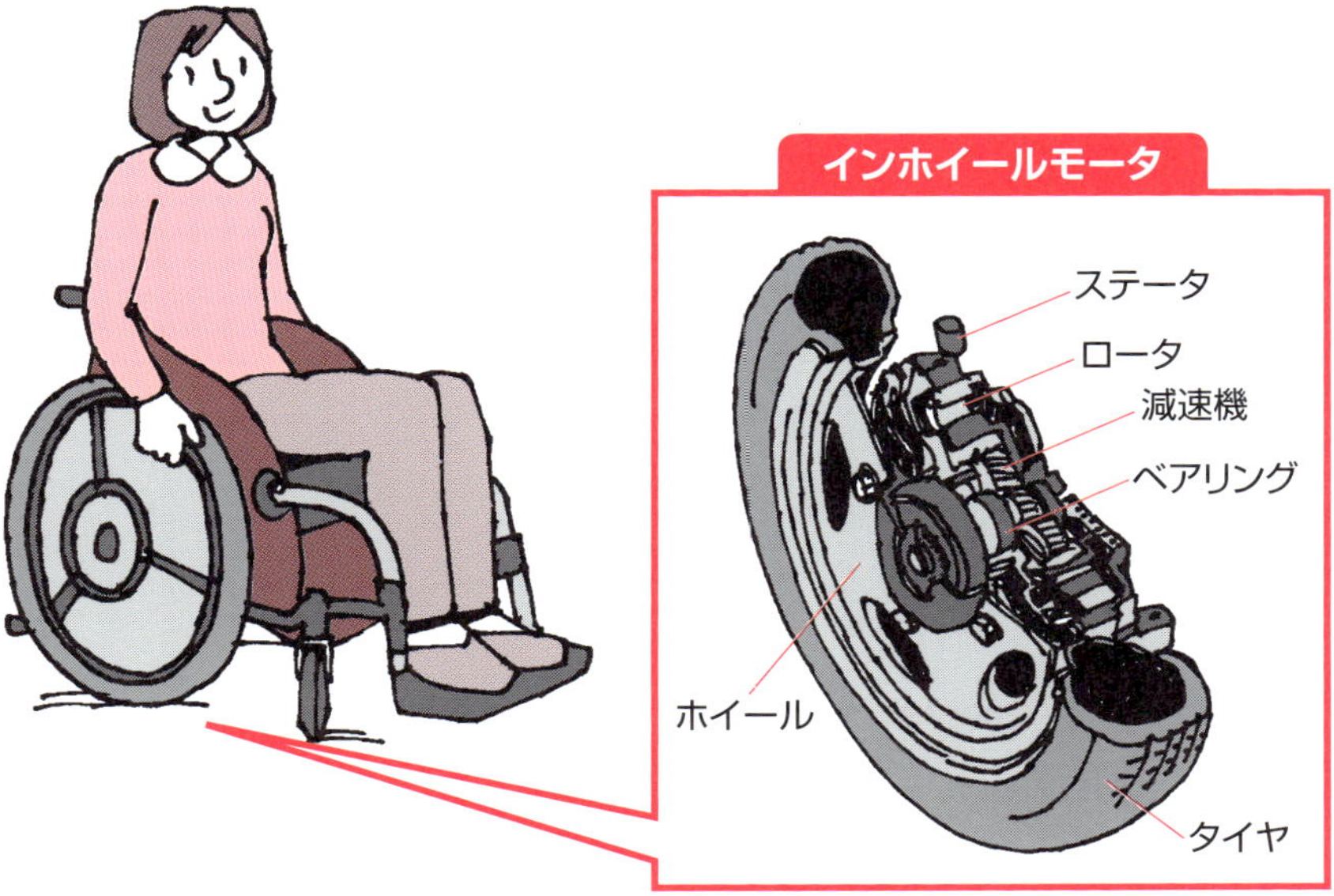

67 ロボット

産業ロボットは位置決め精度と繰り返し作業が命題

産業用ロボットをはじめ、人間型ロボット、歩行ロボット、福祉・介護ロボットのような次世代ロボットなど、世界のトップを走るロボット技術が注目されています。日本はロボット大国であり、ロボットの生産台数が世界一です。その生産界のスターロボットがロボットアームです。

ロボットアームは、人間の手(ハンド)や手首(リスト)の働きと同じようにいろいろな作業を行うために開発されたロボットです。エンドエフェクタと呼ばれるハンドやスプレーなどを装着する治具などが先端部にあります。エンドエフェクタの方向を決めるリスト、そしてそれらを移動させるアームから構成されています。ロボットアームの各関節部の制御によって、ロボットの姿勢が決まり、ここにサーボ機構が応用されています。

ロボットアームの作業には、ものをはなさないようにつかみながら、ある場所から他の場所へ向きや姿勢を変えて運ぶことが求められます。たとえば、傷つけないように指定の位置に精度よくものを置いたり、ムラがないように、アーム先端の軌道を正確に描きながら、一定の速度でスプレーをかけたりできるモーション機能です。

関節の角度やトルクをエンコーダなどのセンサで検出し、目標値と現在値の差を素早く小さくしながら、三次元空間の中で自在に制御します。

1㎜のズレがあれば、ロボットの動作だけでなく、品質に大きく影響してしまいます。ロボットアームには次の三つの主要性能があります。①位置制御…目標にどこまで正確に近づけるか。②力制御…アームの先端でどれくらい重いものが持てるか。③速度制御…アームの先端をどれくらい速く動かせるか。また、その他にも、広範囲の動作領域で、繰り返し正確に行えるかなどの厳しい要求が課されています。

このような厳しい条件をクリアするために、サーボ機構はなくてはならないのです。

要点BOX
- ●手先や手首などの関節を制御する
- ●ロボットの要求項目について理解する

日本で大活躍のロボットアーム

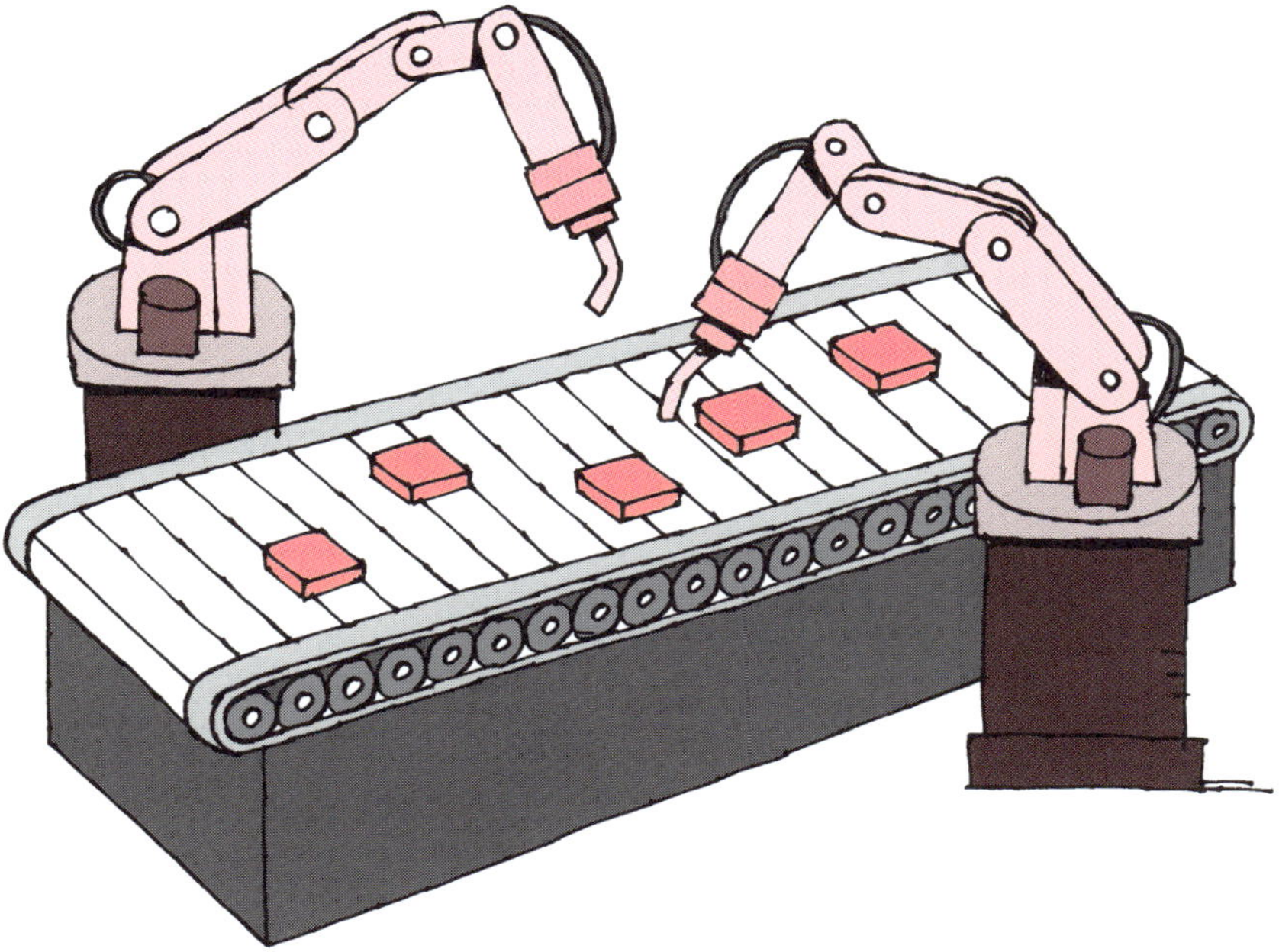

PTP制御(point-to-point control)は、A点からB点までの位置決め制御を次々とつないでいく制御方式。経路が折線近似となる。一方、滑らかな動きを実現したい時はCP制御(continuous path control)が採用される。

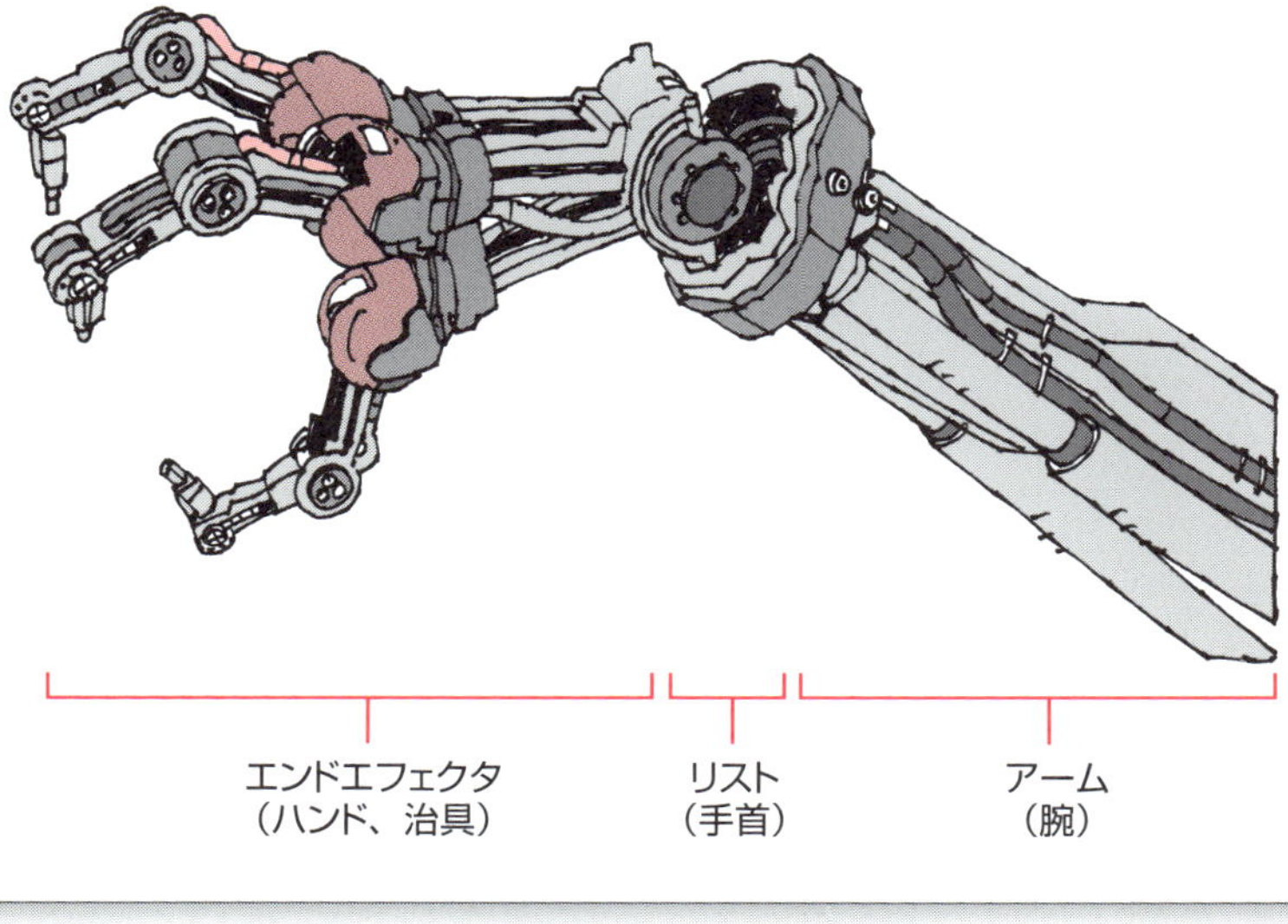

今日からモノ知りシリーズ
トコトンやさしい
サーボ機構の本

NDC 531.38

2016年10月27日　初版1刷発行
2022年 4月22日　初版3刷発行

編　著　Net-P.E.Jp
ⓒ著者　横田川 昌浩
秋葉 浩良
中島 秀人
西田 麻美
発行者　井水 治博
発行所　日刊工業新聞社
東京都中央区日本橋小網町14-1
(郵便番号103-8548)
電話　書籍編集部　03(5644)7490
販売・管理部　03(5644)7410
FAX　03(5644)7400
振替口座　00190-2-186076
URL　https://pub.nikkan.co.jp/
e-mail　info@media.nikkan.co.jp
印刷・製本　新日本印刷(株)

●DESIGN STAFF
AD―――――――志岐滋行
表紙イラスト――――黒崎　玄
本文イラスト――――小島サエキチ
ブック・デザイン ―― 奥田陽子
(志岐デザイン事務所)

●
落丁・乱丁本はお取り替えいたします。
2016 Printed in Japan
ISBN　978-4-526-07619-0　C3034

●執筆者

横田川 昌浩(よこたがわ まさひろ)

技術士(機械部門)、公益社団法人日本技術士会会員
メーカー勤務

秋葉 浩良(あきば ひろよし)

技術士(機械部門)、公益社団法人日本技術士会会員
メーカー勤務

中島 秀人(なかじま ひでと)

技術士(機械部門、総合技術監理部門)
公益社団法人日本技術士会会員
メーカー勤務

西田 麻美(にしだ まみ)

工学博士
関東学院大学工学部機械工学科所属
NPO法人自動化推進協会技術委員長

●『Net-P.E.Jp』による書籍
・『トコトンやさしい機械材料の本』　日刊工業新聞社
・『トコトンやさしい機械設計の本』　日刊工業新聞社
・『技術士第二次試験「機械部門」完全対策＆キーワード100』　日刊工業新聞社
・『技術士第一次試験「機械部門」専門科目　過去問題　解答と解説』　日刊工業新聞社
・『技術士第一次試験「基礎・適性」科目キーワード700』　日刊工業新聞社
・『技術論文作成のための機械分野キーワード100 解説集－技術士試験対応』
日刊工業新聞社
・『機械部門受験者のための　技術士第二次試験＜必須科目＞論文事例集』日刊工業新聞社
・『技術士第二次「筆記試験」「口頭試験」＜準備・直前＞必携アドバイス』　日刊工業新聞社
・『技術士第一次試験　演習問題　機械部門Ⅱ　100問』　株式会社テクノ

●インターネット上の技術士・技術士補と、技術士を目指す受験者のネットワーク『Net-P.E.Jp』(Net Professional Engineer Japan) のサイト
http://www.geocities.jp/netpejp2/
●『トコトンやさしいサーボ機構の本』
書籍サポートサイト
http://www.geocities.jp/netpejp2/book.html